清華大學 计算机系列教材

严蔚敏 吴伟民 米 宁 编著

# 数据结构题集

## （C语言版）

清华大学出版社
北京

## 内 容 简 介

本题集与清华大学出版社出版的《数据结构》(C语言版)一书相配套,主要内容有:习题与学习指导、实习题和部分习题的提示或答案三大部分和一个附录["数据结构算法演示系统(类C描述语言3.1中文版)使用手册",此软件已由清华大学出版社出版]。

其中习题篇的内容和《数据结构》(C语言版)一书相对应,也分为12章,每一章大致由基本内容、学习要点、算法演示内容及基础知识题和算法设计题五部分组成。实习题分成六组,每一组都有鲜明的主题,围绕1至2种数据结构,安排4至9个题,每个题都有明确的练习目的和要求,在每一组中都给出一个实习报告的范例,以供读者参考。

本书内容丰富、程序设计观点新颖,在内容的详尽程度上接近课程辅导材料,不仅可作为大专院校的配套教材,也是广大工程技术人员和自学读者颇有帮助的辅助教材。



**图书在版编目(CIP)数据**

数据结构题集:C语言版/严蔚敏,吴伟民,米宁编著. —北京:清华大学出版社(2024.10重印)
ISBN 978-7-302-03314-1

I. 数… II. ① 严… ② 吴… III. C语言—程序设计—数据结构—习题 IV. TP311.12

中国版本图书馆CIP数据核字(1999)第00801号

**责任编辑:** 白立军
**责任印制:** 丛怀宇

**出版发行:** 清华大学出版社
**网　　址:** https://www.tup.com.cn, https://www.wqxuetang.com
**地　　址:** 北京清华大学学研大厦A座　　**邮　　编:** 100084
**社 总 机:** 010-83470000　　**邮　　购:** 010-62786544
**投稿与读者服务:** 010-62776969, c-service@tup.tsinghua.edu.cn
**质量反馈:** 010-62772015, zhiliang@tup.tsinghua.edu.cn
**印 装 者:** 河北盛世彩捷印刷有限公司
**经　　销:** 全国新华书店
**开　　本:** 185mm×260mm　　**印　张:** 15　　**防伪页:** 1　　**字　　数:** 355千字
**印　　次:** 2024年10月第67次印刷
**定　　价:** 39.00元

---

产品编号:003314-05/TP

# 序

清华大学计算机系列教材已经出版发行了30余种，包括计算机专业的基础数学、专业技术基础和专业等课程的教材，覆盖了计算机专业大学本科和研究生的主要教学内容。这是一批至今发行数量很大并赢得广大读者赞誉的书籍，是近年来出版的大学计算机教材中影响比较大的一批精品。

本系列教材的作者都是我熟悉的教授与同事，他们长期在第一线担任相关课程的教学工作，是一批很受大学生和研究生欢迎的任课教师。编写高质量的大学（研究生）计算机教材，不仅需要作者具备丰富的教学经验和科研实践，还需要对相关领域科技发展前沿的正确把握和了解。正因为本系列教材的作者们具备了这些条件，才有了这批高质量优秀教材的出版。可以说，教材是他们长期辛勤工作的结晶。本系列教材出版发行以来，从其发行的数量、读者的反映、已经获得的许多国家级与省部级的奖励、以及在各个高等院校教学中所发挥的作用上，都可以看出本系列教材所产生的社会影响与效益。

计算机科技发展异常迅速、内容更新很快。作为教材，一方面要反映本领域基础性、普遍性的知识，保持内容的相对稳定性；另一方面，又需要跟踪科技的发展，及时地调整和更新内容。本系列教材都能按照自身的需要及时地做到这一点，如《计算机组成与结构》一书已出版了四版，其他如《数据结构》等也都已出版了第二版，使教材既保持了稳定性，又达到了先进性的要求，本系列教材内容丰富、体系结构严谨、概念清晰、易学易懂，符合学生的认识规律，适合于教学与自学，深受广大读者的欢迎。系列教材中多数配有丰富的习题集和实验，有的还配备多媒体电子教案，便于学生理论联系实际地学习相关课程。

随着我国进一步的开放，我们需要扩大国际交流，加强学习国外的先进经验。在大学教材建设上，我们也应该注意学习和引进国外的先进教材。但是，计算机系列教材的出版发行实践以及它所取得的效果告诉我们，在当前形势下，编写符合国情的具有自主版权的高质量教材仍具有重大意义和价值。它与前者不仅不矛盾，而且是相辅相成的。本系列教材的出版还表明，针对某个学科培养的要求，在教育部等上级部门的指导下，有计划地组织任课教师编写系列教材，还能促进对该学科科学、合理的教学体系和内容的研究。

我希望今后有更多、更好的我国优秀教材出版。

清华大学计算机系教授，中科院院士

张钹

# 前　言

数据结构是计算机科学的算法理论基础和软件设计的技术基础，主要研究信息的逻辑结构及其基本操作在计算机中的表示和实现。数据结构不仅是计算机专业的核心课程，而且已成为其他理工科专业的热门选修课。课程的教学要求之一是训练学生进行复杂程序设计的技能和培养良好程序设计的习惯，其重要程度决不亚于知识传授。因此，在数据结构的整个教学过程中，完成习题作业和上机实习是两个至关重要的环节。为了帮助读者学好这门课程，我们编写了这本具有学习指导功能的题集。

目前，由严蔚敏和吴伟民编著出版的数据结构系列教材有 C 和 Pascal 两种描述语言的版本。这本题集是与《数据结构》(C 语言版)(清华大学出版社)配套编写的，习题和实习都是按相同的内容顺序编排，很多习题涉及教科书上的内容或算法，因此读者手边最好能有这本教科书，以便随时查阅。

习题的作用在于帮助学生深入理解教材内容，巩固基本概念，达到培养良好程序设计能力和习惯的目的。从认知的程度划分，数据结构的习题通常可分为三类：基础知识题、算法设计题和综合实习题。基础知识题主要是检查对概念知识的记忆和理解，一般可作为学生自测题。算法设计题的目的是练习对原理方法的简单应用，多数要求在某种数据存储结构上实现某一操作，是数据结构的基础训练，构成了课外作业的主体。综合实习题则训练知识的综合应用和软件开发能力，主要是针对具体应用问题，选择、设计和实现抽象数据类型(ADT)的可重用模块，并以此为基础开发满足问题要求的小型应用软件，应将其看作软件工程的综合性基础训练的重要一环，并给予足够的重视。

本书第一篇含有全部四百多个习题，组织成 12 章，分别对应教科书中各章内容，并在每章之前给出该章的内容提要和学习要求。这些习题是作者在多年教学过程中所积累资料的基础上，参考大量国外教材之后精心设计而成的。书中对特别推荐的题目作了标记，并对每道习题的难易程度按五级划分法给出了难度系数，仅供参考。

第二篇分别以抽象数据类型、线性表、栈和队列、串、数组和广义表、树和图以及查找和排序为核心，设置了 7 组上机实习题，每组有 3 至 9 个题目供读者自由选择。希望这些实习题能对习题起到良好的补充作用，使读者受到涉及"从问题到程序"的应用软件设计的完整过程的综合训练，培养合作能力，成为将来进行软件开发和研究工作的"实践演习"。

第三篇安排了部分习题的提示或解答。对于多数有唯一确定解的题给出了答案，而对算法题则有选择地作了示范解答或提示。但是，算法的解答都不是唯一的，我们的解答也不一定是臻于完美的。希望我们的答案和提示能起到抛砖引玉的作用，愿读者开发出更多更好的解法。热忱欢迎读者将这些好的算法寄给我们，在此预先表示感谢。然而，我们仍想特别强调的是，本题集主要是为配合高等院校的教学而编写的，因此，为了培养学生独立思考和解决问题的能力，我们诚恳希望不再出版或编印本题集的更详尽的解答，以免干扰学校正常的教学和本书的训练意图，敬请谅解。

数据结构是实践性很强的课程，光是“听”和“读”是绝对不够的。在努力提高课堂教学的同时，必须大力加强对作业实践环节的要求和管理。国内外先进院校一般都要求修读数据结构的学生每周应不少于4个作业机时，而且有一套严格的作业、实习规范和成绩评定标准，形成行之有效的教学质量保证体系。本题集强调规范化在算法设计基本训练中的重要地位。在习题篇中给出了算法书写规范，在实习题篇中给出了实习步骤和实习报告的规范。教学经验表明，严格实施这些貌似繁琐的规范，对于学生基本程序设计素养的培养和软件工作者工作作风的训练，将能起到显著的促进作用。

数据结构及其算法的教学难点在于它们的抽象性和动态性。虽然在书本教材和课堂授课(板书或投影胶片)中采用图示可以在一定程度上化抽象为直观，但很难有效展现数据结构的瞬间动态特性和算法的作用过程。“数据结构的算法动态模拟辅助教学软件DSDEMO”是为学习并掌握数据结构中各类典型算法而开发的一个辅助教学软件，可对教科书中80多个典型算法进行动态交互式跟踪演示，在算法执行过程中实现数据结构和算法的动态同步可视化，使读者获得单从教材文字说明中无法获得的直观知识。软件既可用于课堂讲解演示，又能供个人课外反复观察、体会和理解，对提高教学质量和效率有显著效果。为便于读者参考，在习题篇的每一章列举了与该章相关的算法清单，并在附录中提供该软件完整的使用说明。

1987年出版的旧版题集(《数据结构题集》严蔚敏、米宁、吴伟民编)曾在计算机和其他理工专业的数据结构教学中得到广泛使用，反映良好。这本C语言版题集在力求反映程序设计和软件工程新思想方面作了一些探索，如：算法演示软件、模块化抽象和信息隐蔽、软件工程方法训练等。对于书中存在的谬误和有争议之处，作者诚恳地欢迎广大读者提出批评意见和建议，在此谨向热情的读者致以衷心的感谢。

米宁没有参加本版题集的编写工作。

严蔚敏　清华大学计算机技术与科学系
吴伟民　广东工业大学计算机学院
米宁

# 目　　录

# 第一篇　习题与学习指导

## 第0章　本篇提要与作业规范

### 一、本篇提要

本篇内容是按照作者编著的教科书《数据结构》(C语言版)的内容和课程教学要求组织的。各章均由基本内容、学习要点、算法演示内容以及基础知识题和算法设计题五部分组成。其中：

“基本内容”列举了该章的内容提要，提醒读者把握该章主要内容；

“学习要点”指出了该章的教学重点和难点，以供读者在组织教学或自学时选择习题作参考；

“算法演示内容”提供了“数据结构算法演示 DSDEMO(类C语言版)”软件中包含的与该章相关的算法清单，通过观察算法执行过程的演示，将有助于深刻理解算法的本质和提高教学效果(在附录中列有类C语言版 DSDEMO 软件的使用手册)。

数据结构的练习题大致可分为“基础知识题”和“算法设计题”两类。

“基础知识题”主要供读者进行复习自测之用，目的是帮助读者深化理解教科书的内容，澄清基本概念、理解和掌握数据结构中分析问题的基本方法和算法要点，为完成算法设计题做准备。

“算法设计题”则侧重于基本程序设计技能的训练，相对于实习题而言，这类编程习题属于偏重于编写功能单一的“小”程序的基础训练，然而，它是进行复杂程序设计的基础，是本课程习题作业的主体和重点。

各章的题量根据教学内容的多少和重要程度而定，几乎对教科书的每一小节都安排了对应的习题。但对每个读者来说，不必去解全部习题，而只需根据自己的情况从中选择若干求解即可。为了表明题目的难易程度，便于读者选择，我们在每个题的题号之后注了一个难度系数，难度级别从①至⑤逐渐加深，其区别大致如下：难度系数为①和②的习题以基础知识题为主；难度系数为③的习题以程序设计基础训练为主要目的，如强化对“指针”的基本操作的训练等；习题中也收纳了不少难题，其难度系数设为④和⑤，解答这些题可以激起学习潜力较大的读者的兴趣，对广泛开拓思路很有益。但习题的难度系数也只是一个相对量，读者的水平将随学习的进展而不断提高，因此没有必要去比较不同章节的习题的难度系数。此外，该难度系数值的假设是以读者没有参照习题的解答或提示为前提的。

“循序渐进”是最基本的学习原则。读者不应该片面追求难题。对于解难度系数为 $i$ 的习题不太费力的读者，应试试难度系数为 $i+1$ 的习题，但不要把太多的时间浪费在难度系数为 $i+2$ 的习题上。“少而精”和“举一反三”是实践证明行之有效的。解答习题应注重于“精”，而不要求“多”。为此，编者在一些自认为值得向读者推荐的“好题”题号前加注了标记◆。把握住这些“关键点”，就把握住了数据结构习题、乃至数据结构课程的总脉络。

对算法设计习题的基本要求是使用本章提供的类C语言和算法书写规范写出书面作业的算法。需要强调的是“算法的可读性”。算法是为了让人来读的，而不是供机器读的，初学者总是容易忽视这一点。算法的真正意图主要在于提供一种在程序设计者之间交流解决问题方法的手段。因此，可读性具有头等的重要性。不可读的算法是没有用的，由它得到的程序极容易产生很多隐藏很深的错误，且难以调试正确。一般地说，宁要一个可读性好、逻辑清晰简单、但篇幅较长的算法，也不要篇幅较小但晦涩难懂的算法。算法的正确性力求在设计算法的过程中得到保证，然而一开始做不到这一点也没多大关系，可以逐步做到。

算法设计的正确方法是：首先理解问题，明确给定的条件和要求解决的问题，然后按照自顶向下、逐步求精、分而治之的策略逐一地解决子问题，最后严格按照和使用本章后面提供的算法书写规范和类C语言完成算法的最后版本。

按照规范书写算法是一个值得高度重视的问题。在基础训练中就贯彻这一规范，不但能够有助于写出“好程序”，避免形成一系列难以纠正且遗害无穷的程序设计坏习惯，而且能够培养软件工作者应有的严谨的科学工作作风。

## 二、类C语言语法概要

本书采用的类C语言精选了C语言的一个核心子集，同时作了若干扩充修改，增强了语言的描述功能。以下对其作简要说明。

(1) 预定义常量和类型：

```
// 函数结果状态代码
#define  TRUE 1
#define  FALSE 0
#define  OK 1
#define  ERROR 0
#define  INFEASIBLE -1
#define  OVERFLOW -2
typedef  int  Status;
      // Status 是函数的类型，其值是函数结果状态代码
typedef int bool;
      // bool 是布尔类型，其值是 TRUE 或 FALSE
```

(2) 数据结构的表示(存储结构)用类型定义(typedef)描述。数据元素类型约定为ElemType，由用户在使用该数据类型时自行定义。

(3) 基本操作的算法都用以下形式的函数描述：

```
函数类型 函数名(函数参数表) {
  // 算法说明
  语句序列
} // 函数名
```

除了函数的参数需要说明类型外,算法中使用的辅助变量可以不作变量说明,必要时对其作用给出注释。一般而言,a,b,c,d,e 等用作数据元素名,i,j,k,l,m,n 等用作整型变量名,p,q,r 等用作指针变量名。当函数返回值为函数结果状态代码时,函数定义为 **Status** 类型。为了便于算法描述,除了值调用方式外,增添了 C++语言的引用调用的参数传递方式。在形参表中,以& 打头的参数即为引用参数。

(4) 赋值语句有

```
简单赋值    变量名=表达式;
串联赋值    变量名1=变量名2=…=变量名k=表达式;
成组赋值    (变量名1,… ,变量名k)=(表达式1,… ,表达式k);
            结构名=结构名;
            结构名=(值1,… ,值k);
            变量名[]=表达式;
            变量名[起始下标..终止下标]=变量名[起始下标..终止下标];
交换赋值    变量名←→变量名;
条件赋值    变量名=条件表达式 ? 表达式 T : 表达式 F;
```

(5) 选择语句有

```
条件语句 1  if (表达式) 语句;
条件语句 2  if (表达式) 语句;
            else 语句;
开关语句 1  switch (表达式) {
                case 值1: 语句序列1;   break;
                …
                case 值n: 语句序列n;   break;
                default: 语句序列n+1;
            }
开关语句 2  switch {
                case 条件1: 语句序列1;   break;
                …
                case 条件n: 语句序列n;   break;
                default: 语句序列n+1;
            }
```

(6) 循环语句有

```
for 语句      for (赋初值表达式序列; 条件; 修改表达式序列) 语句;
```

while 语句　　while（条件）语句；
do-while 语句　do {
　　语句序列；
} while（条件）；

(7) 结束语句有

函数结束语句　return 表达式；
　　return；
case 结束语句　break；
异常结束语句　exit（异常代码）；

(8) 输入和输出语句有

输入语句　scanf([格式串],变量 1,… ,变量 n)；
输出语句　printf([格式串],表达式 1,… ,表达式 n)；

通常省略格式串。

(9) 注释

单行注释　　// 文字序列

(10) 基本函数有

求最大值　　max（表达式 1,… ,表达式 n）
求最小值　　min（表达式 1,… ,表达式 n）
求绝对值　　abs（表达式）
求不足整数值　floor（表达式）
求进位整数值　ceil（表达式）
判定文件结束　eof（文件变量）或　eof
判定行结束　eoln（文件变量）或　eoln

(11) 逻辑运算约定

与运算&&： 对于 A && B，当 A 的值为 0 时，不再对 B 求值。
或运算‖： 对于 A ‖ B，当 A 的值为非 0 时，不再对 B 求值。

## 三、算法书写规范

(1) 算法说明

算法说明，也称为(算法)规格说明，是一个完整算法不可缺少的部分，应该在算法头(即过程或函数首部)之下以注释的形式写明如下内容：指明算法的功能；参数表中各参量的含意和输入输出属性；算法中引用了哪些全局变量或外部定义的变量，它们的作用、入口初值以及应满足哪些限制条件，例如，链表是否带头结点、表中元素是否有序、按递增还是递减方式有序等。必要时，算法说明还可用来陈述算法思想、采用的存储结构等。递归算法的说明特别重要，读者应该力求将它写成算法的严格定义。

算法说明应该在开始设计算法时就写明，可以在算法设计过程中作一些补充和修改，但是切忌最后补写。对于递归算法的情况，这一点尤其重要。这样做也是递归算法设计的正确而有效的途径，在算法设计(即解决一个问题)的过程中，能否利用自身的处理能力来解决所划分出的一个或几个子问题，全凭检查自身的规格说明而定。书写(递归)算法的规格说明时，应该忽略它如何实现或者假定它能够实现。如何实现的问题正是接下去要做的事。

算法说明书写得不好或不完全时，往往失去了评判一个算法正确与否的标准。书写恰当而又简洁的算法说明是一项具有很强技巧性的活动，通常要经过不断的练习才能达到。在本节的末尾将列出一些规格说明的例子。

(2) 注释与断言

在难懂的语句和关键的语句(段)之后加以注释可以大大提高程序的可读性。注释要恰当，并非越多越好；此外，注释句的抽象程度应略高于语句(段)，例如，应避免用“//i 增加 1”来注释语句“i++；”。

断言是注释的一种特殊写法，是一类特别重要的注释。它是一个逻辑谓词，陈述算法执行到这点时应满足的条件。多写断言式的注释，甚至以断言引导算法段的设计，是提高算法的结构良好性、避免错误和增强可读性的有效手段，是特别值得提倡的。其中最重要的是算法的入口断言和 else 分支断言。注意，正确的算法也只能在输入参数值合法的前提下得出正确的结果。如果算法不含参数合法性检测代码段，书写入口断言是最低限度的要求。

(3) 输入和输出

算法的输入和输出可以通过三种途径实现。第一种是通过 scanf 和 printf 语句实现，其特点是实现了算法与计算环境外部的信息交换；第二种是以算法头中参数表里显式列出的参量作为输入/输出的媒介；第三种是通过全局变量或外部变量隐式地传递信息。后两种方法的特点是实现了一个算法与其调用者之间的信息交换。

如果一个算法是定义在某个数据结构之上的几个操作之一，该数据结构可以不列在算法的参数表中。在其他情况下，应尽量避免使用第三种方法。

(4) 错误处理

尽可能使用函数值返回算法的执行状态(正确/错误，或是错误代码等)，便于调用者处理异常情况，有利于培养良好的程序设计习惯。

(5) 语句选用和算法结构

赋值语句、**if** 分支语句和 **while**( 或 **for**)循环语句是最基本的三种语句，仅用此三种语句就足以对付一切算法的设计了。实际上，不仅是“足够”，而且是“最好”。这样做对于提高结构良好性和可读性、避免逻辑错误是有益和有效的。**switch** 分支语句是广义的 **if** 分支语句，在分支条件复杂时选用可以避免 **if** 语句的多重嵌套，有助于提高算法的可读性，也是一个鼓励使用的语句。一般情况下，不准使用 **goto** 语句，个别的特殊情况除外。

算法设计过程中应尽量避免下列所示的语句结构：

```
do {
    do {
        …
    } while …
    …
```

```
} while …
```

或者

```
if ( … )
    if …
```

对于第二种情形，如果难以改变，应该对第二个 **if** 语句加上一对语句括号，以便明确条件成立时的作用范围。此外，语句的开/闭括号应对齐。

(6) 基本运算

如果题目中未明确要求用某种数据结构上的基本运算编写算法，不得直接利用教科书中给出的基本运算。如果非用不可，则要求将所用到的所有基本运算同时实现。

(7) 几点建议

· 建议以图说明算法；

· 建议在算法书写完毕后，用边界条件的输入参数值验证一下算法能否正确执行。例如，对于顺序表插入算法，空表是一个边界条件。

(8) 附例：算法规格说明例释

**例 1** 第 2.10 题

```
Status DeleteK(SqList a, int i, int k)
  // 本过程从顺序存储结构的线性表 a 中删除第 i 个元素起的 k 个元素。
```

**例 2** 第 2.39 题

```
float Evaluate( SqPoly pn;  float x )
// 多项式 pn.data[i].coef 存放 a_i，pn.data[i].exp 存放 e_i(i=1,2,…,m)。
// 本算法计算并返回 ∑(i=1..m) a_i x^(e_i) 。不判别溢出。
// 此外，入口时要求 0≤e_1<e_2<…<e_m，算法内不对此再作验证。
```

**例 3** 第 3.15 题的入栈 push 算法

```
void push( TwoWayStack &tws,  int i,  ElemType x,  bool &overflow)
// 两栈(标号 0, 1)共享空间 tws.elem[0..m-1]，栈底在两端。Tws.top[0]和
// tws.top[1]为两栈顶指针。tws.data[0..tws.top[0]]为栈 0，
// tws.data[tws.top[1]..m-1]为栈 1。本算法将 x 推入栈 i(=0,1)。
// 若入口时栈满，则不改变栈且返回 overflow 为 TRUE。
```

**例 4** 第 3.30 题的出列 del_queue 算法

```
bool dequeue (ElemType &x)
// 循环队列 squeue[(m+rear-quelen+1) MOD m.(m).rear]之上的元素出列
// 操作。quelen 为队列长度。当 quelen=0 时，返回 FALSE；否则返回 TRUE，
// 且用 x 返回出列的元素值。
```

# 第1章　绪论(预备知识)

## 一、基本内容

数据、数据元素、数据对象、数据结构、存储结构和数据类型等概念术语的确定含义；抽象数据类型的定义、表示和实现方法；描述算法的类C语言；算法设计的基本要求以及从时间和空间角度分析算法的方法。

## 二、学习要点

1. 熟悉各名词、术语的含义，掌握基本概念，特别是数据的逻辑结构和存储结构之间的关系。分清哪些是逻辑结构的性质，哪些是存储结构的性质。

2. 了解抽象数据类型的定义、表示和实现方法。

3. 熟悉类C语言的书写规范，特别要注意值调用和引用调用的区别，输入、输出的方式以及错误处理方式。

4. 理解算法五个要素的确切含义：①动态有穷性(能执行结束)；②确定性(对于相同的输入执行相同的路径)；③有输入；④有输出；⑤可行性(用以描述算法的操作都是足够基本的)。

5. 掌握计算语句频度和估算算法时间复杂度的方法。

## 三、基础知识题

**1.1**①　简述下列术语：数据、数据元素、数据对象、数据结构、存储结构、数据类型和抽象数据类型。

**1.2**②　试描述数据结构和抽象数据类型的概念与程序设计语言中数据类型概念的区别。

◆**1.3**②　设有数据结构$(D,R)$，其中

$D=\{d1,d2,d3,d4\}$，$R=\{r\}$，$r=\{(d1,d2),(d2,d3),(d3,d4)\}$。

试按图论中图的画法惯例画出其逻辑结构图。

◆**1.4**②　试仿照三元组的抽象数据类型分别写出抽象数据类型复数和有理数的定义(有理数是其分子、分母均为自然数且分母不为零的分数)。

**1.5**②　试画出与下列程序段等价的框图。

(1)
```
product=1;   i=1;
while (i<=n) {
    product *=i;
    i++;
}
```

```
(2) i=0;
    do {
       i++ ;
    } while ((i!=n) && (a[i]!=x));
(3) switch {
       case x<y: z=y-x; break;
       case x==y: z=abs(x*y); break;   // abs()为取绝对值函数
       default: z=(x-y)/abs(x)*abs(y);
    }
```

◆**1.6**③ 在程序设计中，常用下列三种不同的出错处理方式：

(1) 用 **exit** 语句终止执行并报告错误；

(2) 以函数的返回值区别正确返回或错误返回；

(3) 设置一个整型变量的函数参数以区别正确返回或某种错误返回。

试讨论这三种方法各自的优缺点。

◆**1.7**③ 在程序设计中，可采用下列三种方法实现输出和输入：

(1) 通过 **scanf** 和 **printf** 语句；

(2) 通过函数的参数显式传递；

(3) 通过全局变量隐式传递。

试讨论这三种方法的优缺点。

**1.8**④ 设 $n$ 为正整数。试确定下列各程序段中前置以记号@的语句的频度：

```
(1) i=1;  k=0;
    while ( i<=n-1) {
       @  k += 10 * i;
          i++;
    }
(2) i=1;  k=0;
    do {
    @  k +=10 * i;
        i++;
    } while(i<=n-1);
(3) i = 1;  k = 0;
    while (i<=n-1) {
          i++ ;
       @  k+= 10 * i;
    }
(4) k=0;
    for( i=1; i<=n; i++) {
       for (j=i ; j<=n; j++)
```

```
        @  k++;
    }
◆(5) for( i=1; i<=n; i++) {
          for (j=1; j<=i; j++) {
            for (k=1; k<=j; k++)
            @  x += delta;
    }
(6) i=1;  j=0;
    while (i+j<=n) {
    @  if (i>j ) j++ ;
         else i++ ;
    }
◆(7) x=n;  y=0;  //n是不小于1的常数
    while (x>=(y+1) * (y+1)) {
    @  y++;
    }
◆(8) x=91;  y=100;
    while (y>0 ) {
    @  if (x>100 ) { x -= 10;  y--; }
    else x++;
    }
```

**1.9**③ 假设 $n$ 为 2 的乘幂,并且 $n>2$,试求下列算法的时间复杂度及变量 count 的值(以 $n$ 的函数形式表示)。

```
int Time ( int n ) {
   count=0;  x=2;
   while (x<n/2 ) {
     x *=2;  count++;
   }
   return (count)
} //Time
```

**1.10**② 按增长率由小至大的顺序排列下列各函数:

$2^{100}$, $(3/2)^n$, $(2/3)^n$, $(4/3)^n$, $n^n$, $n^{3/2}$, $n^{2/3}$, $\sqrt{n}$, $n!$, $n$, $\log_2 n$, $n/\log_n 2$, $\log_2^2 n$, $\log_2(\log_2 n)$, $n\log_2 n$, $n^{\log_2 n}$。

**1.11**③ 已知有实现同一功能的两个算法,其时间复杂度分别为 $O(2^n)$ 和 $O(n^{10})$,假设现实计算机可连续运算的时间为 $10^7$ 秒(100 多天),又每秒可执行基本操作(根据这些操作来估算算法时间复杂度) $10^5$ 次。试问在此条件下,这两个算法可解问题的规模(即 $n$ 值的范围)各为多少?哪个算法更适宜?请说明理由。

**1.12③** 设有以下三个函数：

$f(n)=21n^4+n^2+1000$， $g(n)=15n^4+500n^3$， $h(n)=5000n^{3.5}+n\log n$

请判断以下断言正确与否：

(1) $f(n)$是$O(g(n))$

(2) $h(n)$是$O(f(n))$

(3) $g(n)$是$O(h(n))$

(4) $h(n)$是$O(n^{3.5})$

(5) $h(n)$是$O(n\log n)$

**1.13③** 试设定若干 $n$ 值，比较两函数 $n^2$ 和 $50n\log_2 n$ 的增长趋势，并确定 $n$ 在什么范围内，函数 $n^2$ 的值大于 $50n\log_2 n$ 的值。

**1.14③** 判断下列各对函数 $f(n)$和 $g(n)$，当 $n\to\infty$时，哪个函数增长更快？

(1) $f(n)=10^2+\ln(n!+10^{n^3})$ $g(n)=2n^4+n+7$

(2) $f(n)=(\ln(n!)+5)^2$ $g(n)=13n^{2.5}$

(3) $f(n)=n^{2.1}+\sqrt{n^4+1}$ $g(n)=(\ln(n!))^2+n$

(4) $f(n)=2^{(n^3)}+(2^n)^2$ $g(n)=n^{(n^2)}+n^5$

**1.15③** 试用数学归纳法证明：

(1) $\sum_{i=1}^{n} i^2=n(n+1)(2n+1)/6 \quad (n\geqslant 0)$

(2) $\sum_{i=0}^{n} x^i=(x^{n+1}-1)/(x-1) \quad (x\neq 1, n\geqslant 0)$

(3) $\sum_{i=1}^{n} 2^{i-1}=2^n-1 \quad (n\geqslant 1)$

(4) $\sum_{i=1}^{n} (2i-1)=n^2 \quad (n\geqslant 1)$

## 四、算法设计题

◆**1.16②** 试写一算法，自大至小依次输出顺序读入的三个整数 $X$，$Y$ 和 $Z$ 的值。

**1.17③** 已知 $k$ 阶裴波那契序列的定义为

$$f_0=0,\quad f_1=0,\quad \cdots,\quad f_{k-2}=0,\quad f_{k-1}=1;$$

$$f_n=f_{n-1}+f_{n-2}+\cdots+f_{n-k},\quad n=k,k+1,\cdots$$

试编写求 $k$ 阶裴波那契序列的第 $m$ 项值的函数算法，$k$ 和 $m$ 均以值调用的形式在函数参数表中出现。

**1.18③** 假设有 A，B，C，D，E 五个高等院校进行田径对抗赛，各院校的单项成绩均已存入计算机，并构成一张表，表中每一行的形式为

| 项目名称 | 性　别 | 校　名 | 成　绩 | 得　分 |
|---|---|---|---|---|

编写算法，处理上述表格，以统计各院校的男、女总分和团体总分，并输出。

◆**1.19④** 试编写算法，计算$i!\cdot 2^i$ $(i=0,1,\cdots,n-1)$的值并分别存入数组 a［arrsize］

的各个分量中。假设计算机中允许的整数最大值为 ***MAXINT***，则当 $n > arrsize$ 或对某个 $k(0 \leqslant k \leqslant n-1)$ 使 $k! \cdot 2^k >$ ***MAXINT*** 时，应按出错处理。注意选择你认为较好的出错处理方法。

◆ **1.20④** 试编写算法求一元多项式 $P_n(x) = \sum_{i=0}^{n} a_i x^i$ 的值 $P_n(x_0)$，并确定算法中每一语句的执行次数和整个算法的时间复杂度。注意选择你认为较好的输入和输出方法。本题的输入为 $a_i(i=0,1,\cdots,n)$、$x_0$ 和 $n$，输出为 $P_n(x_0)$。

# 第2章 线 性 表

## 一、基本内容

线性表的逻辑结构定义、抽象数据类型定义和各种存储结构的描述方法;在线性表的两类存储结构(顺序的和链式的)上实现基本操作;稀疏多项式的抽象数据类型定义、表示和加法的实现。

## 二、学习要点

1. 了解线性表的逻辑结构特性是数据元素之间存在着线性关系,在计算机中表示这种关系的两类不同的存储结构是顺序存储结构和链式存储结构。用前者表示的线性表简称为顺序表,用后者表示的线性表简称为链表。

2. 熟练掌握这两类存储结构的描述方法,如一维数组中一个区域[i..j]的上、下界和长度之间的变换公式($L=j-i+1$, $i=j-L+1$, $j=i+L-1$),链表中指针 p 和结点 * p 的对应关系(结点 *(p->next)是结点 * p 的后继等),链表中的头结点、头指针和首元结点的区别及循环链表、双向链表的特点等。链表是本章的重点和难点。扎实的指针操作和内存动态分配的编程技术是学好本章的基本要求。

3. 熟练掌握线性表在顺序存储结构上实现基本操作:查找、插入和删除的算法。

4. 熟练掌握在各种链表结构中实现线性表操作的基本方法,能在实际应用中选用适当的链表结构。了解静态链表,能够加深对链表本质的理解。

5. 能够从时间和空间复杂度的角度综合比较线性表两种存储结构的不同特点及其适用场合。

和本章的要求相配合,在习题中安排了难度渐增的六类习题:第一类只涉及线性表在顺序结构上各种基本操作的实现;第二类涉及线性链表的各种操作;第三类涉及两个或多个线性表的各种操作;第四类对不同的存储结构作对照比较,并注重其时间复杂度的分析;第五类涉及循环链表和双向链表;第六类涉及稀疏多项式及其运算在线性表的两种存储结构上的实现。

## 三、算法演示内容

在 **DSDEMO** 系统的选单“链表”下,有以下算法演示:

(1) 在单链表中插入一个结点(**Ins_LinkList**);

(2) 删除单链表中的一个结点(**Del_LinkList**);

(3) 生成一个单链表(**Crt_LinkList**);

(4) 有序链表:集合求并(**Union**)

　　　　　　集合求交(**Intersect**)

集合求余(**Complement**);

其中,集合用有序链表表示。每个操作都用两个算法实现,其差别在于是利用原链表中的结点,还是重新生成新的结点 。

## 四、基础知识题

**2.1①** 描述以下三个概念的区别:头指针,头结点,首元结点(第一个元素结点)。

**2.2①** 填空题。

(1) 在顺序表[①]中插入或删除一个元素,需要平均移动________元素,具体移动的元素个数与________有关。

(2) 顺序表中逻辑上相邻的元素的物理位置________紧邻。单链表中逻辑上相邻的元素的物理位置________紧邻。

(3) 在单链表中,除了首元结点外,任一结点的存储位置由________指示。

(4) 在单链表中设置头结点的作用是________________________________________________。

**2.3②** 在什么情况下用顺序表比链表好?

**2.4①** 对以下单链表分别执行下列各程序段,并画出结果示意图。

L → 2 → 5 → 7 → 3 → 8 → … → 6 → 4 ∧ (P 指向 5,Q 指向 7,R 指向 3,S 指向 8)

(1) Q=P->next;

(2) L=P->next;

(3) R->data=P->data;

(4) R->data=P->next->data;

(5) P->next->next->next->data=P->data;

(6) T=P;

    **while** (T!=**NULL**) { T->data=T->data * 2;  T=T->next; }

(7) T=P;

    **while** (T->next!=**NULL**) { T->data=T->data * 2;  T=T->next; }

**2.5①** 画出执行下列各行语句后各指针及链表的示意图。

```
L=(LinkList)malloc(sizeof(LNode));  P=L;
for (i=1; i<=4; i++) {
   P->next = (LinkList)malloc(sizeof(LNode));
   P = P->next;   P->data = i*2-1;
}
P->next=NULL;
for (i=4; i>=1; i--;) Ins_LinkList(L, i+1, i*2);
```

① 在本书中,顺序表即为采用顺序存储结构的线性表。

**for**（i=1；i<=3；i++）Del_LinkList(L，i)；

**2.6**② 已知L是无表头结点的单链表，且P结点既不是首元结点，也不是尾元结点，试从下列提供的答案中选择合适的语句序列。

a. 在P结点后插入S结点的语句序列是______________________。

b. 在P结点前插入S结点的语句序列是______________________。

c. 在表首插入S结点的语句序列是______________________。

d. 在表尾插入S结点的语句序列是______________________。

(1) P->next = S;

(2) P->next = P->next->next;

(3) P->next = S->next;

(4) S->next = P->next;

(5) S->next = L;

(6) S->next = **NULL**;

(7) Q = P;

(8) **while** (P->next != Q) P = P->next;

(9) **while** (P->next != **NULL**) P = P->next;

(10) P = Q;

(11) P = L;

(12) L = S;

(13) L = P;

**2.7**② 已知L是带表头结点的非空单链表，且P结点既不是首元结点，也不是尾元结点，试从下列提供的答案中选择合适的语句序列。

a. 删除P结点的直接后继结点的语句序列是______________________。

b. 删除P结点的直接前驱结点的语句序列是______________________。

c. 删除P结点的语句序列是______________________。

d. 删除首元结点的语句序列是______________________。

e. 删除尾元结点的语句序列是______________________。

(1) P=P->next;

(2) P->next=P;

(3) P->next =P->next ->next;

(4) P =P->next->next;

(5) **while** ( P!= **NULL** ) P = P->next ;

(6) **while** (Q->next!= **NULL** ) { P = Q; Q = Q->next ; }

(7) **while** ( P->next!=Q ) P = P->next ;

(8) **while** ( P->next->next!=Q ) P = P->next ;

(9) **while** ( P->next->next!= **NULL** ) P = P->next ;

(10) Q = P ;

(11) Q = P->next;

(12) P = L ;

(13) L= L->next ;

(14) free(Q);

**2.8**② 已知P结点是某双向链表的中间结点,试从下列提供的答案中选择合适的语句序列。

a. 在P结点后插入S结点的语句序列是____________________。

b. 在P结点前插入S结点的语句序列是____________________。

c. 删除P结点的直接后继结点的语句序列是____________________。

d. 删除P结点的直接前驱结点的语句序列是____________________。

e. 删除P结点的语句序列是____________________。

(1) P->next =P->next->next ;

(2) P->priou =P->priou->priou ;

(3) P->next =S ;

(4) P->priou =S;

(5) S->next =P;

(6) S->priou =P ;

(7) S->next =P->next ;

(8) S->priou =P->priou ;

(9) P->priou->next =P->next ;

(10) P->priou->next =P ;

(11) P->next->priou =P ;

(12) P->next->priou =S ;

(13) P->priou->next =S ;

(14) P->next->priou =P->priou ;

(15) Q =P->next ;

(16) Q =P->priou;

(17) free(P) ;

(18) free(Q) ;

**2.9**② 简述以下算法的功能。

```
(1) Status A(LinkedList  L)  {  //L是无表头结点的单链表
        if (L &&L->next){
            Q =L;  L =L->next;  P =L ;
            while ( P->next) P =P->next ;
            P->next =Q;  Q->next = NULL;
        }
        return OK;
    } // A
(2) void BB(LNode *s,  LNode *q ) {
```

```
    p =s ;
    while (p->next!=q) p =p->next ;
    p->next =s;
  }//BB
  void AA(LNode * pa,  LNode * pb) {
    // pa 和 pb 分别指向单循环链表中的两个结点
    BB(pa, pb);
    BB(pb, pa);
  } //AA
```

## 五、算法设计题

本章算法设计题涉及的顺序表和线性链表的类型定义如下：

```
# define  LIST_INIT_SIZE 100
# define  LISTINCREMENT 10
typedef struct {
   ElemType   * elem;                    // 存储空间基址
   int           length;                 // 当前长度
   int           listsize;               // 当前分配的存储容量
} SqList ;                               // 顺序表类型

typedef struct LNode{
    ElemType      data;
    Struct LNode    * next;
} LNode, * LinkList;                     // 线性链表类型
```

**2.10**② 指出以下算法中的错误和低效(即费时)之处，并将它改写为一个既正确又高效的算法。

```
Status DeleteK(SqList& a, int i, int k) {
   // 本过程从顺序存储结构的线性表 a 中删除第 i 个元素起的 k 个元素
   if ( i<1 || k<0 || i+k>a.length) return INFEASIBLE;  // 参数不合法
   else {
     for( count =1; count<k; count++){
        //删除一个元素
        for (j =a.length; j>=i+1; j--) a.elem[j-1] =a.elem[j];
        a.length--;
     }
   return OK;
 } // DeleteK
```

◆**2.11**② 设顺序表 va 中的数据元素递增有序①。试写一算法，将 x 插入到顺序表的适当位置上，以保持该表的有序性。

◆**2.12**③ 设 $A=(a_1,\cdots,a_m)$ 和 $B=(b_1,\cdots,b_n)$ 均为顺序表，$A'$和$B'$分别为 $A$ 和 $B$ 中除去最大共同前缀后的子表(例如，$A=(x,y,y,z,x,z)$，$B=(x,y,y,z,y,x,x,z)$，则两者中最大的共同前缀为$(x, y, y, z)$，在两表中除去最大共同前缀后的子表分别为 $A'=(x,z)$ 和 $B'=(y,x,x,z)$)。若 $A'=B'=$ 空表，则 $A=B$；若 $A'=$空表，而 $B'\neq$ 空表，或者两者均不为空表，且 $A'$ 的首元小于 $B'$ 的首元，则 $A<B$；否则 $A>B$②。试写一个比较 $A$,$B$ 大小的算法(请注意：在算法中，不要破坏原表 $A$ 和 $B$，并且，也不一定先求得 $A'$和 $B'$才进行比较)。

**2.13**② 试写一算法在带头结点的单链表结构上实现线性表操作 LOCATE(L,X)。

**2.14**② 试写一算法在带头结点的单链表结构上实现线性表操作 LENGTH(L)。

**2.15**② 已知指针 ha 和 hb 分别指向两个单链表的头结点，并且已知两个链表的长度分别为 $m$ 和 $n$。试写一算法将这两个链表连接在一起(即令其中一个表的首元结点连在另一个表的最后一个结点之后)，假设指针 hc 指向连接后的链表的头结点，并要求算法以尽可能短的时间完成连接运算。请分析你的算法的时间复杂度。

**2.16**③ 已知指针 la 和 lb 分别指向两个无头结点单链表中的首元结点。下列算法是从表 la 中删除自第 $i$ 个元素起共 $len$ 个元素后，将它们插入到表 lb 中第 $j$ 个元素之前。试问此算法是否正确？若有错，则请改正之。

```
Status DeleteAndInsertSub (LinkedList la, LinkedList lb , int i, int j, int len {
    if (i<0 || j<0 || len<0) return INFEASIBLE;
        p =la;  k =1;
        while (k<i) { p =p->next;  k++; }
        q =p;
        while (k<=len) { q =q->next; k++; }
        s =lb; k =1;
        while (k<j) { s =s->next;  k++; }
        s->next =p;  q->next =s->next;
        return OK;
    }//DeleteAndInsertSub
```

**2.17**② 试写一算法，在无头结点的动态单链表上实现线性表操作 INSERT(L,i,b)，并和在带头结点的动态单链表上实现相同操作的算法进行比较。

**2.18**② 同 2.17 题要求。试写一算法，实现线性表操作 DELETE(L,i)。

◆**2.19**③ 已知线性表中的元素以值递增有序排列，并以单链表③作存储结构。试写一高效的算法，删除表中所有值大于 mink 且小于 maxk 的元素(若表中存在这样的元素)

---

① 在本书中，凡递增有序即非递减有序，对具有此类性质的结构中的元素，不妨设为字符型或整型。

② 这里定义的比较两个线性表的大小的方法，实际上是定义了在线性表的集合上的一个全序关系，即词典次序。

③ 今后若不特别指明，则凡以链表作存储结构时，均带头结点。

同时释放被删结点空间，并分析你的算法的时间复杂度(注意：mink 和 maxk 是给定的两个参变量，它们的值可以和表中的元素相同，也可以不同)。

**2.20**② 同 2.19 题条件，试写一高效的算法，删除表中所有值相同的多余元素（使得操作后的线性表中所有元素的值均不相同)，同时释放被删结点空间，并分析你的算法的时间复杂度。

◆**2.21**③ 试写一算法，实现顺序表的就地逆置，即利用原表的存储空间将线性表($a_1$, $a_2$,…,$a_n$) 逆置为($a_n$,$a_{n-1}$,…,$a_1$)。

◆**2.22**③ 试写一算法，对单链表实现就地逆置。

**2.23**③ 设线性表 $A=(a_1,a_2,\cdots,a_m)$，$B=(b_1,b_2,\cdots,b_n)$，试写一个按下列规则合并 $A$,$B$ 为线性表 $C$ 的算法，即使得

$C=(a_1,b_1,\cdots,a_m,b_m,b_{m+1},\cdots,b_n)$ 当 $m\leqslant n$ 时；

或者 $C=(a_1,b_1,\cdots,a_n,b_n,a_{n+1},\cdots,a_m)$ 当 $m>n$ 时。

线性表 $A$,$B$ 和 $C$ 均以单链表作存储结构，且 $C$ 表利用 $A$ 表和 $B$ 表中的结点空间构成。注意：单链表的长度值 $m$ 和 $n$ 均未显式存储。

◆**2.24**④ 假设有两个按元素值递增有序排列的线性表 $A$ 和 $B$，均以单链表作存储结构，请编写算法将 $A$ 表和 $B$ 表归并成一个按元素值递减有序(即非递增有序，允许表中含有值相同的元素)排列的线性表 $C$，并要求利用原表(即 $A$ 表和 $B$ 表)的结点空间构造 $C$ 表。

**2.25**④ 假设以两个元素依值递增有序排列的线性表 $A$ 和 $B$ 分别表示两个集合(即同一表中的元素值各不相同)，现要求另辟空间构成一个线性表 $C$，其元素为 $A$ 和 $B$ 中元素的交集，且表 $C$ 中的元素也依值递增有序排列。试对顺序表编写求 $C$ 的算法。

**2.26**④ 要求同 2.25 题。试对单链表编写求 $C$ 的算法。

◆**2.27**④ 对 2.25 题的条件作以下两点修改，对顺序表重新编写求得表 $C$ 的算法。

(1) 假设在同一表($A$ 或 $B$)中可能存在值相同的元素，但要求新生成的表 $C$ 中的元素值各不相同；

(2) 利用 $A$ 表空间存放表 $C$。

◆**2.28**④ 对 2.25 题的条件作以下两点修改，对单链表重新编写求得表 $C$ 的算法。

(1) 假设在同一表($A$ 或 $B$)中可能存在值相同的元素，但要求新生成的表 $C$ 中的元素值各不相同；

(2) 利用原表($A$ 表或 $B$ 表)中的结点构造表 $C$，并释放 $A$ 表中的无用结点空间。

◆**2.29**⑤ 已知 $A$,$B$ 和 $C$ 为三个递增有序的线性表，现要求对 $A$ 表作如下操作：删去那些既在 $B$ 表中出现又在 $C$ 表中出现的元素。试对顺序表编写实现上述操作的算法，并分析你的算法的时间复杂度(注意：题中没有特别指明同一表中的元素值各不相同)。

◆**2.30**⑤ 要求同 2.29 题。试对单链表编写算法，请释放 $A$ 表中的无用结点空间。

**2.31**② 假设某个单向循环链表的长度大于 1，且表中既无头结点也无头指针。已知 s 为指向链表中某个结点的指针，试编写算法在链表中删除指针 s 所指结点的前驱结点。

**2.32**② 已知有一个单向循环链表，其每个结点中含三个域：prior，data 和 next，其中 data 为数据域，next 为指向后继结点的指针域，prior 也为指针域，但它的值为空(NULL)，

试编写算法将此单向循环链表改为双向循环链表，即使 prior 成为指向前驱结点的指针域。

◆**2.33**③　已知由一个线性链表表示的线性表中含有三类字符的数据元素(如：字母字符、数字字符和其他字符)，试编写算法将该线性链表分割为三个循环链表，其中每个循环链表表示的线性表中均只含一类字符。

在 2.34 至 2.36 题中，“异或指针双向链表”类型 **XorLinkedList** 和指针异或函数 **XorP** 定义为：

```
typedef struct XorNode {
    char  data;
    struct XorNode  LRPtr;
} XorNode, * XorPointer;
typedef struct {                    // 无头结点的异或指针双向链表
    XorPointer  Left, Right;// 分别指向链表的左端和右端
} XorLinkedList;
XorPointer  XorP(XorPointer p, XorPointer q);
                                    // 指针异或函数 XorP 返回指针 p 和 q 的异或(XOR)值
```

**2.34**④　假设在算法描述语言中引入指针的二元运算“异或”(用“⊕”表示)，若 a 和 b 为指针，则 a⊕b 的运算结果仍为原指针类型，且

$$a \oplus (a \oplus b) = (a \oplus a) \oplus b = b$$
$$(a \oplus b) \oplus b = a \oplus (b \oplus b) = a$$

则可利用一个指针域来实现双向链表 L。链表 L 中的每个结点只含两个域：data 域和 LRPtr 域，其中 LRPtr 域存放该结点的左邻与右邻结点指针(不存在时为 NULL)的异或。若设指针 L.Left 指向链表中的最左结点，L.Right 指向链表中的最右结点，则可实现从左向右或从右向左遍历此双向链表的操作。试写一算法按任一方向依次输出链表中各元素的值。

**2.35**④　采用 2.34 题所述的存储结构，写出在第 $i$ 个结点之前插入一个结点的算法。

**2.36**④　采用 2.34 题所述的存储结构，写出删除第 $i$ 个结点的算法。

**2.37**④　设以带头结点的双向循环链表表示的线性表 $L=(a_1,a_2,\cdots,a_n)$。试写一时间复杂度为 $O(n)$ 的算法，将 $L$ 改造为 $L=(a_1,a_3,\cdots,a_n,\cdots,a_4,a_2)$。

◆**2.38**④　设有一个双向循环链表，每个结点中除有 prior，data 和 next 三个域外，还增设了一个访问频度域 freq。在链表被起用之前，频度域 freq 的值均初始化为零，而每当对链表进行一次 LOCATE(L，x)的操作后，被访问的结点(即元素值等于 x 的结点)中的频度域 freq 的值便增 1，同时调整链表中结点之间的次序，使其按访问频度非递增的次序顺序排列，以便始终保持被频繁访问的结点总是靠近表头结点。试编写符合上述要求的 LOCATE 操作的算法。

在 2.39 至 2.40 题中，稀疏多项式采用的顺序存储结构 **SqPoly** 定义为

```
typedef struct {
```

```
    int coef ;
    int exp
} PolyTerm;
typedef struct {                    // 多项式的顺序存储结构
    PolyTerm * data ;
    int         length;
} SqPoly;
```

◆**2.39**③　已知稀疏多项式 $P_n(X)=c_1x^{e_1}+c_2x^{e_2}+\cdots+c_mx^{e_m}$，其中 $n=e_m>e_{m-1}>\cdots>e_1\geqslant 0, c_i\neq 0\ (i=1,2,\cdots,m),\ m\geqslant 1$。试采用存储量同多项式项数 $m$ 成正比的顺序存储结构，编写求 $P_n(x_0)$ 的算法（$x_0$ 为给定值），并分析你的算法的时间复杂度。

**2.40**③　采用 2.39 题给定的条件和存储结构，编写求 $P(x)=P_{n_1}(x)-P_{n_2}(x)$ 的算法，将结果多项式存放在新辟的空间中，并分析你的算法的时间复杂度。

在 2.41 至 2.42 题中，稀疏多项式采用的循环链表存储结构 **LinkedPoly** 定义为

```
typedef struct PolyNode {
    PolyTerm   data;
    Struct PolyNode   * next ;
} PolyNode, * PolyLink;
typedef   PolyLink   LinkedPoly ;
```

◆**2.41**②　试以循环链表作稀疏多项式的存储结构，编写求其导函数的算法，要求利用原多项式中的结点空间存放其导函数（多项式），同时释放所有无用（被删）结点。

**2.42**②　试编写算法，将一个用循环链表表示的稀疏多项式分解成两个多项式，使这两个多项式中各自仅含奇次项或偶次项，并要求利用原链表中的结点空间构成这两个链表。

# 第3章 栈和队列

## 一、基本内容

栈和队列的结构特性;在两种存储结构上如何实现栈和队列的基本操作以及栈和队列在程序设计中的应用。

## 二、学习要点

1. 掌握栈和队列这两种抽象数据类型的特点,并能在相应的应用问题中正确选用它们。

2. 熟练掌握栈类型的两种实现方法,即两种存储结构表示时的基本操作实现算法,特别应注意栈满和栈空的条件以及它们的描述方法。

3. 熟练掌握循环队列和链队列的基本操作实现算法,特别注意队满和队空的描述方法。

** 4. 理解递归算法执行过程中栈的状态变化过程。

** 5. 理解递归算法到非递归算法的机械转化过程。

其中,后两点属于高难度的学习内容,在标号左上角加上双重星号(** ),以示区别。

这一章的习题明显地可看出有三类:第一类涉及栈的类型特点及其应用,如题 3.1 至题 3.10,题 3.15 至 3.23;第二类涉及递归算法执行过程中栈的状态和递归的消除,如题 3.24 至题 3.27;第三类涉及队列的类型特点和应用以及在不同存储结构上的实现方法,如题 3.12 至 3.14 和 3.28 至题 3.34。

## 三、算法演示内容

在 DSDEMO 系统的选单“栈”下,有以下算法的演示可供学习时参考:

(1) 递归算法:汉诺塔(**Hanoi**)
迷宫(**Maze**)
皇后问题(**Queen**)
背包问题:求得一组解(**Knap**) 和求得全部解(**Bag**);

(2) 计算阿克曼函数(**Ack**);

(3) 利用栈进行车辆调度求得出站车厢序列(**Gen,Perform**);

(4) 表达式求值(**Exp_reduced**);

(5) 离散事件模拟(**Bank_Simulation**) 。

## 四、基础知识题

◆**3.1**① 若按教科书 3.1.1 节中图 3.1(b)所示铁道进行车厢调度(注意:两侧铁道均

为单向行驶道),则请回答:

(1) 如果进站的车厢序列为123,则可能得到的出站车厢序列是什么?

(2) 如果进站的车厢序列为123456,则能否得到435612和135426的出站序列,并请说明为什么不能得到或者如何得到(即写出以'S'表示进栈和以'X'表示出栈的栈操作序列)。

**3.2**① 简述栈和线性表的差别。

**3.3**② 写出下列程序段的输出结果(栈的元素类型 SElemType 为 char)。

```
void main( ){
    Stack S;
    char x, y;
    InitStack(S);
    x='c';  y='k';
    Push(S, x);  Push(S, 'a');  Push(S, y);
    Pop(S, x);  Push(S, 't');  Push(S, x);
    Pop(S, x);  Push(S, 's');
    while (! StackEmpty(S)) { Pop(S, y);  printf(y); };
    printf(x);
}
```

**3.4**② 简述以下算法的功能(栈的元素类型 SElemType 为 int )。

```
(1) Status algo1(Stack S) {
        int  i, n, A [255];
        n=0;
        while (! StackEmpty(S) ) { n++;  Pop(S, A[n]); };
        for ( i=1; i<= n ; i++) Push(S, A[i]);
    }
(2) Status algo2(Stack S,  int e) {
        Stack T;  int d;
        InitStack(T);
        while (! StackEmpty(S)) {
            Pop(S, d);
            if (d!=e ) Push(T, d);
        }
        while (! StackEmpty(T)) {
            Pop(T, d);
            Push(S, d);
        }
    }
```

◆**3.5**④　假设以 S 和 X 分别表示入栈和出栈的操作，则初态和终态均为栈空的入栈和出栈的操作序列可以表示为仅由 S 和 X 组成的序列。称可以操作的序列为合法序列(例如，SXSX 为合法序列，SXXS 为非法序列)。试给出区分给定序列为合法序列或非法序列的一般准则，并证明：两个不同的合法(栈操作)序列(对同一输入序列)不可能得到相同的输出元素(注意：在此指的是元素实体，而不是值)序列。

◆**3.6**④　试证明：若借助栈由输入序列 1，2，…，$n$ 得到的输出序列为 $p_1, p_2, \cdots, p_n$(它是输入序列的一个排列)，则在输出序列中不可能出现这样的情形：存在着 $i<j<k$ 使 $p_j<p_k<p_i$。

◆**3.7**①　按照四则运算加、减、乘、除和幂运算(↑)优先关系的惯例，并仿照教科书 3.2 节例 3-2 的格式，画出对下列算术表达式求值时操作数栈和运算符栈的变化过程：

$$A-B\times C/D+E\uparrow F$$

**3.8**③　试推导求解 $n$ 阶梵塔问题至少要执行的 move 操作的次数。

**3.9**③　试将下列递推过程改写为递归过程。

```
void ditui(int n) {
    int i;
    i=n;
    while (i>1)
      printf(i--);
}
```

◆**3.10**③　试将下列递归过程改写为非递归过程。

```
void test(int &sum) {
    int x;
    scanf(x);
    if (x==0) sum=0;
    else { test(sum);   sum+=x ; }
    printf(sum);
}
```

**3.11**①　简述队列和栈这两种数据类型的相同点和差异处。

**3.12**②　写出以下程序段的输出结果(队列中的元素类型 QElemType 为 char)。

```
void main() {
     Queue   Q;   InitQueue(Q);
     char   x='e', y='c';
     EnQueue(Q, 'h' );   EnQueue(Q, 'r' );   EnQueue(Q, y);
     DeQueue(Q, x);    EnQueue(Q, x);
     DeQueue(Q, x);    EnQueue(Q, 'a' );
     while (!QueueEmpty(Q)) {
```

```
        DeQueue(Q, y);
        printf(y);
    }
    printf(x);
}
```

**3.13**② 简述以下算法的功能(栈和队列的元素类型均为 int )。

```
void algo3(Queue &Q) {
    Stack S;   int d;
        InitStack (S);
    while (!QueueEmpty(Q)) {
        DeQueue(Q, d);   Push(S, d);
    }
    while (!StackEmpty(S)) {
        Pop(S, d);   EnQueue(Q, d);
    }
}
```

**3.14**④ 若以 1234 作为双端队列的输入序列,试分别求出满足以下条件的输出序列:

(1) 能由输入受限的双端队列得到,但不能由输出受限的双端队列得到的输出序列;

(2) 能由输出受限的双端队列得到,但不能由输入受限的双端队列得到的输出序列;

(3) 既不能由输入受限的双端队列得到,也不能由输出受限的双端队列得到的输出序列。

## 五、算法设计题

◆**3.15**③ 假设以顺序存储结构实现一个双向栈,即在一维数组的存储空间中存在着两个栈,它们的栈底分别设在数组的的两个端点。试编写实现这个双向栈 tws 的三个操作:初始化 inistack(tws)、入栈 push(tws,i,x) 和出栈 pop(tws,i) 的算法,其中 i 为 0 或 1,用以分别指示设在数组两端的两个栈,并讨论按过程(正/误状态变量可设为变参)或函数设计这些操作算法各有什么优缺点。

**3.16**② 假设如题 3.1 所述火车调度站的入口处有 $n$ 节硬席或软席车厢(分别以 H 和 S 表示)等待调度,试编写算法,输出对这 $n$ 节车厢进行调度的操作(即入栈或出栈操作)序列,以使所有的软席车厢都被调整到硬席车厢之前。

◆**3.17**③ 试写一个算法,识别依次读入的一个以@为结束符的字符序列是否为形如‘序列$_1$ & 序列$_2$’模式的字符序列。其中序列$_1$ 和序列$_2$ 中都不含字符‘& ’,且序列$_2$ 是序列$_1$ 的逆序列。例如,‘a+b&b+a’是属该模式的字符序列,而‘1+3& 3−1’则不是。

**3.18**② 试写一个判别表达式中开、闭括号是否配对出现的算法。

◆**3.19**④ 假设一个算术表达式中可以包含三种括号:圆括号“(”和“)”、方括号“[”和

“]”和花括号“{”和“}”，且这三种括号可按任意的次序嵌套使用(如：…[…{…}…[…]…]…[…]…(…)…)。编写判别给定表达式中所含括号是否正确配对出现的算法(已知表达式已存入数据元素为字符的顺序表中)。

**3.20**③　假设以二维数组 g(1..m,1..n)表示一个图像区域，g[i,j]表示该区域中点$(i,j)$所具颜色，其值为从 0 到 $k$ 的整数。编写算法置换点$(i_0,j_0)$所在区域的颜色。约定和$(i_0,j_0)$同色的上、下、左、右的邻接点为同色区域的点。

◆**3.21**③　假设表达式由单字母变量和双目四则运算算符构成。试写一个算法，将一个通常书写形式且书写正确的表达式转换为逆波兰式。

**3.22**③　如题 3.21 的假设条件，试写一个算法，对以逆波兰式表示的表达式求值。

**3.23**⑤　如题 3.21 的假设条件，试写一个算法，判断给定的非空后缀表达式是否为正确的逆波兰式(即后缀表达式)，如果是，则将它转化为波兰式(即前缀表达式)。

**3.24**③　试编写如下定义的递归函数的递归算法，并根据算法画出求 $g(5,2)$时栈的变化过程。

$$g(m,n)=\begin{cases}0 & m=0,n\geqslant 0\\ g(m-1,2n)+n & m>0,n\geqslant 0\end{cases}$$

**3.25**④　试写出求递归函数 $F(n)$的递归算法，并消除递归：

$$F(n)=\begin{cases}n+1 & n=0\\ n\cdot F(n/2) & n>0\end{cases}$$

**3.26**④　求解平方根$\sqrt{A}$的迭代函数定义如下：

$$\text{sqrt}(A,p,e)=\begin{cases}p & |p^2-A|<e\\ \text{sqrt}\left(A,\dfrac{1}{2}\left(p+\dfrac{A}{p}\right),e\right) & |p^2-A|\geqslant e\end{cases}$$

其中，$p$ 是 $A$ 的近似平方根，$e$ 是结果允许误差。试写出相应的递归算法，并消除递归。

**3.27**⑤　已知 Ackerman 函数的定义如下：

$$\text{akm}(m,n)=\begin{cases}n+1 & m=0\\ \text{akm}(m-1,1) & m\neq 0,n=0\\ \text{akm}(m-1,\text{akm}(m,n-1)) & m\neq 0,n\neq 0\end{cases}$$

(1) 写出递归算法；

(2) 写出非递归算法；

(3) 根据非递归算法，画出求 akm(2,1)时栈的变化过程。

◆**3.28**②　假设以带头结点的循环链表表示队列，并且只设一个指针指向队尾元素结点(注意不设头指针)，试编写相应的队列初始化、入队列和出队列的算法。

**3.29**③　如果希望循环队列中的元素都能得到利用，则需设置一个标志域 tag，并以 tag 的值为 0 或 1 来区分，尾指针和头指针值相同时的队列状态是“空”还是“满”。试编写与此结构相应的入队列和出队列的算法，并从时间和空间角度讨论设标志和不设标志这两种方法的使用范围(如当循环队列容量较小而队列中每个元素占的空间较多时，哪一种方法较好)。

**◆3.30**② 假设将循环队列定义为：以域变量 rear 和 length 分别指示循环队列中队尾元素的位置和内含元素的个数。试给出此循环队列的队满条件，并写出相应的入队列和出队列的算法（在出队列的算法中要返回队头元素）。

**◆3.31**③ 假设称正读和反读都相同的字符序列为"回文"，例如，'abba' 和 'abcba'是回文，'abcde' 和 'ababab' 则不是回文。试写一个算法判别读入的一个以'@'为结束符的字符序列是否是"回文"。

**◆3.32**④ 试利用循环队列编写求 $k$ 阶斐波那契序列中前 $n+1$ 项（$f_0, f_1, \cdots, f_n$）的算法，要求满足：$f_n \leqslant \max$ 而 $f_{n+1} > \max$，其中 max 为某个约定的常数。（注意：本题所用循环队列的容量仅为 $k$，则在算法执行结束时，留在循环队列中的元素应是所求 $k$ 阶斐波那契序列中的最后 $k$ 项 $f_{n-k+1}, \cdots, f_n$）。

**3.33**③ 在顺序存储结构上实现输出受限的双端循环队列的入列和出列（只允许队头出列）算法。设每个元素表示一个待处理的作业，元素值表示作业的预计时间。入队列采取简化的短作业优先原则，若一个新提交的作业的预计执行时间小于队头和队尾作业的平均时间，则插入在队头，否则插入在队尾。

**3.34**③ 假设在如教科书 3.4.1 节中图 3.9 所示的铁道转轨网的输入端有 $n$ 节车厢：硬座、硬卧和软卧（分别以 P，H 和 S 表示）等待调度，要求这三种车厢在输出端铁道上的排列次序为：硬座在前，软卧在中，硬卧在后。试利用输出受限的双端队列对这 $n$ 节车厢进行调度，编写算法输出调度的操作序列：分别以字符'E'和'D'表示对双端队列的头端进行入队列和出队列的操作；以字符 A 表示对双端队列的尾端进行入队列的操作。

# 第4章　串

## 一、基本内容

串的数据类型定义；串的三种存储表示：定长顺序存储结构、块链存储结构和堆分配存储结构；串的各种基本操作的实现及其应用；串的模式匹配算法。

## 二、学习要点

1. 熟悉串的七种基本操作的定义，并能利用这些基本操作实现串的其他各种操作的方法。

2. 熟练掌握在串的定长顺序存储结构上实现串的各种操作的方法。

3. 掌握串的堆存储结构以及在其上实现串操作的基本方法。

** 4. 理解串匹配的 KMP 算法，熟悉 next 函数的定义，学会手工计算给定模式串的 next 函数值和改进的 next 函数值。

5. 了解串操作的应用方法和特点。

这一章的习题正是围绕上述几点安排的。在算法设计题中，4.10 题至 4.14 题要求利用已知串的基本操作来实现其他操作；4.15 题至 4.20 题专为练习串的顺序存储结构；4.21题至 4.23 题用以练习块链存储结构；4.24 题至 4.26 题则为练习堆分配存储结构；而 4.27 题至 4.30 题的练习将有助于掌握 KMP 算法和 next 函数的概念。

## 三、算法演示内容

在 DSDEMO 系统的选单"串"下，有以下算法演示：

(1) 串模式匹配的古典算法(**Index_BF**)；

(2) 串模式匹配的 KMP 算法：

求 next 函数值(**Get_next**)和按 next 函数值进行匹配(**Index_KMP(next)**)；

求 next 修正值(**Get_nextval**)和按 next 修正值进行匹配(**Index_KMP(nextval)**)。

## 四、基础知识题

**4.1**①　简述空串和空格串(或称空格符串)的区别。

**4.2**②　对于教科书 4.1 节中所述串的各个基本操作，讨论是否可由其他基本操作构造而得？如何构造？

◆**4.3**①　设 $s$ = 'I AM A STUDENT'，$t$ = 'GOOD'，$q$ = 'WORKER'。

求：StrLength(s)，　StrLength(t)，　SubString(s,8,7)，　SubString(t,2,1)，

Index(s，'A')，　Index(s,t)，　Replace(s，'STUDENT',q)，

Concat(SubString(s,6,2),Concat(t,SubString(s,7,8)))。

◆4.4① 已知下列字符串

$a$ = 'THIS'， $f$ = 'A SAMPLE'， $c$ = 'GOOD'， $d$ ='NE'， $b$ = ' '，

$s$ = Concat(a,Concat(SubString(f,2,7),Concat(b,SubString(a,3,2))))，

$t$ = Replace(f,SubString(f,3,6),c)，

$u$ = Concat(SubString(c,3,1),d)， $g$ = 'IS'，

$v$ = Concat(s,Concat(b,Concat(t,Concat(b,u))))，

试问：$s$，$t$，$v$，StrLength(s)，Index(v,g)，Index(u,g) 各是什么？。

**4.5**① 试问执行以下函数会产生怎样的输出结果？

```
void demonstrate() {
    StrAssign(s, 'THIS IS A BOOK');
    Replace(s, SubString(s, 3, 7), 'ESE ARE');
    StrAssign(t, Concat(s, 'S'));
    StrAssign(u, 'XYXYXYXYXYXY');
    StrAssign(v, SubString(u, 6, 3));
    StrAssign(w, 'W');
    printf('t=', t, 'v=', v, 'u=', Replace(u, v, w));
} //demonstrate
```

**4.6**② 已知：$s$='(XYZ)+＊ '，$t$='(X+Z)＊Y'。试利用联接、求子串和置换等基本运算，将 $s$ 转化为 $t$。

◆**4.7**② 令 $s$='aaab'，$t$='abcabaa'，$u$='abcaabbabcabaacbacba'。试分别求出它们的 next 函数值和 nextval 函数值。

◆**4.8**② 已知主串 $s$ = 'ADBADABBAABADABBADADA'，

模式串 $pat$ = 'ADABBADADA'，

写出模式串的 nextval 函数值，并由此画出 KMP 算法匹配的全过程。

**4.9**③ 在以链表存储串值时，存储密度是结点大小和串长的函数。假设每个字符占 1 字节，每个指针占 4 字节，每个结点的大小为 4 的整数倍。求结点大小为 $4k$，串长为 $l$ 时的存储密度 $d(4k, l)$（用公式表示）。

## 五、算法设计题

在编写 4.10 至 4.14 题的算法时，请采用 **StringType** 数据类型：

StringType 是串的一个抽象数据类型，它包含以下五种基本操作：

```
void StrAssign( StringType& t,  StringType s )
  // 将 s 的值赋给 t。s 的实际参数可以是串变量或者串常量(如:'abcd')。
int StrCompare(StringType s, StringType t)
  // 比较 s 和 t。若 s>t,返回值>0;若 s=t,返回值=0;若 s<t,返回值<0。
int StrLength(StringType s)
```

// 返回 s 中的元素个数,即该串的长度。

StringType Concat(StringType s, StringType t)

// 返回由 s 和 t 联接而成的新串。

StringType SubString(StringType s, **int** start, **int** len)

// 当 1≤start≤StrLength(s)且 0≤len≤StrLength(s)－start＋1 时,

// 返回 s 中第 start 个字符起长度为 len 的子串,否则返回空串。

◆**4.10**③　编写对串求逆的递推算法。

**4.11**③　编写算法,求得所有包含在串 $s$ 中而不包含在串 $t$ 中的字符($s$ 中重复的字符只选一个)构成的新串 $r$,以及 $r$ 中每个字符在 $s$ 中第一次出现的位置。

◆**4.12**③　编写一个实现串的置换操作 Replace(&S,T,V)的算法。

**4.13**③　编写算法,从串 $s$ 中删除所有和串 $t$ 相同的子串。

**4.14**④　利用串的基本操作以及栈和集合的基本操作,编写"由一个算术表达式的前缀式求后缀式"的递推算法(假设前缀式不含语法错误)。

在编写 4.15 至 4.20 题的算法时,请采用教科书 4.2.1 节中所定义的定长顺序存储表示,而不允许调用串的基本操作。

**4.15**③　编写算法,实现串的基本操作 StrAssign(&T,chars)。

**4.16**③　编写算法,实现串的基本操作 StrCompare(S,T)。

◆**4.17**③　编写算法,实现串的基本操作 Replace(&S,T,V)。

**4.18**③　编写算法,求串 $s$ 所含不同字符的总数和每种字符的个数。

**4.19**③　在串的定长顺序存储结构上直接实现 4.11 题要求的算法。

**4.20**③　编写算法,从串 $s$ 中删除所有和串 $t$ 相同的子串。

◆**4.21**④　假设以结点大小为 1(且附设头结点)的链表结构表示串。试编写实现下列六种串的基本操作 StrAssign,StrCopy,StrCompare,StrLength,Concat 和 SubString 的函数。

**4.22**④　假设以块链结构表示串。试编写将串 $s$ 插入到串 $t$ 中某个字符之后的算法(若串 $t$ 中不存在此字符,则将串 $s$ 联接在串 $t$ 的末尾)。

◆**4.23**④　假设以块链结构作串的存储结构。试编写判别给定串是否具有对称性的算法,并要求算法的时间复杂度为 $O(StrLength(S))$。

在编写 4.24 至 4.26 题的算法时,请采用教科书 4.2.2 节中所定义的堆分配存储表示。

◆**4.24**③　试写一算法,在串的堆存储结构上实现串基本操作 Concat(&T, s1, s2)。

◆**4.25**③　试写一算法,实现堆存储结构的串的置换操作 Replace(&S,T,V)。

**4.26**③　试写一算法,实现堆存储结构的串的插入操作 StrInsert(&S,pos,T)。

**4.27**③　当以教科书 4.2.1 节中定义的定长顺序结构表示串时,可如下所述改进定位函数的算法:先将模式串 $t$ 中的第一个字符和最后一个字符与主串 $s$ 中相应的字符比较,在两次比较都相等之后,再依次从 $t$ 的第二个字符起逐个比较。这样做可以克服算法 Index(算法 4.5)在求模式串'$\mathrm{a}^k\mathrm{b}$'($a^k$ 表示连续 $k$ 个字符'a')在主串'$\mathrm{a}^n\mathrm{b}$'($k\leqslant n$)中的定位函数时产生的弊病。试编写上述改进算法,并比较这两种算法在作 Index('$\mathrm{a}^n\mathrm{b}$', '$\mathrm{a}^k\mathrm{b}$')运算时所需进行的字符间的比较次数。

◆**4.28**④　假设以结点大小为1(带头结点)的链表结构表示串,则在利用next函数值进行串匹配时,在每个结点中需设三个域:数据域chdata、指针域succ和指针域next。其中chdata域存放一个字符;succ域存放指向同一链表中后继结点的指针;next域在主串中存放指向同一链表中前驱结点的指针;在模式串中,存放指向当该结点的字符与主串中的字符不等时,模式串中下一个应进行比较的字符结点(即与该结点字符的next函数值相对应的字符结点)的指针,若该结点字符的next函数值为零,则其next域的值应指向头结点。试按上述定义的结构改写求模式串的next函数值的算法。

◆**4.29**④　试按4.28题定义的结构改写串匹配的改进算法(KMP算法)。

◆**4.30**⑤　假设以定长顺序存储结构表示串,试设计一个算法,求串s中出现的第一个最长重复子串及其位置,并分析你的算法的时间复杂度。

**4.31**⑤　假设以定长顺序存储结构表示串,试设计一个算法,求串$s$和串$t$的一个最长公共子串,并分析你的算法的时间复杂度。若要求第一个出现的最长公共子串(即它在串$s$和串$t$的最左边的位置上出现)和所有的最长公共子串,讨论你的算法能否实现。

# 第 5 章　数组与广义表

## 一、基本内容

数组的类型定义和表示方式；特殊矩阵和稀疏矩阵的压缩存储方法及运算的实现；广义表的逻辑结构和存储结构、$m$ 元多项式的广义表表示以及广义表的操作的递归算法举例。

## 二、学习要点

1. 了解数组的两种存储表示方法，并掌握数组在以行为主的存储结构中的地址计算方法。

2. 掌握对特殊矩阵进行压缩存储时的下标变换公式。

3. 了解稀疏矩阵的两种压缩存储方法的特点和适用范围，领会以三元组表示稀疏矩阵时进行矩阵运算采用的处理方法。

4. 掌握广义表的结构特点及其存储表示方法，读者可根据自己的习惯，熟练掌握任意一种结构的链表，学会对非空广义表进行分解的两种分析方法：一是将一个非空广义表分解为表头和表尾两部分，二是分解为 $n$ 个子表。

** 5. 学习利用分治法的算法设计思想编制递归算法的方法。

在下列这组习题中，第一类习题对应教科书 5.1 和 5.2 节 C 语言风格的数组存储分配和元素地址计算（各维下界为 0）；第二类习题是推导特殊矩阵实现各种压缩存储时的下标变换公式；第三类习题涉及稀疏矩阵的各种压缩存储方法；第四类习题帮助读者熟悉广义表的存储结构和表头、表尾的分析方法；第五类习题则是为学习编写递归算法而安排的。

## 三、算法演示内容

在 DSDEMO 系统的选单“广义表”下，有以下算法演示：

（1）求广义表的深度（**Ls_Depth**）；

（2）复制广义表（**Ls_Copy**）；

（3）遍历广义表（**Ls_Mark**）；

（4）建立广义表的存储结构（**Crt_Lists**）。

## 四、基础知识题

**5.1**①　假设有二维数组 $A_{6\times 8}$，每个元素用相邻的 6 字节存储，存储器按字节编址。已知 A 的起始存储位置（基地址）为 1000，计算：

（1）数组 A 的体积（即存储量）；

(2) 数组 A 的最后一个元素 $a_{57}$ 的第一个字节的地址；

(3) 按行存储时，元素 $a_{14}$ 的第一个字节的地址；

(4) 按列存储时，元素 $a_{47}$ 的第一个字节的地址。

**5.2**① 假设按低下标优先存储整数数组 $A_{9\times3\times5\times8}$ 时，第一个元素的字节地址是 100，每个整数占 4 字节。问下列元素的存储地址是什么？

(1) $a_{0000}$ (2) $a_{1111}$ (3) $a_{3125}$ (4) $a_{8247}$

**5.3**① 按高下标优先存储方式（以最右的下标为主序），顺序列出数组 $A_{2\times2\times3\times3}$ 中所有元素 $a_{ijkl}$，为了简化表达，可以只列出(i,j,k,l)的序列。

**5.4**① 将教科书 5.3.1 节中的式(5-3)改写为一个等式的形式。

**5.5**③ 设有上三角矩阵 $(a_{ij})_{n\times n}$，将其上三角元素逐行存于数组 B[m]中（m 充分大），使得 B[k]=$a_{ij}$ 且 $k=f_1(i)+f_2(j)+c$。试推导出函数 $f_1$，$f_2$ 和常数 $c$（要求 $f_1$ 和 $f_2$ 中不含常数项）。

**5.6**② 设有三对角矩阵 $(a_{ij})_{n\times n}$，将其三条对角线上的元素存于数组 B[3][n]中，使得元素 B[u][v]=$a_{ij}$，试推导出从(i,j)到(u,v)的下标变换公式。

**5.7**③ 设有三对角矩阵 $(a_{ij})_{n\times n}$，将其三条对角线上的元素逐行地存于数组 B[3n−2]中，使得 B[k]=$a_{ij}$，求：

(1) 用 $i,j$ 表示 $k$ 的下标变换公式；

(2) 用 $k$ 表示 $i,j$ 的下标变换公式。

**5.8**③ 假设一个准对角矩阵

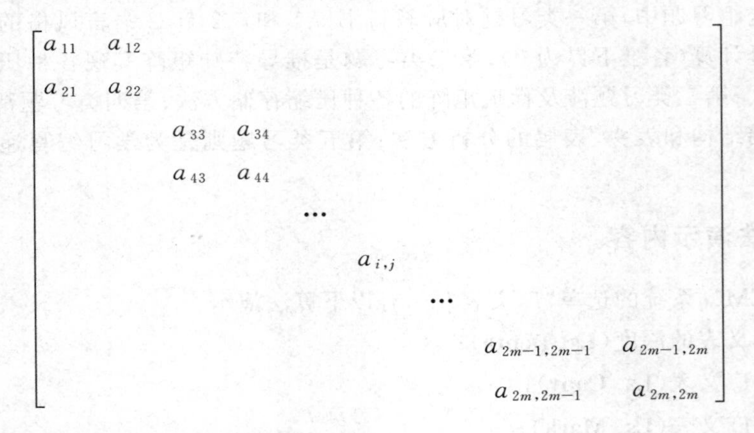

按以下方式存于一维数组 B[4m]中：

| 0 | 1 | 2 | 3 | 4 | 5 | 6 | | k | | 4m−2 | 4m−1 |
|---|---|---|---|---|---|---|---|---|---|---|---|
| $a_{11}$ | $a_{12}$ | $a_{21}$ | $a_{22}$ | $a_{33}$ | $a_{34}$ | $a_{43}$ | … | $a_{ij}$ | … | $a_{2m-1,2m}$ | $a_{2m,2m-1}$ | $a_{2m,2m}$ |

写出由一对下标$(i,j)$求 $k$ 的转换公式。

**5.9**② 已知 $A$ 为稀疏矩阵，试从空间和时间角度比较采用两种不同的存储结构（二维数组和三元组表)完成求 $\sum_{i=1}^{n} a_{ij}$ 运算的优缺点。

**5.10**② 求下列广义表操作的结果:

(1) GetHead【$(p,h,w)$】;

(2) GetTail【$(b,k,p,h)$】;

(3) GetHead【$((a,b),(c,d))$】;

(4) GetTail【$((a,b),(c,d))$】;

(5) GetHead【GetTail【$((a,b),(c,d))$】】;

(6) GetTail【GetHead【$((a,b),(c,d))$】】;

(7) GetHead【GetTail【GetHead【$((a,b),(c,d))$】】】;

(8) GetTail【GetHead【GetTail【$((a,b),(c,d))$】】】。

注意:【】是函数的符号。

**5.11**② 利用广义表的 GetHead 和 GetTail 操作写出如上题的函数表达式,把原子 *banana* 分别从下列广义表中分离出来。

(1) $L_1=(apple,pear,banana,orange)$;

(2) $L_2=((apple,pear),(banana,orange))$;

(3) $L_3=(((apple),(pear),(banana),(orange)))$;

(4) $L_4=(apple,(pear),((banana)),(((orange))))$;

(5) $L_5=((((apple))),((pear)),(banana),orange)$;

(6) $L_6=((((apple),pear),banana),orange)$;

(7) $L_7=(apple,(pear,(banana),orange))$;

**5.12**② 按教科书 5.5 节中图 5.8 所示结点结构,画出下列广义表的存储结构图,并求它的深度。

(1) $((()),\ a,\ ((b,\ c),\ (),\ d),\ (((e))))$

(2) $((((a),\ b)),\ (((),\ d),\ (e,\ f)))$

**5.13**② 已知以下各图为广义表的存储结构图,其结点结构和 5.12 题相同。写出各图表示的广义表。

(1)

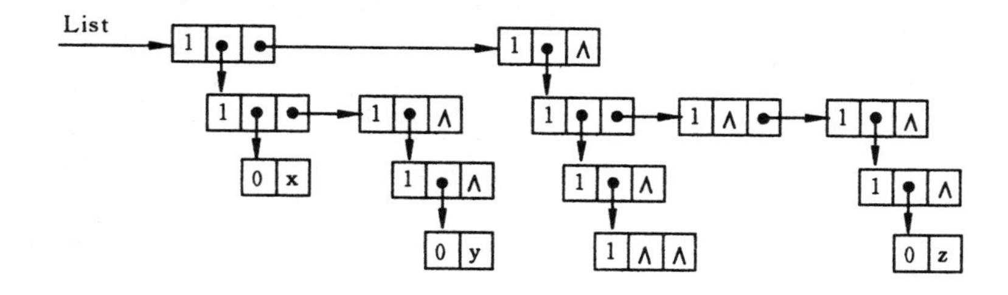

(2)

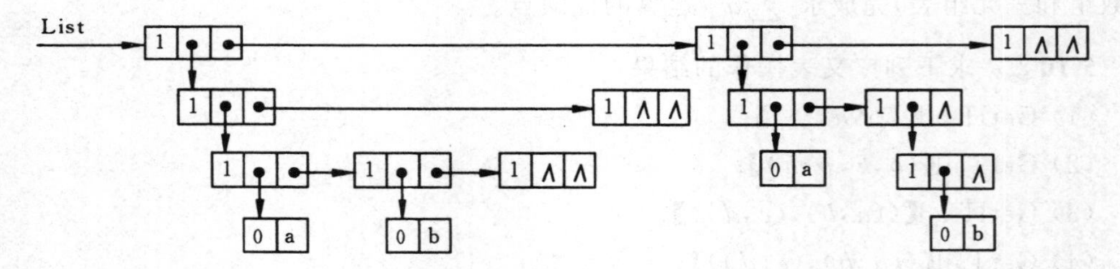


**5.14**③ 已知等差数列的第一项为 $a_1$，公差为 $d$，试写出该数列前 $n$ 项的和 $S(n)(n\geqslant 0)$ 的递归定义。

**5.15**④ 写出求给定集合的幂集的递归定义。

**5.16**③ 试利用C语言中的增量运算"++"和减量运算"--"写出两个非负整数 $a$ 和 $b$ 相加的递归定义。

**5.17**③ 已知顺序表 $L$ 含有 $n$ 个整数，试分别以函数形式写出下列运算的递归算法：

(1) 求表中的最大整数；

(2) 求表中的最小整数；

(3) 求表中 $n$ 个整数之和；

(4) 求表中 $n$ 个整数之积；

(5) 求表中 $n$ 个整数的平均值。

## 五、算法设计题

**5.18**⑤ 试设计一个算法，将数组 $A_n$ 中的元素 $A[0]$ 至 $A[n-1]$ 循环右移 $k$ 位，并要求只用一个元素大小的附加存储，元素移动或交换次数为 $O(n)$。

**5.19**④ 若矩阵 $A_{m\times n}$ 中的某个元素 $a_{ij}$ 是第 $i$ 行中的最小值，同时又是第 $j$ 列中的最大值，则称此元素为该矩阵中的一个马鞍点。假设以二维数组存储矩阵 $A_{m\times n}$，试编写求出矩阵中所有马鞍点的算法，并分析你的算法在最坏情况下的时间复杂度。

**5.20**⑤ 类似于以一维数组表示一元多项式，以 $m$ 维数组：$(a_{j_1 j_2 \cdots j_m})$，$0\leqslant j_i\leqslant n$，$i=1,2,\cdots,m$，表示 $m$ 元多项式，数组元素 $a_{e_1 e_2 \cdots e_m}$ 表示多项式中 $x_1^{e_1}x_2^{e_2}\cdots x_m^{e_m}$ 的系数。例如，和二元多项式 $x^2+3xy+4y^2-x+2$ 相应的二维数组为

| $xy$ | 0 | 1 | 2 |
|---|---|---|---|
| 0 | 2 | 0 | 4 |
| 1 | −1 | 3 | 0 |
| 2 | 1 | 0 | 0 |

试编写一个算法将 $m$ 维数组表示的 $m$ 元多项式以常规表示的形式(按降幂顺序)输出。可

将其中一项 $c_k x_1^{e_1} x_2^{e_2} \cdots x_m^{e_m}$ 印成 $c_k x_1 E e_1 x_2 E e_2 \cdots x_m E e_m$（其中 $m, c_k$ 和 $e_j (j=1,2,\cdots,m)$ 印出它们具体的值），当 $c_k$ 或 $e_j (j=1,2,\cdots,m)$ 为 1 时，$c_k$ 的值或“$E$”和 $e_j$ 的值可省略不印。

**5.21**④ 假设稀疏矩阵 $A$ 和 $B$ 均以三元组顺序表作为存储结构。试写出矩阵相加的算法，另设三元组表 $C$ 存放结果矩阵。

**5.22**④ 假设系数矩阵 $A$ 和 $B$ 均以三元组顺序表作为存储结构。试写出满足以下条件的矩阵相加的算法：假设三元组顺序表 $A$ 的空间足够大，将矩阵 $B$ 加到矩阵 $A$ 上，不增加 $A$，$B$ 之外的附加空间，你的算法能否达到 $O(m+n)$ 的时间复杂度？其中 $m$ 和 $n$ 分别为 $A$，$B$ 矩阵中非零元的数目。

**5.23**② 三元组顺序表的一种变型是，从三元组顺序表中去掉行下标域得到二元组顺序表，另设一个行起始向量，其每个分量是二元组顺序表的一个下标值，指示该行中第一个非零元素在二元组顺序表中的起始位置。试编写一个算法，由矩阵元素的下标值 $i$，$j$ 求矩阵元素。试讨论这种方法和三元组顺序表相比有什么优缺点。

**5.24**② 三元组顺序表的另一种变型是，不存矩阵元素的行、列下标，而存非零元在矩阵中以行为主序时排列的顺序号，即在 LOC(0, 0)＝1，$l=1$ 时按教科书 5.2 节中公式(5-2)计算出的值。试写一算法，由矩阵元素的下标值 $i$，$j$ 求元素的值。

**5.25**③ 若将稀疏矩阵 $A$ 的非零元素以行序为主序的顺序存于一维数组 $V$ 中，并用二维数组 $B$ 表示 $A$ 中的相应元素是否为零元素（以 0 和 1 分别表示零元素和非零元素）。例如，

$$A=\begin{bmatrix}15 & 0 & 0 & 22\\ 0 & -6 & 0 & 0\\ 91 & 0 & 0 & 0\end{bmatrix}$$

可用 $V=(15,\ 22,\ -6,\ 9)$ 和 $B=\begin{bmatrix}1 & 0 & 0 & 1\\ 0 & 1 & 0 & 0\\ 1 & 0 & 0 & 0\end{bmatrix}$ 表示。

试写一算法，实现在上述表示法中实现矩阵相加的运算。并分析你的算法的时间复杂度。

**5.26**③ 试编写一个以三元组形式输出用十字链表表示的稀疏矩阵中非零元素及其下标的算法。

**5.27**④ 试按教科书 5.3.2 节中定义的十字链表存储表示编写将稀疏矩阵 $B$ 加到稀疏矩阵 $A$ 上的算法。

**5.28**④ 采用教科书 5.6 节中给出的 $m$ 元多项式的表示方法，写一个求 $m$ 元多项式中第一变元的偏导数的算法。

**5.29**④ 采用教科书 5.6 节中给出的 $m$ 元多项式的表示方法，写一个 $m$ 元多项式相加的算法。

**5.30**③ 试按表头、表尾的分析方法重写求广义表的深度的递归算法。

**5.31**③ 试按教科书 5.5 节图 5.10 所示结点结构编写复制广义表的递归算法。

**5.32**④ 试编写判别两个广义表是否相等的递归算法。

**5.33**④ 试编写递归算法，输出广义表中所有原子项及其所在层次。

**5.34⑤** 试编写递归算法，逆转广义表中的数据元素。

例如：将广义表

$$(a,((b,c),()),(((d),e),f))$$

逆转为：

$$((f,(e,(d))),((),(c,b)),a)。$$

**5.35⑤** 假设广义表按如下形式的字符串表示。

$$(\alpha_1,\alpha_2,\cdots,\alpha_n) \qquad n\geqslant 0$$

其中 $\alpha_i$ 或为单字母表示的原子，或为广义表；$n=0$ 时为只含空格字符的空表()。

试按教科书 5.5 节图 5.8 所示链表结点结构编写，按照读入的一个广义表字符串建立其存储结构的递归算法。

**5.36⑤** 试按教科书 5.5 节图 5.8 所示存储结构，编写按上题描述的格式输出广义表的递归算法。

**5.37⑤** 试编写递归算法，删除广义表中所有值等于 $x$ 的原子项。

**5.38④** 试编写算法，依次从左至右输出广义表中第 $l$ 层的原子项。

例如：广义表 $(a,(b,(c)),(d))$中的 $a$ 为第一层的原子项；$b$ 和 $d$ 为第二层的原子项；$c$ 为第三层的原子项。

# 第6章　树和二叉树

## 一、基本内容

二叉树的定义、性质和存储结构；二叉树的遍历和线索化以及遍历算法的各种描述形式；树和森林的定义、存储结构与二叉树的转换、遍历；树的多种应用。本章是课程的重点内容之一。

## 二、学习要点

1. 熟练掌握二叉树的结构特性，了解相应的证明方法。

2. 熟悉二叉树的各种存储结构的特点及适用范围。

3. 遍历二叉树是二叉树各种操作的基础。实现二叉树遍历的具体算法与所采用的存储结构有关。不仅要熟练掌握各种遍历策略的递归和非递归算法，了解遍历过程中"栈"的作用和状态，而且能灵活运用遍历算法实现二叉树的其他操作。层次遍历是按另一种搜索策略进行的遍历。

4. 理解二叉树线索化的实质是建立结点与其在相应序列中的前驱或后继之间的直接联系，熟练掌握二叉树的线索化过程以及在中序线索化树上找给定结点的前驱和后继的方法。二叉树的线索化过程是基于对二叉树进行遍历，而线索二叉树上的线索又为相应的遍历提供了方便。

5. 熟悉树的各种存储结构及其特点，掌握树和森林与二叉树的转换方法。建立存储结构是进行其他操作的前提，因此读者应掌握 1 至 2 种建立二叉树和树的存储结构的方法。

6. 学会编写实现树的各种操作的算法。

7. 了解最优树的特性，掌握建立最优树和哈夫曼编码的方法。

** 8. 理解前序序列和中序序列可唯一确定一棵二叉树的道理，理解具有相同的前序序列而中序序列不同的二叉树的数目与序列 $12\cdots n$ 按不同顺序进栈和出栈所能得到的排列的数目相等的道理，掌握由前序序列和中序序列建立二叉树的存储结构的方法。

本章内容较多，又是课程的重点，因此相应的练习题也较多。其中6.1至6.32题为基础知识和讨论题，6.33至6.76题是算法设计题。算法设计题大体分为四类：6.33至6.55题涉及二叉树的遍历以及通过遍历实现二叉树的其他操作；6.56至6.58题涉及二叉树的线索化和在线索二叉树上找给定结点的前驱和后继；6.59至6.64题涉及树的遍历；6.65至6.76题涉及树及二叉树的各种构造和输出操作。

## 三、算法演示内容

在 DSDEMO 系统的选单"二叉树"下，有以下算法演示：

(1) 遍历二叉树:先序遍历(**Pre_ order**)

　　　　　　　　中序遍历(**In_ order**)

　　　　　　　　后序遍历(**Post_ order**);

(2) 线索二叉树

(a) 二叉树的线索化:生成先序线索(前驱或后继)(**Pre_ thre**)

　　　　　　　　　　中序线索(前驱或后继)(**In_ thre**)

　　　　　　　　　　后序线索(前驱或后继)(**Post_ thre**);

(b) 在线索树上插入一棵左子树(**Ins_ lchild**)和删除一棵左子树(**Del_ lchild**);

(3) 应用问题:建立表达式树(**Crt_ exptree**)

　　　　　　按先序序列和后序序列生成一棵二叉树(**BT_ PreIn**)

　　　　　　从森林转换成二叉树或从二叉树转换成森林

　　　　　　生成哈夫曼树(**Get_ HTree**)

　　　　　　求得哈夫曼编码(**Get_ HCode**)。

## 四、基础知识题

**6.1**① 已知一棵树边的集合为{ $<I,M>$, $<I,N>$, $<E,I>$, $<B,E>$, $<B,D>$, $<A,B>$, $<G,J>$, $<G,K>$, $<C,G>$, $<C,F>$, $<H,L>$, $<C,H>$, $<A,C>$ },请画出这棵树,并回答下列问题:

(1) 哪个是根结点?

(2) 哪些是叶子结点?

(3) 哪个是结点 G 的双亲?

(4) 哪些是结点 G 的祖先?

(5) 哪些是结点 G 的孩子?

(6) 哪些是结点 E 的子孙?

(7) 哪些是结点 E 的兄弟?哪些是结点 F 的兄弟?

(8) 结点 B 和 N 的层次号分别是什么 ?

(9) 树的深度是多少?

(10) 以结点 C 为根的子树的深度是多少?

◆**6.2**① 一棵度为 2 的树与一棵二叉树有何区别?

◆**6.3**① 试分别画出具有 3 个结点的树和 3 个结点的二叉树的所有不同形态。

◆**6.4**③ 一棵深度为 $H$ 的满 $k$ 叉树有如下性质:第 $H$ 层上的结点都是叶子结点,其余各层上每个结点都有 $k$ 棵非空子树。如果按层次顺序从 1 开始对全部结点编号,问:

(1) 各层的结点数目是多少?

(2) 编号为 $p$ 的结点的父结点(若存在)的编号是多少?

(3) 编号为 $p$ 的结点的第 $i$ 个儿子结点(若存在)的编号是多少?

(4) 编号为 $p$ 的结点有右兄弟的条件是什么?其右兄弟的编号是多少?

◆**6.5**② 已知一棵度为 $k$ 的树中有 $n_1$ 个度为 1 的结点,$n_2$ 个度为 2 的结点,…,$n_k$ 个度为 $k$ 的结点,问该树中有多少个叶子结点?

**6.6**③　已知在一棵含有 $n$ 个结点的树中，只有度为 $k$ 的分支结点和度为 0 的叶子结点。试求该树含有的叶子结点的数目。

◆**6.7**③　一棵含有 $n$ 个结点的 $k$ 叉树，可能达到的最大深度和最小深度各为多少？

**6.8**④　证明：一棵满 $k$ 叉树上的叶子结点数 $n_0$ 和非叶子结点数 $n_1$ 之间满足以下关系：

$$n_0=(k-1)n_1+1$$

**6.9**②　试分别推导含 $n$ 个结点和含 $n_0$ 个叶子结点的完全三叉树的深度 $H$。

**6.10**④　对于那些所有非叶子结点均有非空左右子树的二叉树：

(1) 试问：有 $n$ 个叶子结点的树中共有多少个结点？

(2) 试证明：$\sum_{i=1}^{n} 2^{-(l_i-1)}=1$，其中 $n$ 为叶子结点的个数，$l_i$ 表示第 $i$ 个叶子结点所在的层次（设根结点所在层次为 1）。

**6.11**③　在二叉树的顺序存储结构中，实际上隐含着双亲的信息，因此可和三叉链表对应。假设每个指针域占 4 字节的存储，每个信息域占 $k$ 字节的存储。试问：对于一棵有 $n$ 个结点的二叉树，且在顺序存储结构中最后一个结点的下标为 $m$，在什么条件下顺序存储结构比三叉链表更节省空间？

◆**6.12**②　对题 6.3 所得各种形态的二叉树，分别写出前序、中序和后序遍历的序列。

◆**6.13**②　假设 $n$ 和 $m$ 为二叉树中两结点，用"1"、"0"或"Φ"（分别表示肯定、恰恰相反或者不一定）填写下表：

| 答　问<br>已知 | 前序遍历时<br>$n$ 在 $m$ 前？ | 中序遍历时<br>$n$ 在 $m$ 前？ | 后序遍历时<br>$n$ 在 $m$ 前？ |
|---|---|---|---|
| $n$ 在 $m$ 左方 | | | |
| $n$ 在 $m$ 右方 | | | |
| $n$ 是 $m$ 祖先 | | | |
| $n$ 是 $m$ 子孙 | | | |

注：如果(1)离 a 和 b 最近的共同祖先 p 存在，且(2)a 在 p 的左子树中，b 在 p 的右子树中，则称 a 在 b 的左方（即 b 在 a 的右方）。

**6.14**②　找出所有满足下列条件的二叉树：

(a) 它们在先序遍历和中序遍历时，得到的结点访问序列相同；

(b) 它们在后序遍历和中序遍历时，得到的结点访问序列相同；

(c) 它们在先序遍历和后序遍历时，得到的结点访问序列相同；

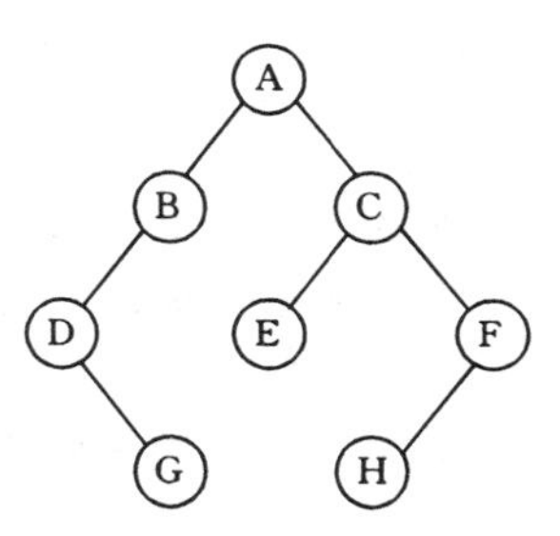


**6.15**②　请对右图所示二叉树进行后序线索化，为每个空指针建立相应的前驱或后继线索。

◆**6.16**② 将下列二叉链表改为先序线索链表(不画出树的形态)。

| | 1 | 2 | 3 | 4 | 5 | 6 | 7 | 8 | 9 | 10 | 11 | 12 | 13 | 14 |
|---|---|---|---|---|---|---|---|---|---|---|---|---|---|---|
| Info | A | B | C | D | E | F | G | H | I | J | K | L | M | N |
| Ltag | | | | | | | | | | | | | | |
| Lchild | 2 | 4 | 6 | 0 | 7 | 0 | 10 | 0 | 12 | 13 | 0 | 0 | 0 | 0 |
| Rtag | | | | | | | | | | | | | | |
| Rchild | 3 | 5 | 0 | 0 | 8 | 9 | 11 | 0 | 0 | 0 | 14 | 0 | 0 | 0 |

◆**6.17**③ 阅读下列算法,若有错,则改正之。

```
BiTree  InSucc( BiTree q ) {
   // 已知 q 是指向中序线索二叉树上某个结点的指针,
   // 本函数返回指向 * q 的后继的指针。
         r = q->rchild;
         if ( !r->rtag )
           while ( !r->rtag )  r = r->rchild;
         return r;
}  //InSucc
```

**6.18**⑤ 试讨论,能否在一棵中序全线索二叉树上查找给定结点 * p 在后序序列中的后继。

◆**6.19**② 分别画出和下列树对应的各个二叉树:

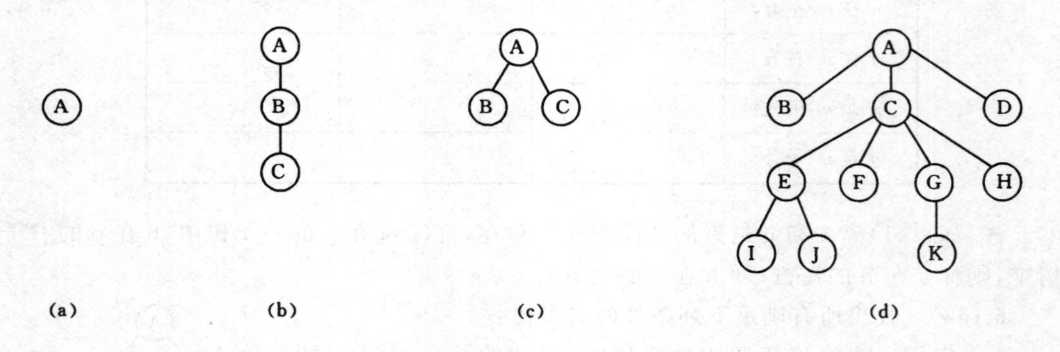


**6.20**③ 将下列森林转换为相应的二叉树,并分别按以下说明进行线索化:

(1) 先序前驱线索化;

(2) 中序全线索化前驱线索和后继线索;

(3) 后序后继线索化。

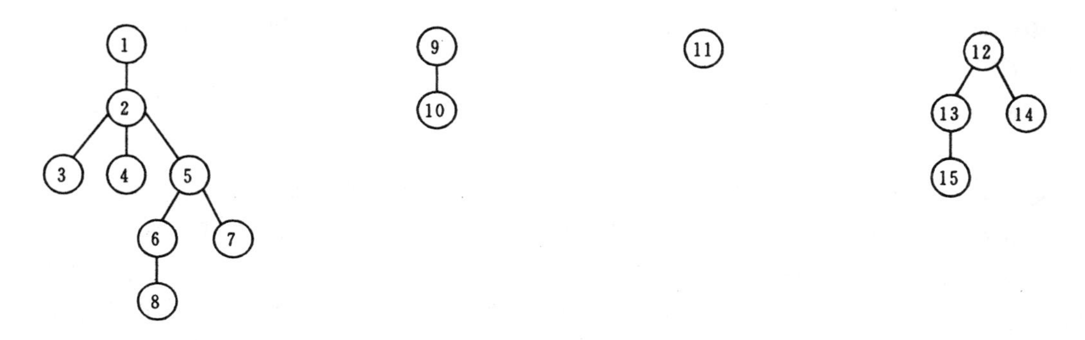


◆**6.21**② 画出和下列二叉树相应的森林：

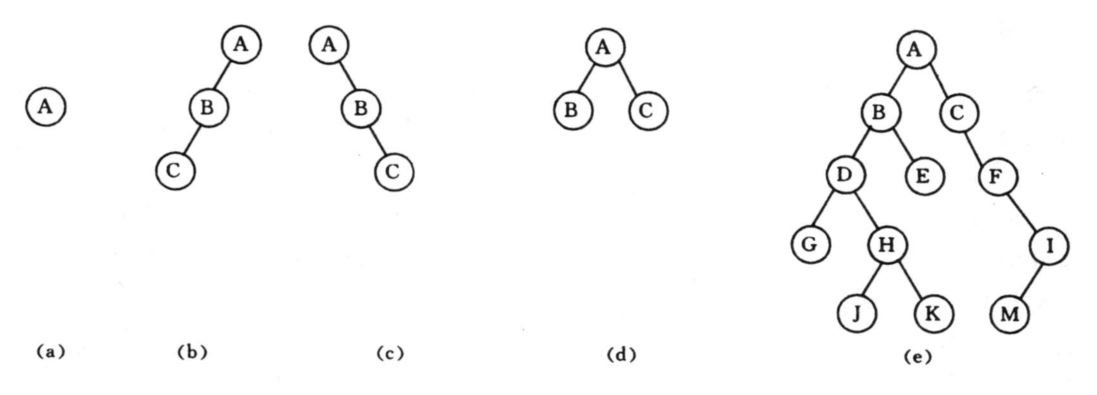


◆**6.22**② 对于6.19题中给出的各树分别求出以下遍历序列：

(1) 先根序列； (2) 后根序列。

◆**6.23**② 画出和下列已知序列对应的树 $T$：

树的先根次序访问序列为GFKDAIEBCHJ；

树的后根次序访问序列为DIAEKFCJHBG。

**6.24**③ 画出和下列已知序列对应的森林 $F$：

森林的先序次序访问序列为：ABCDEFGHIJKL；

森林的中序次序访问序列为：CBEFDGAJIKLH。

**6.25**③ 证明：在结点数多于1的哈夫曼树中不存在度为1的结点。

◆**6.26**③ 假设用于通信的电文仅由8个字母组成，字母在电文中出现的频率分别为0.07，0.19，0.02，0.06，0.32，0.03，0.21，0.10。试为这8个字母设计哈夫曼编码。使用0～7的二进制表示形式是另一种编码方案。对于上述实例，比较两种方案的优缺点。

◆**6.27**③ 假设一棵二叉树的先序序列为EBADCFHGIKJ和中序序列为ABCDEFGHIJK。请画出该树。

**6.28**③ 假设一棵二叉树的中序序列为DCBGEAHFIJK和后序序列为DCEGBFHKJIA。请画出该树。

◆**6.29**③ 假设一棵二叉树的层序序列为 ABCDEFGHIJ 和中序序列为 DBGEHJACIF。请画出该树。

**6.30**④ 证明:树中结点 u 是结点 v 的祖先,当且仅当在先序序列中 u 在 v 之前,且在后序序列中 u 在 v 之后。

◆**6.31**④ 证明:由一棵二叉树的先序序列和中序序列可唯一确定这棵二叉树。

**6.32**⑤ 证明:如果一棵二叉树的先序序列是 $u_1, u_2, \cdots, u_n$,中序序列是 $u_{p1}, u_{p2}, \cdots, u_{pn}$,则序列 $1, 2, \cdots, n$ 可以通过一个栈得到序列 $p_1, p_2, \cdots, p_n$;反之,若以上述中的结论作为前提,则存在一棵二叉树,若其前序序列是 $u_1, u_2, \cdots, u_n$,则其中序序列为 $u_{p1}, u_{p2}, \cdots, u_{pn}$。

## 五、算法设计题

◆**6.33**③ 假定用两个一维数组 L[n+1]和 R[n+1]作为有 n 个结点的二叉树的存储结构,L[i]和 R[i]分别指示结点 i(i=1,2,…,n)的左孩子和右孩子,0 表示空。试写一个算法判别结点 u 是否为结点 v 的子孙。

**6.34**③ 同 6.33 题的条件。先由 L 和 R 建立一维数组 T[n+1],使 T 中第 i(i=1,2,…,n)个分量指示结点 i 的双亲,然后写判别结点 u 是否为结点 v 的子孙的算法。

◆**6.35**③ 假设二叉树中左分支的标号为"0",右分支的标号为"1",并对二叉树增设一个头结点,令根结点为其右孩子,则从头结点到树中任一结点所经分支的序列为一个二进制序列,可认作是某个十进制数的二进制表示。例如,右图所示二叉树中,和结点 A 对应的二进制序列为"110",即十进制整数 6 的二进制表示。已知一棵非空二叉树以顺序存储结构表示,试写一尽可能简单的算法,求出与在树的顺序存储结构中下标值为 $i$ 的结点对应的十进制整数。

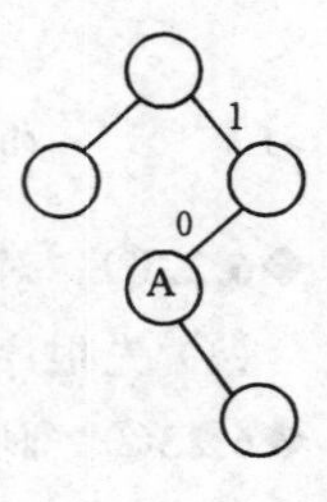


在以下 6.36 至 6.38 和 6.41 至 6.53 题中,均以二叉链表作为二叉树的存储结构。

**6.36**③ 若已知两棵二叉树 B1 和 B2 皆为空,或者皆不空且 B1 的左、右子树和 B2 的左、右子树分别相似,则称二叉树 B1 和 B2 相似。试编写算法,判别给定两棵二叉树是否相似。

◆**6.37**③ 试利用栈的基本操作写出先序遍历的非递归形式的算法。

**6.38**④ 同 6.37 题条件,写出后序遍历的非递归算法(提示:为分辨后序遍历时两次进栈的不同返回点,需在指针进栈时同时将一个标志进栈)。

◆**6.39**④ 假设在二叉链表的结点中增设两个域:双亲域(parent)以指示其双亲结点;标志域(mark 取值 0..2)以区分在遍历过程中到达该结点时应继续向左或向右或访问该结点。试以此存储结构编写不用栈进行后序遍历的递推形式的算法。

**6.40**③ 若在二叉链表的结点中只增设一个双亲域以指示其双亲结点,则在遍历过程中能否不设栈?试以此存储结构编写不设栈进行中序遍历的递推形式的算法。

**6.41**③ 编写递归算法,在二叉树中求位于先序序列中第 $k$ 个位置的结点的值。

◆**6.42**③ 编写递归算法,计算二叉树中叶子结点的数目。

◆6.43③ 编写递归算法，将二叉树中所有结点的左、右子树相互交换。

6.44④ 编写递归算法：求二叉树中以元素值为 x 的结点为根的子树的深度。

◆6.45④ 编写递归算法：对于二叉树中每一个元素值为 x 的结点，删去以它为根的子树，并释放相应的空间。

6.46③ 编写复制一棵二叉树的非递归算法。

◆6.47④ 编写按层次顺序(同一层自左至右)遍历二叉树的算法。

◆6.48⑤ 已知在二叉树中，* root 为根结点，* p 和 * q 为二叉树中两个结点，试编写求距离它们最近的共同祖先的算法。

◆6.49④ 编写算法判别给定二叉树是否为完全二叉树。

◆6.50⑤ 假设以三元组(F,C,L/R)的形式输入一棵二叉树的诸边(其中 F 表示双亲结点的标识,C 表示孩子结点标识,L/R 表示 C 为 F 的左孩子或右孩子)，且在输入的三元组序列中,C 是按层次顺序出现的。设结点的标识是字符类型。F='^'时 C 为根结点标识，若 C 也为'^'，则表示输入结束。例如,6.15 题所示二叉树的三元组序列输入格式为：

^AL
ABL
ACR
BDL
CEL
CFR
DGR
FHL
^^L

试编写算法，由输入的三元组序列建立二叉树的二叉链表。

◆6.51⑤ 编写一个算法，输出以二叉树表示的算术表达式，若该表达式中含有括号，则在输出时应添上。

6.52④ 一棵二叉树的繁茂度定义为各层结点数的最大值与树的高度的乘积。试写一算法，求二叉树的繁茂度。

6.53⑤ 试编写算法，求给定二叉树上从根结点到叶子结点的一条其路径长度等于树的深度减一的路径(即列出从根结点到该叶子结点的结点序列)，若这样的路径存在多条，则输出路径终点(叶子结点)在“最左”的一条。

◆6.54③ 假设以顺序表 sa 表示一棵安全二叉树，sa.elem[sa.last]中存放树中各结点的数据元素。试编写算法由此顺序存储结构建立该二叉树的二叉链表。

6.55④ 为二叉链表的结点增加 DescNum 域。试写一算法，求二叉树的每个结点的子孙数目并存入其 DescNum 域。请给出算法的时间复杂度。

◆6.56③ 试写一个算法，在先序后继线索二叉树中，查找给定结点 * p 在先序序列中的后继(假设二叉树的根结点未知)。并讨论实现此算法对存储结构有何要求？

6.57③ 试写一个算法，在后序后继线索二叉树中，查找给定结点 * p 在后序序列中的后继(二叉树的根结点指针并未给出)。并讨论实现算法对存储结构有何要求?

◆**6.58**④　试写一个算法,在中序全线索二叉树的结点 *p之下,插入一棵以结点 *x为根、只有左子树的中序全线索二叉树,使 *x为根的二叉树成为 *p的左子树。若 *p原来有左子树,则令它为 *x的右子树。完成插入之后的二叉树应保持全线索化特性。

**6.59**③　编写算法完成下列操作:无重复地输出以孩子兄弟链表存储的树 $T$ 中所有的边。输出的形式为$(k_1,k_2),\cdots,(k_i,k_j),\cdots$,其中,$k_i$ 和 $k_j$ 为树结点中的结点标识。

◆**6.60**③　试编写算法,对一棵以孩子-兄弟链表表示的树统计叶子的个数。

**6.61**③　试编写算法,求一棵以孩子-兄弟链表表示的树的度。

◆**6.62**④　对以孩子-兄弟链表表示的树编写计算树的深度的算法。

**6.63**③　对以孩子链表表示的树编写计算树的深度的算法。

**6.64**④　对以双亲表表示的树编写计算树的深度的算法。

◆**6.65**④　已知一棵二叉树的前序序列和中序序列分别存于两个一维数组中,试编写算法建立该二叉树的二叉链表。

◆**6.66**④　假设有 $n$ 个结点的树 $T$ 采用了双亲表示法,写出由此建立树的孩子-兄弟链表的算法。

**6.67**④　假设以二元组(F,C)的形式输入一棵树的诸边(其中 F 表示双亲结点的标识,C 表示孩子结点标识),且在输入的二元组序列中,C 是按层次顺序出现的。F='^'时 C 为根结点标识,若 C 也为'^',则表示输入结束。例如,如下所示树的输入序列为:

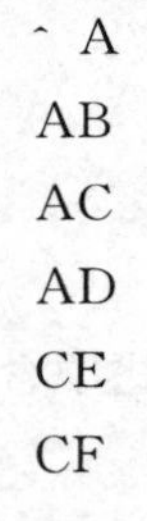
^A
AB
AC
AD
CE
CF
^^

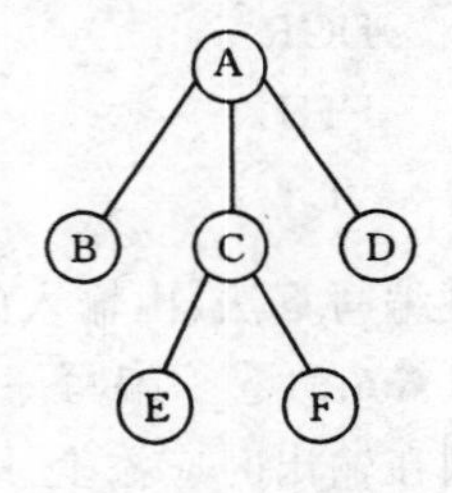


试编写算法,由输入的二元组序列建立树的孩子-兄弟链表。

**6.68**③　已知一棵树的由根至叶子结点按层次输入的结点序列及每个结点的度(每层中自左至右输入),试写出构造此树的孩子-兄弟链表的算法。

◆**6.69**④　假设以二叉链表存储的二叉树中,每个结点所含数据元素均为单字母,试编写算法,按树状打印二叉树的算法。例如:左下二叉树印为右下形状。

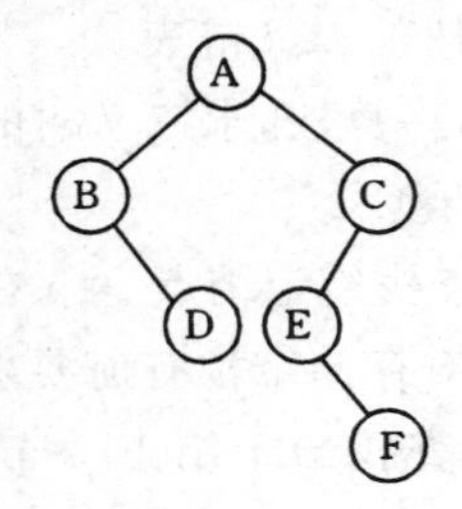


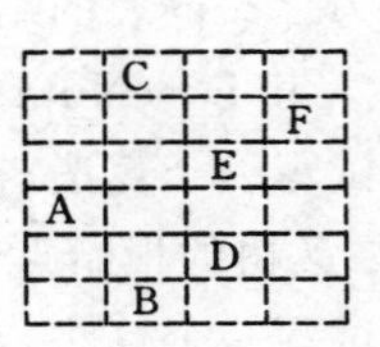

**6.70**⑤ 如果用大写字母标识二叉树结点，则一棵二叉树可以用符合下面语法图的字符序列表示。试写一个递归算法，由这种形式的字符序列，建立相应的二叉树的二叉链表存储结构。

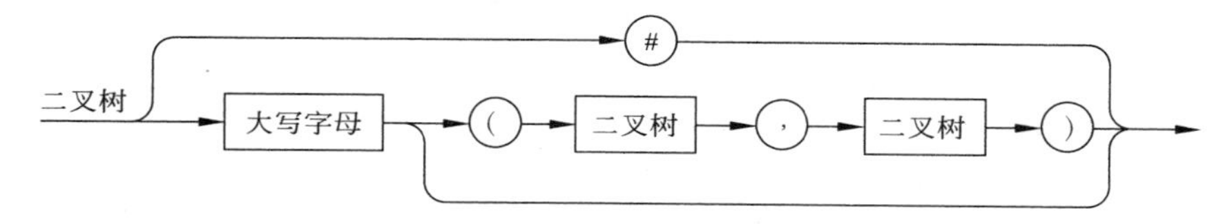


例如：6.69 题所示二叉树的输入形式为 A(B(＃,D),C(E(＃,F),＃))。

◆**6.71**⑤ 假设树上每个结点所含的数据元素为一个字母，并且以孩子-兄弟链表为树的存储结构，试写一个按凹入表方式打印一棵树的算法。例如：左下所示树印为右下形状。

**6.72**⑤ 以孩子链表为树的存储结构，重做 6.71 题。

**6.73**⑤ 若用大写字母标识树的结点，则可用带标号的广义表形式表示一棵树，其语法图如下所示：

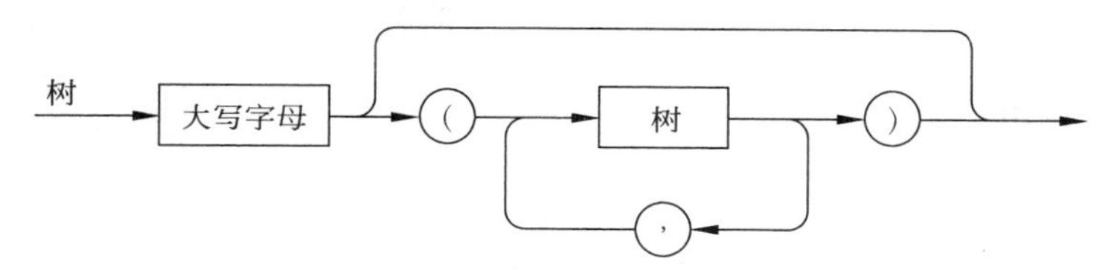


例如，6.71 题中的树可用下列形式的广义表表示：

$$A(B(E, F), C(G), D)$$

试写一递归算法，由这种广义表表示的字符序列构造树的孩子-兄弟链表（提示：按照森林和树相互递归的定义写两个互相递归调用的算法，语法图中一对圆括号内的部分可看成为森林的语法图。）。

**6.74**⑤ 试写一递归算法，以 6.73 题给定的树的广义表表示法的字符序列形式输出以孩子-兄弟链表表示的树。

**6.75**⑤ 试写一递归算法，由 6.73 题定义的广义表表示法的字符序列，构造树的孩子链表。

**6.76**⑤ 试写一递归算法，以 6.73 题给定的树的广义表表示法的字符序列形式输出以孩子链表表示的树。

# 第7章　图

## 一、基本内容

图的定义和术语；图的四种存储结构：数组表示法、邻接表、十字链表和邻接多重表；图的两种遍历策略：深度优先搜索和广度优先搜索；图的连通性：连通分量和最小生成树；拓扑排序和关键路径；两类求最短路径问题的解法。

## 二、学习要点

1. 熟悉图的各种存储结构及其构造算法，了解实际问题的求解效率与采用何种存储结构和算法有密切联系。

2. 熟练掌握图的两种搜索路径的遍历：遍历的逻辑定义、深度优先搜索的两种形式（递归和非递归）和广度优先搜索的算法。在学习中应注意图的遍历算法与树的遍历算法之间的类似和差异。树的先根遍历是一种深度优先搜索策略，树的层次遍历是一种广度优先搜索策略。

** 3. 应用图的遍历算法求解各种简单路径问题。

4. 理解教科书中讨论的各种图的算法。

在本章习题中编排了两类习题，一类是设计求解路径问题的算法，另一类涉及教科书中讨论的各种算法，目的是帮助理解和掌握各类图的解法，以便今后能视情况正确使用。

## 三、算法演示

在 DSDEMO 系统的选单“图”下，有以下算法演示：

(1) 图的遍历：深度优先搜索(**Travel_DFS**)
　　　　　　　广度优先搜索(**Travel_BFS**)；

(2) 有向图

　(a) 求最短路径：弗洛伊德算法(**Floyd**)
　　　　　　　　　迪杰斯特拉算法(**DIJ**)；

　(b) 求有向图的强连通分量(**Strong_comp**)；

　(c) 有向无环图：拓扑排序(**Toposort**)
　　　　　　　　　关键路径(**Criticular_path**)；

(3) 无向图

　(a) 求最小生成树：普里姆算法(**Prim**)
　　　　　　　　　　克鲁斯卡尔算法(**Kruscal**)；

　(b) 求关节点和重连通分量(**Get_artical**)。

## 四、基础知识题

◆**7.1**① 已知如右图所示的有向图，请给出该图的

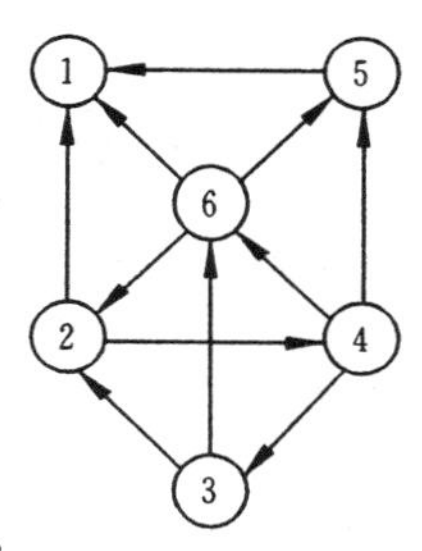


(1) 每个顶点的入/出度；

(2) 邻接矩阵；

(3) 邻接表；

(4) 逆邻接表；

(5) 强连通分量。

**7.2**② 已知有向图的邻接矩阵为 $A_{n\times n}$，试问每一个 $A^{(k)}_{n\times n}$($k=1$, $2,\cdots,n$) 各具有何种实际含义？

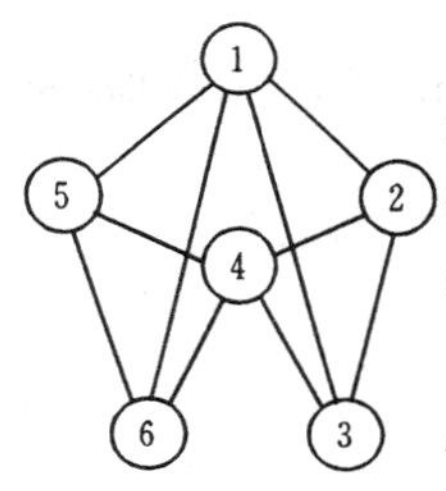


◆**7.3**② 画出左图所示的无向图的邻接多重表，使得其中每个无向边结点中第一个顶点号小于第二个顶点号，且每个顶点的各邻接边的链接顺序，为它所邻接到的顶点序号由小到大的顺序。列出深度优先和广度优先搜索遍历该图所得顶点序列和边的序列。

◆**7.4**② 试对教科书 7.1 节中图 7.3(a)所示的无向图，画出其广度优先生成森林。

**7.5**② 已知以二维数组表示的图的邻接矩阵如下图所示。试分别画出自顶点 1 出发进行遍历所得的深度优先生成树和广度优先生成树。

| | 1 | 2 | 3 | 4 | 5 | 6 | 7 | 8 | 9 | 10 |
|---|---|---|---|---|---|---|---|---|---|---|
| 1 | 0 | 0 | 0 | 0 | 0 | 0 | 1 | 0 | 1 | 0 |
| 2 | 0 | 0 | 1 | 0 | 0 | 0 | 1 | 0 | 0 | 0 |
| 3 | 0 | 0 | 0 | 1 | 0 | 0 | 0 | 1 | 0 | 0 |
| 4 | 0 | 0 | 0 | 0 | 1 | 0 | 0 | 0 | 1 | 0 |
| 5 | 0 | 0 | 0 | 0 | 0 | 1 | 0 | 0 | 0 | 1 |
| 6 | 1 | 1 | 0 | 0 | 0 | 0 | 0 | 0 | 0 | 0 |
| 7 | 0 | 0 | 1 | 0 | 0 | 0 | 0 | 0 | 0 | 1 |
| 8 | 1 | 0 | 0 | 1 | 0 | 0 | 0 | 0 | 1 | 0 |
| 9 | 0 | 0 | 0 | 0 | 1 | 0 | 1 | 0 | 0 | 1 |
| 10 | 1 | 0 | 0 | 0 | 0 | 1 | 0 | 0 | 0 | 0 |

**7.6**⑤ 试证明教科书 7.4.2 节中求强连通分量的算法的正确性。

◆**7.7**② 请对下页题 7.7 图的无向带权图，

(1) 写出它的邻接矩阵，并按普里姆算法求其最小生成树；

(2) 写出它的邻接表，并按克鲁斯卡尔算法求其最小生成树。

◆**7.8**② 试对教科书 7.3 节中图 7.13(a)所示无向图执行求关节点的算法，分别求出每个顶点的 visited[i]和 low[i]值，i=1,2,…,vexnum。

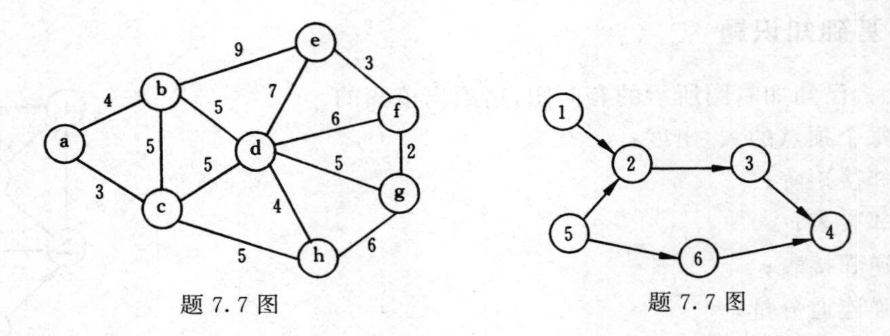


题 7.7 图　　　　题 7.7 图

**7.9**② 试列出题 7.9 图中全部可能的拓扑有序序列，并指出应用 7.5.1 节中算法 Topological Sort 求得的是哪一个序列（注意：应先确定其存储结构）。

◆**7.10**② 对于题 7.10 图所示的 AOE 网络，计算各活动弧的 $e(a_i)$ 和 $l(a_j)$ 函数值、各事件（顶点）的 $ve(v_i)$ 和 $vl(v_j)$ 函数值；列出各条关键路径。

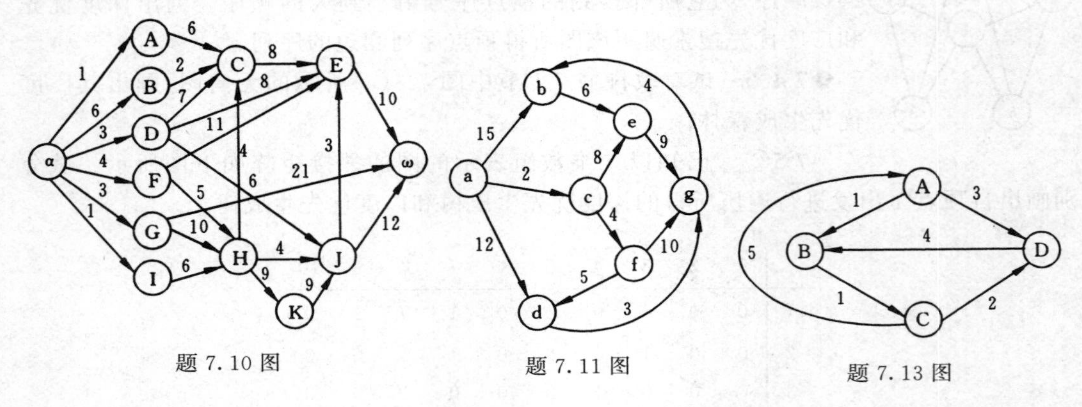


题 7.10 图　　　　题 7.11 图　　　　题 7.13 图

◆**7.11**② 试利用 Dijkstra 算法求题 7.11 图中从顶点 a 到其他各顶点间的最短路径，写出执行算法过程中各步的状态。

**7.12**④ 试证明求最短路径的 Dijkstra 算法的正确性。

**7.13**② 试利用 Floyd 算法求题 7.13 图所示有向图中各对顶点之间的最短路径。

## 五、算法设计题

◆**7.14**③ 编写算法，由依次输入的顶点数目、弧的数目、各顶点的信息和各条弧的信息建立有向图的邻接表。

◆**7.15**③ 试在邻接矩阵存储结构上实现图的基本操作：InsertVex(G,v)，InsertArc(G,v,w)，DeleteVex(G,v)和 DeleteArc(G,v,w)。

**7.16**③ 试对邻接表存储结构重做 7.15 题。

**7.17**③ 试对十字链表存储结构重做 7.15 题。

**7.18**③ 试对邻接多重表存储结构重做 7.15 题。

**7.19**③ 编写算法，由依次输入的顶点数目、边的数目、各顶点的信息和各条边的信息建立无向图的邻接多重表。

**7.20**③　下面的算法段可以测定图 $G=(V,E)$ 是否可传递：

```
trans=TRUE;
for ( V 中的每个 x )
    for ( N(x)中的每个 y )
        for ( N(y)中不等于 x 的每个 z )
            if ( z 不在 N(x)中 ) trans=FALSE;
```

其中 N(x)表示 x 邻接到的所有顶点的集合。试以邻接矩阵存储结构实现判定一个图的可传递性的算法，并通过 n=|V|，m=|E| 和 d=结点度数的均值，估计执行时间。

**7.21**③　试对邻接表存储结构重做 7.20 题。

◆**7.22**③　试基于图的深度优先搜索策略写一算法，判别以邻接表方式存储的有向图中是否存在由顶点 $v_i$ 到顶点 $v_j$ 的路径($i \neq j$)。注意：算法中涉及的图的基本操作必须在此存储结构上实现。

◆**7.23**③　同 7.22 题要求。试基于图的广度优先搜索策略写一算法。

◆**7.24**③　试利用栈的基本操作编写，按深度优先搜索策略遍历一个强连通图的非递归形式的算法。算法中不规定具体的存储结构，而将图 Graph 看成是一种抽象的数据类型。

◆**7.25**⑤　假设对有向图中 n 个顶点进行自然编号，并以三个数组 s[1..max]，fst[1..n]和 lst[1..n]表示之。其中数组 s 存放每个顶点的后继顶点的信息，第 i 个顶点的后继顶点存放在 s 中下标从 fst[i]起到 lst[i]的分量中($i=1,2,\cdots$,n)。若 fst[i]>lst[i]，则第 i 个顶点无后继顶点。试编写判别该有向图中是否存在回路的算法。

**7.26**⑤　试证明，对有向图中顶点适当地编号，可使其邻接矩阵为下三角形且主对角线为全零的充要条件是：该有向图不含回路。然后写一算法对无环有向图的顶点重新编号，使其邻接矩阵变为下三角形，并输出新旧编号对照表。

◆**7.27**④　采用邻接表存储结构，编写一个判别无向图中任意给定的两个顶点之间是否存在一条长度为 $k$ 的简单路径①的算法。

◆**7.28**⑤　已知有向图和图中两个顶点 $u$ 和 $v$，试编写算法求有向图中从 $u$ 到 $v$ 的所有简单路径，并以右图为例手工执行你的算法，画出相应的搜索过程图。

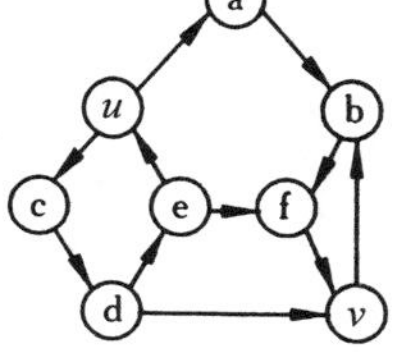

题 7.28 图

**7.29**⑤　试写一个算法，在以邻接矩阵方式存储的有向图 $G$ 中求顶点 $i$ 到顶点 $j$ 的不含回路的、长度为 $k$ 的路径数。

**7.30**⑤　试写一个求有向图 $G$ 中所有简单回路的算法。

**7.31**③　试完成求有向图的强连通分量的算法，并分析算法的时间复杂度。

**7.32**②　试修改普里姆算法，使之能在邻接表存储结构上实现求图的最小生成森林，并分析其时间复杂度(森林的存储结构为孩子_兄弟链表)。

① 一条路径为简单路径指的是其顶点序列中不含有重现的顶点。

◆**7.33**⑤ 已知无向图的边集存放在某个类型为 EdgeSetType 的数据结构 EdgeSet 中(没有端点相重的环边),并在此结构上已定义两种基本运算:

(1) 函数 GetMinEdge(EdgeSet,u,v):若 EdgeSet 非空,则必存在最小边,变参 u 和 v 分别含最小边上两顶点,并返回 true;否则返回 false;

(2) 过程 DelMinEdge(EdgeSet,u,v):从 EdgeSet 中删除依附于顶点 u 和 v 的最小边。

试在上述结构上实现求最小生成树(以孩子_兄弟链表表示)的克鲁斯卡尔算法。

**7.34**③ 试编写一个算法,给有向无环图 $G$ 中每个顶点赋以一个整数序号,并满足以下条件:若从顶点 $i$ 至顶点 $j$ 有一条弧,则应使 $i<j$。

**7.35**④ 若在 *DAG* 图中存在一个顶点 $r$,在 $r$ 和图中所有其他顶点之间均存在由 $r$ 出发的有向路径,则称该 *DAG* 图有根。试编写求 *DAG* 图的根的算法。

◆**7.36**④ 在图的邻接表存储结构中,为每个顶点增加一个 MPL 域。试写一算法,求有向无环图 $G$ 的每个顶点出发的最长路径的长度,并存入其 MPL 域。请给出算法的时间复杂度。

**7.37**⑤ 试设计一个求有向无环图中最长路径的算法,并估计其时间复杂度。

◆**7.38**③ 一个四则运算算术表达式以有向无环图的邻接表方式存储,每个操作数原子都由单个字母表示。写一个算法输出其逆波兰表达式。

**7.39**③ 把存储结构改为二叉链表,重做 7.38 题。

**7.40**③ 若 7.38 题的运算符和操作数原子分别由字符和整数表示,请设计邻接表的结点类型,并且写一个表达式求值的算法。

**7.41**④ 试编写利用深度优先遍历有向图实现求关键路径的算法。

◆**7.42**④ 以邻接表作存储结构实现求从源点到其余各顶点的最短路径的 Dijkstra 算法。

# 第8章　动态存储管理

## 一、基本内容

系统程序设计中采用的几种动态存储管理的策略和方法；使用可利用空间表进行动态存储管理的分配策略；操作系统中用以进行动态存储管理的边界标志法和伙伴系统，无用单元收集时的标志算法。

## 二、学习要点

了解上述策略和算法，深刻理解各种概念，如最佳适配和首次适配的区别、边界标志的特点、伙伴的含义、标志有用单元的目的以及存储紧缩需进行什么操作等。动态存储管理涉及的表示结构主要是各种链表和广义表。

## 三、算法演示

在 **DSDEMO** 系统的选单"存储管理"下，有以下算法演示：

(1) 边界标识法（**Boundary_tag_method**）；

(2) 伙伴系统（**Buddy_system**）；

(3) 紧缩无用单元（**Storage_compaction**）。

## 四、基础知识题

◆**8.1**② 假设利用边界标识法首次适配策略分配，已知在某个时刻的可利用空间表的状态如下图所示：

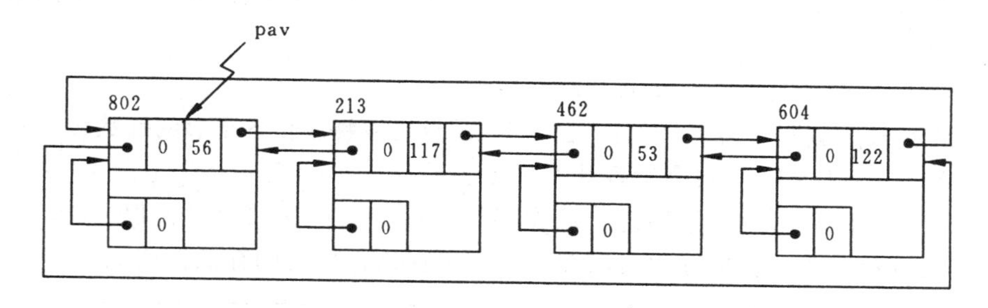


(1) 画出当系统回收一个起始地址为559、大小为45的空闲块之后的链表状态；

(2) 画出系统继而在接受存储块大小为100的请求之后，又回收一块起始地址为515、大小为44的空闲块之后的链表状态。

注意：存储块头部中大小域的值和申请分配的存储量均包括头和尾的存储空间。

**8.2**② 组织成循环链表的可利用空间表可附加什么条件时，首次适配策略就转变为最佳适配策略？

◆**8.3**③　设两个大小分别为 100 和 200 的空闲块依次顺序链接成可利用空间表。设分配一块时，该块的剩余部分在可利用空间表中保持原链接状态，试分别给出满足下列条件的申请序列：

(1) 最佳适配策略能够满足全部申请而首次适配策略不能；

(2) 首次适配策略能够满足全部申请而最佳适配策略不能。

**8.4**①　在变长块的动态存储管理方法中，边界标志法的算法效率为什么比以教科书 8.2 节中图 8.4 所示的结点结构组织的可利用空间表的算法效率高？

**8.5**③　考虑边界标志法的两种策略（最佳适配和首次适配）：

(1) 数据结构的主要区别是什么？

(2) 分配算法的主要区别是什么？

(3) 回收算法的主要区别是什么？

**8.6**①　二进制地址为 011011110000，大小为 $(4)_{10}$ 的块的伙伴的二进制地址是什么？若块大小为 $(16)_{10}$ 时又如何？

◆**8.7**③　已知一个大小为 512 字的内存，假设先后有 6 个用户提出大小分别为 23，45，52，100，11 和 19 的分配请求，此后大小为 45，52 和 11 的占用块顺序被释放。假设以伙伴系统实现动态存储管理，

(1) 画出可利用空间表的初始状态；

(2) 画出 6 个用户进入之后的链表状态以及每个用户所得存储块的起始地址；

(3) 画出在回收三个用户释放的存储块之后的链表状态。

**8.8**③　试求一个满足以下条件的空间申请序列 $a_1, a_2, \cdots, a_n$：从可用空间为 $2^5$ 的伙伴管理系统的初始状态开始，$a_1, a_2, \cdots, a_{n-1}$ 均能满足，而 $a_n$ 不能满足，并使 $\sum_{i=1}^{n} a_i$ 最小。

◆**8.9**④　设有五个广义表：$L=(L_1, L_3)$，$L_1=(L_2, L_3, L_4)$，$L_2=(L_3)$，$L_3=()$，$L_4=(L_2)$。若利用访问计数器实现存储管理，则需对每个表或子表添加一个表头结点，并在其中设一计数域。

(1) 试画出表 $L$ 的带计数器的存储结构；

(2) 从表 $L$ 中删除子表 $L_1$ 时，链表中哪些结点可以释放？各子表的计数域怎样改变？

(3) 若 $L_2=(L_3, L_4)$，将会出现什么现象？

◆**8.10**②　假设利用“堆”结构进行动态存储管理。执行存储紧缩过程之前，存储器的格局如下表所示。请用表格方式给出存储紧缩过程执行之后的存储器格局。

| 首地址 | 块大小 | 标志域 | 指针域 | |
|---|---|---|---|---|
| 0 | 5 | 1 | | 10 |
| 5 | 5 | 0 | | |
| 10 | 5 | 1 | 15 | 40 |
| 15 | 10 | 1 | | |
| 25 | 5 | 0 | | |
| 30 | 10 | 0 | | |

续表

| 首地址 | 块大小 | 标志域 | 指针域 | |
|---|---|---|---|---|
| 40 | 5 | 1 | 45 | 65 |
| 45 | 10 | 1 | | |
| 55 | 5 | 0 | | |
| 60 | 5 | 0 | | |
| 65 | 5 | 1 | 85 | |
| 70 | 5 | 0 | | |
| 75 | 10 | 0 | | |
| 85 | 5 | 1 | 90 | |
| 90 | 10 | 1 | | |

## 五、算法设计题

**8.11**③ 考虑空间释放遵从“最后分配者最先释放”规则的动态存储管理问题，并设每个空间申请中都指定所申请的空闲块大小。

(1) 设计一个适当的数据结构实现动态存储管理；

(2) 写一个为大小为 $n$ 的空间申请分配存储块的算法。

**8.12③** 同 8.11 题条件，写一个回收释放块的算法。

◆**8.13**③ 试完成边界标志法和依首次适配策略进行分配相应的回收释放块的算法。

◆**8.14**⑤ 试完成伙伴管理系统的存储回收算法。

**8.15**③ 设被管理空间的上下界地址分别由变量 highbound 和 lowbound 给出，形成一个由同样大小的块组成的“堆”。试写一个算法，将所有 tag 域的值为 0 的块按始址递增顺序链接成一个可利用空间表(设块大小域为 cellsize)。

**8.16**④ 试完成教科书中 8.6 节所述的存储紧缩算法。

# 第9章 查　　找

## 一、基本内容

讨论查找表(包括静态查找表和动态查找表)的各种实现方法:顺序表、有序表、树表和哈希表;关于衡量查找表的主要操作——查找的查找效率的平均查找长度的讨论。

## 二、学习要点

1. 熟练掌握顺序表和有序表的查找方法。

2. 熟悉静态查找树的构造方法和查找算法,理解静态查找树和折半查找的关系。

3. 熟练掌握二叉排序树的构造和查找方法。

4. 掌握二叉平衡树的维护平衡方法。

5. 理解 B-树、$B^+$树和键树的特点以及它们的建树过程。

6. 熟练掌握哈希表的构造方法,深刻理解哈希表与其他结构的表的实质性的差别。

7. 掌握描述查找过程的判定树的构造方法,以及按定义计算各种查找方法在等概率情况下查找成功时的平均查找长度。

在本章的基础知识题和算法设计题中,分别依次编排了三类习题:第一类是静态查找表的查找,第二类是各种树表的查找、插入和删除,第三类是哈希表的构造、查找和维护。

## 三、算法演示

在 DSDEMO 系统的选单“查找”下,有以下算法演示:

(1) 二叉排序树:插入一个结点(**Ins_BST**)
　　　　　　　删除一个结点(**Del_BST**);

(2) 二叉平衡树:插入一个结点(**Ins_AVL**)
　　　　　　　删除一个结点(**Del_AVL**);

(3) B-树:插入一个结点(**Ins_BTree**)
　　　　删除一个结点(**Del_BTree**);

(4) $B^+$树:插入一个结点(**Ins_PBTree**)
　　　　删除一个结点(**Del_PBTree**)。

## 四、基础知识题

◆**9.1**② 若对大小均为 $n$ 的有序的顺序表和无序的顺序表分别进行顺序查找,试在下列三种情况下分别讨论两者在等概率时的平均查找长度是否相同?

(1) 查找不成功,即表中没有关键字等于给定值 $K$ 的记录;

(2) 查找成功,且表中只有一个关键字等于给定值 $K$ 的记录;

(3) 查找成功，且表中有若干个关键字等于给定值 $K$ 的记录，一次查找要求找出所有记录。此时的平均查找长度应考虑找到所有记录时所用的比较次数。

**9.2**② 试分别画出在线性表($a,b,c,d,e,f,g$)中进行折半查找，以查关键字等于 $e$，$f$ 和 $g$ 的过程。

◆**9.3**② 画出对长度为 10 的有序表进行折半查找的判定树，并求其等概率时查找成功的平均查找长度。

**9.4**③ 假设按下述递归方法进行顺序表的查找：若表长<=10，则进行顺序查找，否则进行折半查找。试画出对表长 $n=50$ 的顺序表进行上述查找时，描述该查找的判定树，并求出在等概率情况下查找成功的平均查找长度。

**9.5**③ 下列算法为斐波那契查找的算法：

```
int FibSearch(SqList r, KeyType K) {
  j=1;
  while (fib(j)<n+1) j=j+1;
  mid=n-fib(j-2)+1;  //若 fib(j)=n+1 则 mid=fib(j-1)
  f1=fib(j-2);  f2=fib(j-3);  found=FALSE;
  while ((mid<>0) && !found )
     switch {
        case K=r[mid].key:  found=TRUE;  break;
        case K<r[mid].key:
           if (!f2)  mid=0;
           else {mid=mid-f2;  t=f1-f2;  f1=f2;  f2=t;}
           break;
        case K>r[mid].key:
           if (f1=1) mid=0;
           else {mid=mid+f2;  f1=f1-f2;  f2=f2-f1;}
           break;
     }
  if (found) return mid;
  else return 0;
} //FibSearch
```

其中 fib(i)为斐波那契序列(参见 9.1.2 节注)。试画出对长度为 20 的有序表进行斐波那契查找的判定树，并求在等概率时查找成功的平均查找长度。

**9.6**⑤ 假设在某程序中有如下一个 **if－then** 嵌套的语句

```
if (C1)
  if (C2)
    if (C3)
      ...
```

```
    if (C_n)
        S;
```

其中 $C_i$ 为布尔表达式。显然，只有当所有的 $C_i$ 都为 **TRUE** 时，语句 S 才能执行。假设 $t(i)$ 为判别 $C_i$ 是否为 **TRUE** 所需时间，$p(i)$ 为 $C_i$ 是 **TRUE** 的概率，试讨论这 $n$ 个布尔表达式 $C_i(i=1,2,\cdots,n)$ 应如何排列才能使该程序最有效地执行？

**9.7**③　已知一个有序表的表长为 $8N$，并且表中没有关键字相同的记录。假设按如下所述方法查找一个关键字等于给定值 $K$ 的记录：先在第 $8,16,24,\cdots,8K,\cdots,8N$ 个记录中进行顺序查找，或者查找成功，或者由此确定出一个继续进行折半查找的范围。画出描述上述查找过程的判定树，并求等概率查找时查找成功的平均查找长度。

◆**9.8**③　已知含 12 个关键字的有序表及其相应权值为：

| 关键字 | A | B | C | D | E | F | G | H | I | J | K | L |
|---|---|---|---|---|---|---|---|---|---|---|---|---|
| 权值 | 8 | 2 | 3 | 4 | 9 | 3 | 2 | 6 | 7 | 1 | 1 | 4 |

(1) 试按次优查找树的构造算法并加适当调整画出由这 12 个关键字构造所得的次优查找树，并计算它的 $PH$ 值；

(2) 画出对以上有序表进行折半查找的判定树，并计算它的 $PH$ 值。

**9.9**③　已知如下所示长度为 12 的表

(Jan,Feb,Mar,Apr,May,June,July,Aug,Sep,Oct,Nov,Dec)

(1) 试按表中元素的顺序依次插入一棵初始为空的二叉排序树，画出插入完成之后的二叉排序树，并求其在等概率的情况下查找成功的平均查找长度。

(2) 若对表中元素先进行排序构成有序表，求在等概率的情况下对此有序表进行折半查找时查找成功的平均查找长度。

(3) 按表中元素顺序构造一棵平衡二叉排序树，并求其在等概率的情况下查找成功的平均查找长度。

**9.10**③　可以生成如下二叉排序树的关键字的初始排列有几种？请写出其中的任意 5 个。

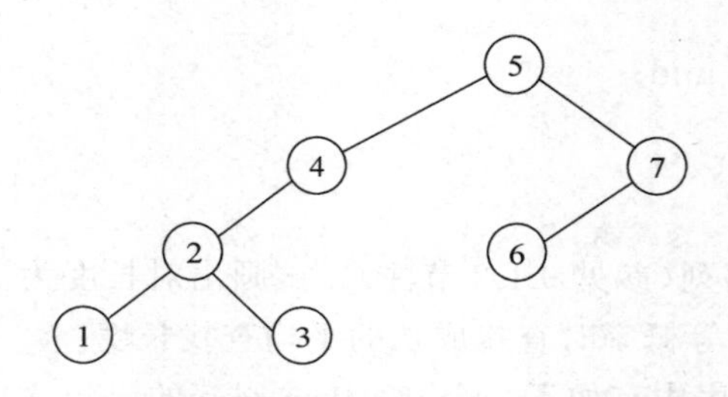


◆**9.11**③　试推导含 12 个结点的平衡二叉树的最大深度，并画出一棵这样的树。

**9.12**②　在 B-树定义中，特性(3)的意图是什么？试思考：若把“$\lceil m/2\rceil$”改为“$\lceil 2m/3\rceil$”或“$\lceil m/3\rceil$”是否可行？所得到的树结构和 B-树有何区别？

◆**9.13**②　含 9 个叶子结点的 3 阶 B-树中至少有多少个非叶子结点？含 10 个叶子结

点的 3 阶 B-树中至多有多少个非叶子结点？

◆**9.14**② 试从空树开始，画出按以下次序向 2-3 树即 3 阶 B-树中插入关键码的建树过程：20，30，50，52，60，68，70。如果此后删除 50 和 68，画出每一步执行后 2-3 树的状态。

**9.15**③ 试证明：高度为 $h$ 的 2-3 树中叶子结点的数目在 $2^{h-1}$ 与 $3^{h-1}$ 之间。

**9.16②** 在含有 $n$ 个关键码的 $m$ 阶 B-树中进行查找时，最多访问多少个结点？

**9.17**③ $B^{+}$ 树和 B-树的主要差异是什么？

**9.18**① 试画一个对应于关键字集｛program，programmer，programming，processor，or｝的 Trie 树，对每个关键字从右向左取样，每次一个字母。

◆**9.19**③ 选取哈希函数 $H(k)=(3k)$ MOD 11。用开放定址法处理冲突，$d_i = i((7k)$ MOD $10+1)$ $(i=1,2,3,\cdots)$。试在 0～10 的散列地址空间中对关键字序列(22，41，53，46，30，13，01，67)造哈希表，并求等概率情况下查找成功时的平均查找长度。

**9.20**③ 试为下列关键字建立一个装填因子不小于 0.75 的哈希表，并计算你所构造的哈希表的平均查找长度。

(ZHAO，QIAN，SUN，LI，ZHOU，WU，ZHENG，WANG，CHANG，CHAO，YANG，JIN)

**9.21**③ 在地址空间为 0～16 的散列区中，对以下关键字序列构造两个哈希表：

(Jan，Feb，Mar，Apr，May，June，July，Aug，Sep，Oct，Nov，Dec)

(1) 用线性探测开放定址法处理冲突；

(2) 用链地址法处理。

并分别求这两个哈希表在等概率情况下查找成功和不成功时的平均查找长度。

设哈希函数为 $H(x)=\lfloor i/2 \rfloor$，其中 $i$ 为关键字中第一个字母在字母表中的序号。

◆**9.22**④ 已知一个含有 1000 个记录的表，关键字为中国人姓氏的拼音，请给出此表的一个哈希表设计方案，要求它在等概率情况下查找成功的平均查找长度不超过 3。

◆**9.23**② 设有一个关键字取值范围为正整数的哈希表，空表项的值为－1，用开放定址法解决冲突。现有两种删除策略：一是将待删表项的关键字置为－1；二是将探测序列上的关键字顺序递补，即用探测序列上下一个关键字覆盖待删关键字，并将原序列上之后一个关键字置为－1。这两种方法是否可行？为什么？给出一种可行的方法，并叙述它对查找和插入算法所产生的影响。

◆**9.24**⑤ 某校学生学号由 8 位十进制数字组成：$c_1c_2c_3c_4c_5c_6c_7c_8$。$c_1c_2$ 为入学时年份的后两位；$c_3c_4$ 为系别：00～24 分别代表该校的 25 个系；$c_5$ 为 0 或 1，0 表示本科生，1 表示研究生；$c_6c_7c_8$ 为对某级某系某类学生的顺序编号：对于本科生，它不超过 199，对于研究生，它不超过 049，共有 4 个年级，四年级学生 1996 年入学。

(1) 当在校生人数达极限情况时，将他们的学号散列到 0～24999 的地址空间，问装载因子是多少？

(2) 求一个无冲突的哈希函数 $H_1$，它将在校生学号散列到 0～24999 的地址空间。其簇聚性如何？

(3) 设在校生总数为 15000 人，散列地址空间为 0～19999，你是否能找到一个(2)中要求的 $H_1$？若不能，试设计一个哈希函数 $H_2$ 及其解决冲突的方法，使得多数学号可只经一次散列得到(可设各系各年级本科生平均人数为 130,研究生平均人数为 20)。

(4) 用算法描述语言表达 $H_2$,并写出相应的查找函数。

## 五、算法设计题

◆**9.25**③ 假设顺序表按关键字自大至小有序,试改写教科书 9.1.1 节中的顺序查找算法,将监视哨设在高下标端。然后画出描述此查找过程的判定树,分别求出等概率情况下查找成功和不成功时的平均查找长度。

**9.26**② 试将折半查找的算法改写成递归算法。

**9.27**② 试改写教科书 9.1.2 节中折半查找的算法,当 r[i].key≤K<r[i+1].key (i=1,2,…,n-1)时,返回 i;当 K<r[1].key 时,返回 0;当 K≥r[n].key 时,返回 n。

◆**9.28**④ 试编写利用折半查找确定记录所在块的分块查找算法。并讨论在块中进行顺序查找时使用"监视哨"的优缺点,以及必要时如何在分块查找的算法中实现设置"监视哨"的技巧。

◆**9.29**⑤ 已知一非空有序表,表中记录按关键字递增排列,以不带头结点的单循环链表作存储结构,外设两个指针 h 和 t,其中 h 始终指向关键字最小的结点,t 则在表中浮动,其初始位置和 h 相同,在每次查找之后指向刚查到的结点。查找算法的策略是:首先将给定值 K 和 t->key 进行比较,若相等,则查找成功;否则因 K 小于或大于 t->key 而从 h 所指结点或 t 所指结点的后继结点起进行查找。

(1) 按上述查找过程编写查找算法;

(2) 画出描述此查找过程的判定树,并分析在等概率查找时查找成功的平均查找长度(假设表长为 $n$,待查关键码 K 等于每个结点关键码的概率为 $1/n$,每次查找都是成功的,因此在查找时,t 指向每个结点的概率也为 $1/n$)。

**9.30**④ 将 9.29 题的存储结构改为双向循环链表,且只外设一个指针 sp,其初始位置指向关键字最小的结点,在每次查找之后指向刚查到的结点。查找算法的策略是:首先将给定值 K 和 sp->key 进行比较,若相等,则查找成功;否则依 K 小于或大于 sp->key 继续从 * sp 的前驱或后继结点起进行查找。编写查找算法并分析等概率查找时查找成功的平均查找长度。

◆**9.31**④ 试写一个判别给定二叉树是否为二叉排序树的算法,设此二叉树以二叉链表作存储结构。且树中结点的关键字均不同。

**9.32**③ 已知一棵二叉排序树上所有关键字中的最小值为 $-max$,最大值为 $max$,又 $-max<x<max$。编写递归算法,求该二叉排序树上的小于 $x$ 且最靠近 $x$ 的值 $a$ 和大于 $x$ 且最靠近 $x$ 的值 $b$。

◆**9.33**③ 编写递归算法,从大到小输出给定二叉排序树中所有关键字不小于 $x$ 的数据元素。

**9.34**⑤ 试写一时间复杂度为 $O(\log_2 n+m)$ 的算法,删除二叉排序树中所有关键字不小于 $x$ 的结点,并释放结点空间。其中 $n$ 为树中所含结点数,$m$ 为被删除的结点个数。

◆**9.35**④ 假设二叉排序树以后继线索链表作存储结构,编写输出该二叉排序树中所有大于 $a$ 且小于 $b$ 的关键字的算法。

**9.36③** 同 9.35 题的结构，编写在二叉排序树中插入一个关键字的算法。

**9.37④** 同 9.35 题的结构，编写从二叉排序树中删除一个关键字的算法。

◆**9.38⑤** 试写一算法，将两棵二叉排序树合并为一棵二叉排序树。

**9.39⑤** 试写一算法，将一棵二叉排序树分裂为两棵二叉排序树，使得其中一棵树的所有结点的关键字都小于或等于 $x$，另一棵树的任一结点的关键字均大于 $x$。

◆**9.40③** 在平衡二叉排序树的每个结点中增设一个 lsize 域，其值为它的左子树中的结点数加 1。试写一时间复杂度为 $O(\log n)$ 的算法，确定树中第 $k$ 小的结点的位置。

◆**9.41⑤** 为 $B^+$ 树设计结点类型并写出算法，随机（而不是顺序）地查找给定的关键字 K，求得它所在的叶子结点指针和它在该结点中的位置（提示：$B^+$ 树中有两种类型的指针，结点结构也不尽相同，考虑利用记录的变体。）。

◆**9.42③** 假设 *Trie* 树上叶子结点的最大层次为 $h$，同义词放在同一叶子结点中，试写在 *Trie* 树中插入一个关键字的算法。

◆**9.43③** 同 9.42 的假设，试写在 *Trie* 树中删除一个关键字的算法。

**9.44④** 已知某哈希表的装载因子小于 1，哈希函数 $H(key)$ 为关键字（标识符）的第一个字母在字母表中的序号，处理冲突的方法为线性探测开放定址法。试编写一个按第一个字母的顺序输出哈希表中所有关键字的算法。

**9.45③** 假设哈希表长为 $m$，哈希函数为 $H(x)$，用链地址法处理冲突。试编写输入一组关键字并建造哈希表的算法。

**9.46④** 假设有一个 $1000 \times 1000$ 的稀疏矩阵，其中 1% 的元素为非零元素，现要求用哈希表作存储结构。试设计一个哈希表并编写相应算法，对给定的行值和列值确定矩阵元素在哈希表上的位置。请将你的算法与在稀疏矩阵的三元组表存储结构上存取元素的算法（不必写出）进行时间复杂度的比较。

# 第10章 内部排序

## 一、基本内容

讨论比较各种内部排序方法,插入排序、交换排序、选择排序、归并排序和基数排序的基本思想、算法特点、排序过程以及它们的时间复杂度分析。在每类排序方法中,从简单方法入手,重点讨论性能先进的高效方法(如,插入排序类中的希尔排序、交换排序类中的快速排序、选择排序类中的堆排序等)。

## 二、学习要点

1. 深刻理解排序的定义和各种排序方法的特点,并能加以灵活应用。

2. 了解各种方法的排序过程及其依据的原则。基于"关键字间的比较"进行排序的方法可以按排序过程所依据的不同原则分为插入排序、交换排序、选择排序、归并排序和计数排序五类。

3. 掌握各种排序方法的时间复杂度的分析方法。能从"关键字间的比较次数"分析排序算法的平均情况和最坏情况的时间性能。按平均时间复杂度划分,内部排序可分为三类:$O(n^2)$的简单排序方法,$O(n \cdot \log n)$的高效排序方法和$O(d \cdot n)$的基数排序方法。

4.理解排序方法"稳定"或"不稳定"的含义,弄清楚在什么情况下要求应用的排序方法必须是稳定的。

5. 了解"表排序"和"地址排序"的过程及其适用场合。

6. 希尔排序、快速排序、堆排序和归并排序等高效方法是本章的学习重点和难点。

在本章习题中,10.1 至 10.22 题是基础知识题,通过手工执行和比较分析算法,帮助了解排序过程及其特点。10.3 至 10.6 题是算法设计题,通过设计或改进排序算法,培养灵活应用已有排序方法的能力,或开拓思路编制新的排序算法。其中 10.23 至 10.25 题涉及插入排序,10.26 至 10.32 题涉及起泡和快速排序,10.33 和 10.35 题涉及选择和堆排序,10.36 至 10.40 题涉及归并排序,10.43 至 10.45 题涉及计数和基数排序。

## 三、算法演示

在 DSDEMO 系统的选单"内部排序"下,有以下算法演示:

(1) 简单排序法:直接插入排序(**InsertSort**)
链序列插入排序(内含插入(**Ins_ TSort**)和重排(**Arrange**)两个算法)
冒泡排序(**BubbleSort**)
简单选择排序(**SelectSort**);

(2) 高效排序法:希尔排序(**ShellSort**)

快速排序(**QuickSort**)

堆排序(**HeapSort**)

锦标赛排序(**Tournament**)

归并排序(**MergeSort**)的两种形式(递归和递推)的算法;

(3) 基数排序法 (**RadixSort**);

(4) 其他:地址快速排序(**QkAddrst**)

归并插入排序(**Merge_Ins_Sort**)

算法时间复杂度的比较。

## 四、基础知识题

◆**10.1**① 以关键码序列(503,087,512,061,908,170,897,275,653,426)为例,手工执行以下排序算法,写出每一趟排序结束时的关键码状态:

(1) 直接插入排序; (2) 希尔排序(增量 d[1]=5);

(3) 快速排序; (4) 堆排序;

(5) 归并排序; (6) 基数排序。

**10.2**① 若对下列关键字序列按教科书 10.3 节和 10.5 节中所列算法进行快速排序和归并排序,分别写出三次调用过程 Partition 和过程 Merge 后的结果。

( Tim, Kay, Eva, Roy, Dot, Jon, Kim, Ann, Tom, Jim, Guy, Amy)

**10.3**② 试问在 10.1 题所列各种排序方法中,哪些是稳定的?哪些是不稳定的?并为每一种不稳定的排序方法举出一个不稳定的实例。

◆**10.4**④ 试问:对初始状态如下(长度为 $n$)的各序列进行直接插入排序时,至多需进行多少次关键字间的比较(要求排序后的序列按关键字自小至大顺序有序)?

(1) 关键字(自小至大)顺序有序;($key_1<key_2<\cdots<key_n$)

(2) 关键字(自大至小)逆序有序;($key_1>key_2>\cdots>key_n$)

(3) 序号为奇数的关键字顺序有序,序号为偶数的关键字顺序有序;

($key_1<key_3<\cdots$, $key_2<key_4\cdots$)

(4) 前半个序列中的关键字顺序有序,后半个序列中的关键字逆序有序:

($key_1<key_2<\cdots<key_{n/2}$, $key_{n/2+1}>\cdots key_n$)

**10.5**⑤ 假设我们把 $n$ 个元素的序列$\{a_1,a_2,\cdots,a_n\}$中满足条件 $a_k<\max\limits_{1\leqslant t<k}\{a_t\}$的元素 $a_k$ 称为“逆序元素”。若在一个无序序列有一对元素 $a_i>a_j(i<j)$,试问当将 $a_i$ 和 $a_j$ 相互交换之后(即序列由$\{\cdots a_i\cdots a_j\cdots\}$变为$\{\cdots a_j\cdots a_i\cdots\}$),该序列中逆序元素的个数会有什么变化?为什么?

◆**10.6**④ 奇偶交换排序如下所述:第一趟对所有奇数 $i$,将 $a[i]$和 $a[i+1]$进行比较;第二趟对所有的偶数 $i$,将 $a[i]$和 $a[i+1]$进行比较,若 $a[i]>a[i+1]$,则将两者交换;第三趟对奇数 $i$;第四趟对偶数 $i$,…,依次类推直至整个序列有序为止。

(1) 试问这种排序方法的结束条件是什么?

(2) 分析当初始序列为正序或逆序两种情况下,奇偶交换排序过程中所需进行的关键字比较的次数。

◆**10.7**② 不难看出,对长度为 $n$ 的记录序列进行快速排序时,所需进行的比较次数依赖于这 $n$ 个元素的初始排列。

(1) $n=7$ 时在最好情况下需进行多少次比较?请说明理由。

(2) 对 $n=7$ 给出一个最好情况的初始排列实例。

**10.8**④ 试证明:当输入序列已经呈现为有序状态时,快速排序的时间复杂度为$O(n^2)$。

**10.9**④ 若将快速排序的一次划分改写为如下形式,重写快速排序的算法,并讨论对长度为 $N$ 的记录序列进行快速排序时在最好的情况下所需进行的关键字间比较的次数(包括三者求中)。

```
int partition(SqList& L, int low, int high, bool ci, bool cj) {
  int i,j,m;  KeyType x;

  i=s;  j=t;  m=(s+t) % 2;  x=Midkey(s,m,t); // 三者取中值
  ci=cj=FALSE;
  while (i<j) {
    while ((i<j) && (r[i].key<=x)) {
      i=i+1;
      if (r[i].key < r[i-1].key)
        r[i]↔(r[i-1];  ci=TRUE;
    }
    while ((j>i) && (r[j].key>x)) {
      j=j-1;
      if (r[j].key > r[j+1].key) {
        r[j]↔ r[j+1];  cj=TRUE;
      }
    }
    if (i < j) {
      r[i] ↔ r[j];
      if ((i>s) && (r[i].key<r[i-1].key)) ci=TRUE;
      if ((j<t) && (r[j].key>r[j+1].key)) cj= TRUE;
    }
  }
  return i ;
} // partition
```

◆**10.10**④ 阅读下列排序算法,并与已学算法相比较,讨论算法中基本操作的执行次数。

```
void sort( SqList& r, int n) {
    i=1;
```

```
        while (i<n-i+1) {
            min=max=i;
            for (j=i+1; j<= n-i+1; ++j ) {
                if (r[j].key<r[min].key)   min=j;
                else if (r[j].key>r[max].key)   max=j;
            }
            if (min != i)   r[min]<-->r[i];
            if (max != n-i+1) {
                if ( max == i ) r[min]<-->r[n-i+1];
                else r[max]<-->r[n-i+1];
            }
            i++;
        }
    } //sort
```

**10.11**② 试问:按锦标赛排序的思想,决出八名运动员之间的名次排列,至少需编排多少场次的比赛(应考虑最坏的情况)?

**10.12**① 判别以下序列是否为堆(小顶堆或大顶堆)。如果不是,则把它调整为堆(要求记录交换次数最少)。

(1) (100, 86, 48, 73, 35, 39, 42, 57, 66, 21);

(2) (12, 70, 33, 65, 24, 56, 48, 92, 86, 33);

(3) (103, 97, 56, 38, 66, 23, 42, 12, 30, 52, 06, 20);

(4) (05, 56, 20, 23, 40, 38, 29, 61, 35, 76, 28, 100)。

**10.13**② 一个长度为 $n$ 的序列,若去掉其中少数 $k(k<<n)$ 个记录后,序列是按关键字有序的,则称为近似有序序列。试对这种序列讨论各种简单排序方法的时间复杂度。

◆**10.14**④ 假设序列由 $n$ 个关键字不同的记录构成,要求不经排序而从中选出关键字从大到小顺序的前 $k(k<<n)$ 个记录,试问如何进行才能使所作的关键字间比较次数达到最小?

◆**10.15**④ 对一个由 $n$ 个关键字不同的记录构成的序列,你能否用比 $2n-3$ 少的次数选出这 $n$ 个记录中关键字取最大值和关键字取最小值的记录?若能,请说明如何实现?在最坏情况下至少进行多少次比较?

◆**10.16**② 已知一个含有 $n$ 个记录的序列,其关键字均为介于 0 和 $n^2$ 之间的整数。若利用堆排序等方法进行排序,则时间复杂度为 $O(n\log n)$。如果将每个关键字 $K_i$ 认作 $K_i=K_i^1 n+K_i^2$,其中 $K_i^1$ 和 $K_i^2$ 都是范围[0,$n$)中的整数,则利用基数排序只需用 $O(n)$ 的时间。推广之,若整数关键字的范围为[0,$n^k$),则可得到只需时间 $O(kn)$ 的排序方法,试讨论如何实现之。

**10.17**③ 已知一个单链表由 3000 个元素组成,每个元素是一整数,其值在 1~1000000 之间。试考察在第 10 章给出的几种排序方法中,哪些方法可用于解决这个链表的排序问题？哪些不能？简述理由。

**10.18**② 在进行多关键字排序的两种方法中，试思考在什么条件下 MSD 法比 LSD 法效率更高？

◆**10.19**④ 假设某大旅店共有 5000 个床位，每天需根据住宿旅客的文件制造一份花名册，该名册要求按省(市)的次序排列，每一省(市)按县(区)排列，又同一县(区)的旅客按姓氏排列。请你为旅店的管理人员设计一个制作这份花名册的方法。

**10.20**③ 已知待排序的三个整数 $a$，$b$ 和 $c$ ($a \neq b \neq c \neq a$)可能出现的六种排列情况的概率不等，且如下表所示：

| $a<b<c$ | $b<a<c$ | $a<c<b$ | $c<a<b$ | $b<c<a$ | $c<b<a$ |
|---|---|---|---|---|---|
| 0.13 | 0.24 | 0.08 | 0.19 | 0.20 | 0.16 |

试为该序列设计一个最佳排序方案，使排序过程中所需进行的关键字间的比较次数的期望值达到最小。

**10.21**③ 分别利用折半插入排序法和 2-路归并排序法对含 4 个记录的序列进行排序，画出描述该排序过程的判定树，并比较它们所需进行的关键字间的比较次数的最大值。

**10.22**⑤ 归并插入排序是对关键字进行比较次数最少的一种内部排序方法，它可按如下步骤进行(假设待排序元素存放在数组 x[1..n]中)：

(1) 另开辟两个大小为$\lceil n/2 \rceil$的数组 small 和 large。从 $i=1$ 到 $n-1$，对每个奇数的 $i$，比较 x[i]和 x[i+1]，将其中较小者和较大者分别依次存入数组 small 和 large 中(当 $n$ 为奇数时，small[$\lceil n/2 \rceil$]=x[$n$])；

(2) 对数组 large[1..$\lfloor$n/2$\rfloor$]中元素进行归并插入排序，同时相应调整 small 数组中的元素，使得在这一步结束时达到 large[i]<large[i+1]，$i=1,2,\cdots,\lfloor n/2 \rfloor-1$，small[i]<large[i]，$i=1,2,\cdots,\lfloor n/2 \rfloor$；

(3) 将 small[1]传送至 x[1]中，将 large[1]至 large[$\lfloor$n/2$\rfloor$]依次传送至 x[2]至 x[$\lfloor$n/2$\rfloor$+1]中；

(4) 定义一组整数 int[i]=$(2^{i+1}+(-1)^{i})/3$，i=1，2，…，t-1，直至 int[t]>$\lfloor$n/2$\rfloor$+1，利用折半插入依次将 small[int[i+1]]至 small[int[i]+1]插入至 x 数组中去。例如，若 $n=21$，则得到一组整数 int[1]=1，int[2]=3，int[3]=5，int[4]=11，由此 small 数组中元素应按如下次序：small[3]，small[2]，small[5]，small[4]，small[11]，small[10]，…，small[6]，插入到 x 数组中去。

试以 $n=5$ 和 $n=11$ 手工执行归并插入排序，并计算排序过程中所作关键字比较的次数。

## 五、算法设计题

**10.23**② 试以 L.r[k+1]作为监视哨改写教科书 10.2.1 节中给出的直接插入排序算法。其中，L.r[1..k]为待排序记录且 k<MAXSIZE。

**10.24③** 试编写教科书 10.2.2 节中所述 2-路插入排序的算法。

◆**10.25③** 试编写教科书 10.2.2 节中所述链表插入排序的算法。

**10.26②** 如下所述改写教科书 10.3 节中所述起泡排序算法：将 1.4.3 节的算法中用以起控制作用的布尔变量 change 改为一个整型变量，指示每一趟排序中进行交换的最后一个记录的位置，并以它作为下一趟起泡排序循环终止的控制值。

**10.27②** 编写一个双向起泡的排序算法，即相邻两遍向相反方向起泡。

**10.28④** 修改 10.27 题中要求的算法，请考虑如何避免将算法写成两个并在一起的相似的单向起泡的算法段。

**10.29④** 按 10.6 题所述编写奇偶交换排序的算法。

◆**10.30④** 按下述原则编写快排的非递归算法：

(1) 一趟排序之后，先对长度较短的子序列进行排序，且将另一子序列的上、下界入栈保存；

(2) 若待排记录数$\leqslant 3$，则不再进行分割，而是直接进行比较排序。

**10.31④** 编写算法，对 $n$ 个关键字取整数值的记录序列进行整理，以使所有关键字为负值的记录排在关键字为非负值的记录之前，要求：

(1) 采用顺序存储结构，至多使用一个记录的辅助存储空间；

(2) 算法的时间复杂度为 $O(n)$；

(3) 讨论算法中记录的最大移动次数。

◆**10.32⑤** 荷兰国旗问题：设有一个仅由红、白、蓝三种颜色的条块组成的条块序列。请编写一个时间复杂度为 $O(n)$ 的算法，使得这些条块按红、白、蓝的顺序排好，即排成荷兰国旗图案。

**10.33③** 试以单链表为存储结构实现简单选择排序的算法。

◆**10.34③** 已知$(k_1,k_2,\cdots,k_p)$是堆，则可以写一个时间复杂度为 $O(\log n)$ 的算法将$(k_1,k_2,\cdots,k_p,k_{p+1})$调整为堆。试编写“从 $p=1$ 起，逐个插入建堆”的算法，并讨论由此方法建堆的时间复杂度。

**10.35③** 假设定义堆为满足如下性质的完全三叉树：(1) 空树为堆；(2) 根结点的值不小于所有子树根的值，且所有子树均为堆。编写利用上述定义的堆进行排序的算法，并分析推导算法的时间复杂度。

**10.36④** 可按如下所述实现归并排序：假设序列中有 $k$ 个长度为$\leqslant l$ 的有序子序列。利用过程 merge(参见教科书 10.5 节)对它们进行两两归并，得到$\lceil k/2 \rceil$个长度$\leqslant 2l$的有序子序列，称为一趟归并排序。反复调用一趟归并排序过程，使有序子序列的长度自$l=1$开始成倍地增加，直至使整个序列成为一个有序序列。试对序列实现上述归并排序的递推算法，并分析你的算法的时间复杂度。

**10.37④** 采用链表存储结构，重做 10.36 题。

◆**10.38③** 2-路归并排序的另一策略是，先对待排序序列扫描一遍，找出并划分为若干个最大有序子列，将这些子列作为初始归并段。试写一个算法在链表结构上实现这一策略。

**10.39⑤** 已知两个有序序列$(a_1,a_2,\cdots,a_m)$和$(a_{m+1},a_{m+2},\cdots,a_n)$，并且其中一个序

列的记录个数少于 $s$，且 $s=\lfloor\sqrt{n}\rfloor$。试写一个算法，用 $O(n)$ 时间和 $O(1)$ 附加空间完成这两个有序序列的归并。

**10.40**⑤　假设两个序列都各有至少 $s$ 个记录，重做 10.39 题。

◆**10.41**④　假设有 1000 个关键字为小于 10000 的整数的记录序列，请设计一种排序方法，要求以尽可能少的比较次数和移动次数实现排序，并按你的设计编出算法。

◆**10.42**④　序列的"中值记录"指的是：如果将此序列排序后，它是第 $\left\lceil\frac{n}{2}\right\rceil$ 个记录。试写一个求中值记录的算法。

◆**10.43**③　已知记录序列 a[1..n] 中的关键字各不相同，可按如下所述实现计数排序：另设数组 c[1..n]，对每个记录 a[i]，统计序列中关键字比它小的记录个数存于 c[i]，则 c[i]=0 的记录必为关键字最小的记录，然后依 c[i]值的大小对 a 中记录进行重新排列，试编写算法实现上述排序方法。

**10.44**③　假设含 $n$ 个记录的序列中，其所有关键字为值介于 $v$ 和 $w$ 之间的整数，且其中很多关键字的值是相同的。则可按如下方法进行排序：另设数组 number[v..w]且令 number[i]统计关键字取整数 $i$ 的记录数，之后按 number 重排序列以达到有序。试编写算法实现上述排序方法，并讨论此种方法的优缺点。

**10.45**③　试编写算法，借助"计数"实现基数排序。

**10.46**③　序列 $b$ 的每个元素是一个记录，每个记录占的存储量比其关键字占的存储量大得多，因而记录的移动操作是极为费时的。试写一个算法，将序列 $b$ 的排序结果放入序列 $a$ 中，且每个记录只拷贝一次而无其他移动。你的算法可以调用第 10 章中给出的任何排序算法。思考：当记录存于链表中时，若希望利用快速排序算法对关键字排序，从而最后实现链表的排序，如何模仿上述方法实现？

# 第11章　外部排序

## 一、基本内容

实现外部排序的基本方法；为减少平衡归并排序中所需进行的外存读/写次数可采取的措施：利用败者树实现多路归并，通过置换-选择排序产生初始归并段，并对所得长度不等的归并段构造最佳归并树。

## 二、学习要点

1. 熟悉外部排序的两个阶段和第二阶段——归并的过程。

** 2. 掌握外部排序过程中所需进行外存读/写次数的计算方法。

3. 了解败者树的建立过程。

** 4. 掌握实现多路归并的算法。

5. 熟悉置换-选择排序的过程，理解它能得到平均长度为工作区两倍的初始归并段的原因。

6. 熟悉最佳归并树的构造方法。掌握按最佳归并树的归并方案进行平衡归并时，外存读/写次数的计算方法。

## 三、算法演示

在 **DSDEMO** 系统的选单"外部排序"下，有以下算法演示：

（1）败者树的调整：多路归并的败者树的生成(**Crt_loser_tree**)
多路归并的败者树的调整(**Adjest**)
置换-选择排序用的败者树的生成(**Construct_loser**)
置换-选择排序用的败者树的调整(**Sele_minimax**)；

（2）多路归并(**K_Merge**)；

（3）置换选择排序(**Repl_Selection**)。

## 四、基础知识题

◆**11.1**①　假设某文件经内部排序得到100个初始归并段，试问：

（1）若要使多路归并三趟完成排序，则应取归并的路数至少为多少？

（2）假若操作系统要求一个程序同时可用的输入、输出文件的总数不超过13，则按多路归并至少需几趟可完成排序？如果限定这个趟数，则可取的最低路数是多少？

◆**11.2**②　假设一次I/O的物理块大小为150，每次可对750个记录进行内部排序，那么，对含有150000个记录的磁盘文件进行4-路平衡归并排序时，需进行多少次I/O？

**11.3**①　"败者树"中的"败者"指的是什么？若利用败者树求 $k$ 个数中的最大值，在某

次比较中得到 $a>b$,那么谁是败者?“败者树”与“堆”有何区别?

**11.4②** 手工执行算法 k-merge,追踪败者树变化过程。假设初始归并段为

(10,15,16,20,31,39,+∞);

(9,18,20,25,36,48,+∞);

(20,22,40,50,67,79,+∞);

(6,15,25,34,42,46,+∞);

(12,37,48,55,+∞);

(84,95,+∞)

**11.5②** 为什么置换-选择排序能得到平均长度为 $2w$ 的初始归并段?能否依置换-插入或置换-交换等策略建立类似的排序方法?

**11.6②** 设内存有大小为 6 个记录的区域可供内部排序之用,文件的关键字序列为(51,49,39,46,38,29,14,61,15,30,1,48,52,3,63,27,4,13,89,24,46,58,33,76)。试列出:

(1) 用第 10 章中的内部排序方法求出的初始归并段;

(2) 用置换-选择排序得出的初始归并段,并写出 FI,W 和 FO 的变化过程;

(3) 用上面给出的数据手工执行算法 repl-selection。

**11.7①** 试问输入文件在哪种状态下经由置换-选择排序得到的初始归并段长度最长?其最长的长度是多少?

**11.8①** 试问输入文件在哪种状态下经由置换-选择排序得到的初始归并段长度最短?其最短的长度是多少?

**11.9①** 假若一个经由置换-选择排序得到的输出文件再次进行置换-选择排序,试问该文件将产生什么变化?

**11.10②** 在输入文件为逆序的情况下,由 11.13 题所描述的自然选择排序得到的初始归并段的平均长度为多少?

◆**11.11②** 已知某文件经过置换选择排序之后,得到长度分别为 47,9,39,18,4,12,23 和 7 的八个初始归并段。试为 3 路平衡归并设计一个读写外存次数最少的归并方案,并求出读写外存的次数。

**11.12②** 已知有 31 个长度不等的初始归并段,其中 8 段长度为 2,8 段长度为 3,7 段长度为 5,5 段长度为 12,3 段长度为 20(单位均为物理块)。请为此设计一个 5-路最佳归并方案,并计算总的(归并所需的)读/写外存的次数。

## 五、算法设计题

**11.13④** 假设在进行置换-选择排序时,可另开辟一个和工作区的容量相同的辅助存储区(称储备库)。当输入的记录关键字小于刚输出的 MINIMAX 记录时,不将它存入工作区,而暂存在储备库中,接着输入下一记录,依次类推,直至储备库满时不再进行输入,而只从工作区中选择记录输出直至工作区空为止,至此得到一个初始归并段。之后,再

将储备库中记录传送至工作区，重新开始选择排序。这种方法称自然选择排序。一般情况下可求得比置换-选择排序更长的归并段。

（1）试对11.4节中文件例子进行自然选择排序，求初始归并段。

（2）编写自然选择排序的算法。

# 第12章 文 件

## 一、基本内容

各类文件(顺序文件、索引顺序文件、直接存取文件、多重表文件和倒排文件)的构造方法及文件操作在其上的实现。

## 二、学习要点

熟悉各类文件的特点、构造方法以及如何实现检索、插入和删除等操作。读者可结合12.9和12.10题的要求综合本章内容,设想构造各种组织方式的文件。

## 三、基础知识题

**12.1**① 试比较顺序文件、索引文件和索引顺序文件各有什么特点。

**12.2**① 已知下列ISAM文件:

|  |  |  |  |  |  |  |  |  |  |
|---|---|---|---|---|---|---|---|---|---|
| T1 | win | T2,1 | xyl | T5,3 | zan | T3,1 | zom | T5,2 | 道索引 |

|  |  |  |  |  |  |
|---|---|---|---|---|---|
| T2 | R(was) | R(wen) | R(wil) | R(win) | 基本区 |
| T3 | R(yes) | R(you) | R(yum) | R(zan) |  |

|  |  |  |  |  |  |  |  |
|---|---|---|---|---|---|---|---|
| T4 | R(xyl) | ∧ | R(zom) | ∧ | R(xan) | T4,1 | 溢出区 |
| T5 | R(wou) | T4,3 | R(ziu) | T4,2 | R(xer) | T5,1 |  |

试叙述在文件中查找记录R(xan)和R(xzi)的过程。

**12.3**① 试画出在教科书12.4.1节中图12.10(a)所示文件的状态下,插入R89,R91,删除R99,R92之后的文件状态。

**12.4**② 直接存取文件为什么不用教科书9.3.3节中给出的链地址法存储结构而要按桶散列?桶的大小$m$是如何确定的?

◆**12.5**② 假设物理块(桶)大小为100,若要求对含有30000个记录的直接存取文件进行一次按关键字查询时,读外存次数的平均值不超过2,则问该直接存取文件应设多大?

**12.6**① 试叙述在教科书12.6.1节中图12.15(a)所示文件中查找"计算机"专业选修"丙"课程的学生名单的过程。一般来说,查询条件为两个关键字条件的"与"时,按哪个次关键字的链查找较好?

**12.7**① 简单比较文件的多重表和倒排表组织方式各有什么优缺点。

**12.8**③ 请为图书馆中如下所示的部分目录建立一个倒排文件。要求该文件允许用户按书名查找或按作者查找或按分类查找。现有的外存为磁盘，主文件按索引顺序组织，每个柱面有6道，设柱面溢出区，溢出区占2道。

| 作者 | 书　名 | 分类号 | 书号 | 出版社 | 藏书量 | 版本 |
|---|---|---|---|---|---|---|
| 甲 | 数学分析 | A | 002 | ABC | 5 | 2 |
| 甲 | 高等代数 | A | 015 | ABC | 3 | 1 |
| 乙 | 普通物理 | B | 030 | ABC | 5 | 2 |
| 乙 | 理论物理 | B | 042 | ABC | 2 | 1 |
| 甲 | 微分方程 | A | 027 | ABC | 2 | 1 |
| 乙 | 数学分析 | A | 004 | ABC | 3 | 1 |
| 丙 | 微分方程 | A | 023 | ABC | 2 | 1 |
| 乙 | 普通化学 | C | 044 | RST | 3 | 1 |
| 戊 | 分析化学 | C | 057 | RST | 2 | 1 |
| 戊 | 普通物理 | B | 036 | RST | 4 | 1 |

若相继插入下列记录，文件将发生什么变化？

| ① | 甲 | 数学分析 | A | 003 | ABC | 10 | 3 |
|---|---|---|---|---|---|---|---|
| ② | 戊 | 普通化学 | C | 049 | RST | 10 | 3 |
| ③ | 丁 | 理论物理 | B | 040 | RST | 10 | 2 |
| ④ | 丙 | 高等代数 | A | 013 | RST | 10 | 2 |

◆**12.9**①　试综述文件有哪几种常用的组织方式？它们各有什么特点？

◆**12.10**③　假设某个有3000张床位的旅店需为投宿的旅客建立一个便于管理的文件，每个记录是一名旅客的身份和投宿情况，其中旅客的身份证号码(15位十进制数字)可作为主关键字。为了来访客人查询方便，还需建立姓名、投宿日期、从哪儿来等次关键字项索引。请为此文件确定一种组织方式(如：主文件如何组织、各次关键字项索引如何建立等)。

## 四、算法设计题

**12.11**③　设主文件中每个记录含有账号和余额两个域，事务文件含有账号、存取标记和数额三个域。试写一个批量处理算法，产生更新后的新主文件，如教科书中的图12.4所示。各文件均按账号由小到大的顺序排序；你的算法中必须包括检查输入数据错误的能力：将错误记录输出而又不影响后面其他记录的处理。

# 第二篇　实习题

## 一、概述

上机实习是对学生的一种全面综合训练，是与课堂听讲、自学和练习相辅相成的必不可少的一个教学环节。通常，实习题中的问题比平时的习题复杂得多，也更接近实际。实习着眼于原理与应用的结合点，使读者学会如何把书上学到的知识用于解决实际问题，培养软件工作所需要的动手能力；另一方面，能使书上的知识变"活"，起到深化理解和灵活掌握教学内容的目的。平时的练习较偏重于如何编写功能单一的"小"算法，而实习题是软件设计的综合训练，包括问题分析、总体结构设计、用户界面设计、程序设计基本技能和技巧，多人合作，以至一整套软件工作规范的训练和科学作风的培养。此外，还有很重要的一点是：机器是比任何教师都严厉的检查者。

为了达到上述目的，本书安排了六个主实习单元，除实习 0 作为预备练习之外，其他各单元的训练重点在于基本的数据结构，而不强调面面俱到。各实习单元与教科书的各章只具有粗略的对应关系，一个实习题常常涉及几部分教学内容。在每个实习单元中安排有难度不等的 4～8 个实习题，每个题目的题号之后标有难度系数，对于特别推荐题也作了标记。与习题的情况类似，在一个单元之内比较题目难度才有意义。此外，难度系数是根据题目的基本要求而给出的。

每个实习题采取了统一的格式，由问题描述、基本要求、测试数据、实现提示和选做内容五个部分组成。问题描述旨在为读者建立问题提出的背景环境，指明问题"是什么"。基本要求则对问题进一步求精，划出问题的边界，指出具体的参量或前提条件，并规定该题的最低限度要求。测试数据部分旨在为检查学生上机作业提供方便，在完成实习题时应自己设计完整和严格的测试方案，当数据输入量较大时，提倡以文件形式向程序提供输入数据。在实现提示部分，对实现中的难点及其解法思路等问题作了简要提示。选做部分向那些尚有余力的读者提出了更严峻的挑战，同时也能开拓其他读者的思路，在完成基本要求时力求避免就事论事的不良思想方法，尽可能寻求具有普遍意义的解法，使得程序结构合理，容易修改扩充。

不难发现，这里与传统的做法不同，题目设计得非常详细。会不会限制读者的想象力，影响创造力的培养呢？回答是：软件发展的一条历史经验就是要限制程序设计者在某些方面的创造性，从而使其创造能力集中地用到特别需要创造性的环节之上。实习题目本身就给出了问题说明和问题分解求精的范例，使读者在无形中学会模仿，它起到把读者的思路引上正轨的作用，避免坏结构程序和坏习惯，同时也传授了系统划分方法和程序设计的一些具体技术，保证实现预定的训练意图，使某些难点和重点不会被绕过去，而且也便于教学检查。题目的设计策略是：一方面使其难度和工作量都较大，另一方面给读者提供的辅助和可以模仿的成份也较多。当然还应指出的是，提示的实现方法未必是最好的，读者不应拘泥于此，而应努力开发更好的方法和结构。

在每个实习单元中，每人可以从中选做一个实习题。类似于习题，本题集也为每个实习题注了一个难度从①至⑤的难度系数，同样，它也只是一个相对的量，只对同一单元内的实习题起到区别难度的作用，读者无须对不同单元内的实习题进行难度比较，事实上，如果你对实习一中难度为③的题尚感困惑，在经过几个练习之后，你会对实习六中难度为③的题感到轻而易举。经验表明，如果某题的难度略高于自己过去所对付过的最难题目的难度，则选择此题能够带来最大的收益。切忌过分追求难题。较大的题目，或是其他题目加上某些选做款项适合于多人合作。

本书的一个特点是为实习制定了严格的规范(见下一节)。一种普遍存在的错误观念是，调试程序全凭运气。学生花两个小时的上机时间只找出一个错误，甚至一无所获的情况是常见的。其原因在于，很多人只认识到找错误，而没有认识到努力预先避免错误的重要性，也不知道应该如何努力。实际上，结构不好、思路和概念不清的程序可能是根本无法调试正确的。严格按照实习步骤规范进行实习不但能有效地避免上述种种问题，更重要的是有利于培养软件工作者不可缺少的科学工作方法和作风。

在每个实习单元提供了一个完整的实习报告示例，在起到实习报告规格范例作用的同时，还隐含地提供了很多有益的东西，比如，基于数据类型的系统划分方法；递归算法设计方法和技巧；对于有天然递归属性的问题如何构造非递归算法；以及所提倡的程序设计风格等。但从另一方面看，计算机学科在不断发展，可以使用的语言工具越来越丰富，在本书中的实习示例还只是应用面向过程的语言进行设计和编写程序，同样的实习题，读者也可以用面向对象的语言来实现。希望书中的实习报告示例能起到一个抛砖引玉的作用，以迎来读者更多更优良的设计范例。

## 二、实习步骤

随之计算机性能的提高，它所面临的软件开发的复杂度也日趋增加。然而，编制一个10 000行的程序的难度绝不仅仅是一个5 000行的程序两倍，因此软件开发需要系统的方法。一种常用的软件开发方法，是将软件开发过程划分为分析、设计、实现和维护四个阶段。虽然数据结构课程中的实习题的复杂度远不如(从实际问题中提出来的)一个“真正的”软件，但为了培养一个软件工作者所应具备的科学工作的方法和作风，我们制订了如下所述完成实习的五个步骤：

(一) 问题分析和任务定义

通常，实习题目的陈述比较简洁，或者说是有模棱两可的含义。因此，在进行设计之前，首先应该充分地分析和理解问题，明确问题要求做什么？限制条件是什么？注意：本步骤强调的是做什么，而不是怎么做。对问题的描述应避开算法和所涉及的数据类型，而是对所需完成的任务作出明确的回答。例如：输入数据的类型、值的范围以及输入的形式；输出数据的类型、值的范围及输出的形式；若是会话式的输入，则结束标志是什么？是否接受非法的输入？对非法输入的回答方式是什么等。这一步还应该为调试程序准备好测试数据，包括合法的输入数据和非法形式的输入数据。

(二) 数据类型和系统设计

在设计这一步骤中需分逻辑设计和详细设计两步实现。逻辑设计指的是,对问题描述中涉及的操作对象定义相应的数据类型,并按照以数据结构为中心的原则划分模块,定义主程序模块和各抽象数据类型;详细设计则为定义相应的存储结构并写出各函数的伪码算法。在这个过程中,要综合考虑系统功能,使得系统结构清晰、合理、简单和易于调试,抽象数据类型的实现尽可能做到数据封装,基本操作的规格说明尽可能明确具体。作为逻辑设计的结果,应写出每个抽象数据类型的定义(包括数据结构的描述和每个基本操作的规格说明),各个主要模块的算法,并画出模块之间的调用关系图。详细设计的结果是对数据结构和基本操作的规格说明作出进一步的求精,写出数据存储结构的类型定义,按照算法书写规范用类C语言写出函数形式的算法框架。在求精的过程中,应尽量避免陷入语言细节,不必过早表述辅助数据结构和局部变量。

(三) 编码实现和静态检查

编码是把详细设计的结果进一步求精为程序设计语言程序。程序的每行不要超过60个字符。每个函数体,即不计首部和规格说明部分,一般不要超过40行,最长不得超过60行,否则应该分割成较小的函数。要控制 **if** 语句连续嵌套的深度。其他要求参见第一篇的算法书写规范。如何编写程序才能较快地完成调试是特别要注意的问题。对于编程很熟练的读者,如果基于详细设计的伪码算法就能直接在键盘上输入程序的话,则可以不必用笔在纸上写出编码,而将这一步的工作放在上机准备之后进行,即在上机调试之前直接用键盘输入。

然而,不管你是否写出编码的程序,在上机之前,认真的静态检查是必不可少的。多数初学者在编好程序后处于以下两种状态之一:一种是对自己的"精心作品"的正确性确信不疑;另一种是认为上机前的任务已经完成,纠查错误是上机的工作。这两种态度是极为有害的。事实上,非训练有素的程序设计者编写的程序长度超过50行时,极少不含有除语法错误以外的错误。上机动态调试决不能代替静态检查,否则调试效率将是极低的。

静态检查主要有两种方法,一是用一组测试数据手工执行程序(通常应先分模块检查);二是通过阅读或给别人讲解自己的程序而深入全面地理解程序逻辑,在这个过程中再加入一些注解和断言。如果程序中逻辑概念清楚,后者将比前者有效。

(四) 上机准备和上机调试

上机准备包括以下几个方面:

(1) 高级语言文本(体现于编译程序用户手册)的扩充和限制。例如,常用的 Borland C(C++)和 Microsoft C(C++)与标准 C(C++)的差别,以及相互之间的差别。

(2) 如果使用C或C++语言,要特别注意与教科书的类C语言之间的细微差别。

(3) 熟悉机器的操作系统和语言集成环境的用户手册,尤其是最常用的命令操作,以便顺利进行上机的基本活动。

(4) 掌握调试工具,考虑调试方案,设计测试数据并手工得出正确结果。"磨刀不误砍柴工"。计算机各专业的学生应该能够熟练运用高级语言的程序调试器 DEBUG 调试程序。

上机调试程序时要带一本高级语言教材或手册。调试最好分模块进行,自底向上,即先调试低层函数。必要时可以另写一个调用驱动程序。这种表面上麻烦的工作实际上可以大大降低调试所面临的复杂性，提高调试工作效率。

在调试过程中可以不断借助DEBUG的各种功能，提高调试效率。调试中遇到的各种异常现象往往是预料不到的，此时不应“冥思苦想”，而应动手确定疑点，通过修改程序来证实它或绕过它。调试正确后，认真整理源程序及其注释，印出带有完整注释的且格式良好的源程序清单和结果。

（五）总结和整理实习报告

## 三、实习报告规范

实习报告的开头应给出题目、班级、姓名、学号和完成日期，并包括以下七个内容：

1. 需求分析

以无歧义的陈述说明程序设计的任务，强调的是程序要做什么？明确规定：

（1）输入的形式和输入值的范围；

（2）输出的形式；

（3）程序所能达到的功能；

（4）测试数据：包括正确的输入及其输出结果和含有错误的输入及其输出结果。

2. 概要设计

说明本程序中用到的所有抽象数据类型的定义、主程序的流程以及各程序模块之间的层次（调用）关系。

3. 详细设计

实现概要设计中定义的所有数据类型，对每个操作只需要写出伪码算法；对主程序和其他模块也都需要写出伪码算法（伪码算法达到的详细程度建议为：按照伪码算法可以在计算机键盘直接输入高级程序设计语言程序）；画出函数的调用关系图。

4. 调试分析

内容包括：

（1）调试过程中遇到的问题是如何解决的以及对设计与实现的回顾讨论和分析；

（2）算法的时空分析（包括基本操作和其他算法的时间复杂度和空间复杂度的分析）和改进设想；

（3）经验和体会等。

5. 用户使用说明

说明如何使用你编写的程序，详细列出每一步的操作步骤。

6. 测试结果

列出你的测试结果，包括输入和输出。这里的测试数据应该完整和严格，最好多于需求分析中所列。

7. 附录

带注释的源程序。如果提交源程序软盘，可以只列出程序文件名的清单。

在以下各实习单元中都提供了实习报告实例。值得注意的是，实习报告的各种文档资料，如：上述中的前三部分要在程序开发的过程中逐渐充实形成，而不是最后补写（当然也可以应该最后用实验报告纸誊清或打印）。

# 实习0　抽象数据类型

本次实习的主要目的在于帮助读者熟悉抽象数据类型的表示和实现方法。抽象数据类型需借助固有数据类型来表示和实现,即利用高级程序设计语言中已存在的数据类型来说明新的结构,用已经实现的操作来组合新的操作,具体实现细节则依赖于所用语言的功能。通过本次实习还可以帮助读者复习高级语言的使用方法。

### 0.1③　复数四则运算

【问题描述】

设计一个可进行复数运算的演示程序。

【基本要求】

实现下列六种基本运算：1）由输入的实部和虚部生成一个复数；2）两个复数求和；3）两个复数求差；4）两个复数求积；5）从已知复数中分离出实部；6）从已知复数中分离出虚部。运算结果以相应的复数或实数的表示形式显示。

【测试数据】

对下列各对数据实现求和。

(1) 0；0；应输出“0”

(2) 3.1，0；4.22，8.9；应输出“7.32＋i8.9”

(3) －1.33，2.34；0.1，－6.5；应输出“－1.23－i4.16”

(4) 0，9.7；－2.1，－9.7；应输出“－2.1”

(5) 7.7，－8；－7.7，0；应输出“－i8”

【实现提示】

定义复数为由两个相互之间存在次序关系的实数构成的抽象数据类型,则可以利用实数的操作来实现复数的操作。

【选作内容】

实现复数的其他运算,如:两个复数相除、求共轭等。

### 0.2③　有理数四则运算

【问题描述】

设计一个可进行有理数运算的演示程序。

【基本要求】

实现两个有理数相加、相减、相乘以及求分子或求分母的运算。

【测试数据】

由读者指定。

【选作内容】

实现两个有理数相除的运算。

### 0.3④　海龟作图

【问题描述】

设计并实现海龟抽象数据类型 Turtle，并以此为基础设计一个演示海龟作图的程序。

【基本要求】

(1) 设置海龟类型的基本操作为：

```
void StartTurtleGraphics()
  // 显示作图窗口，并在窗口内写出本人的姓名、上机号和实习题号。
void StartTurtle()
  // 令海龟处于作图的初始状态。即显示作图窗口，并将海龟定位在窗口正中；
  // 置画笔状态为落笔、龟头朝向为 0 度(正东方向)。
void PenUp()
  // 改变画笔状态为抬笔。从此时起，海龟移动将不在屏幕上作图。
void PenDown()
  // 改变画笔状态为落笔。从此时起，海龟移动将在屏幕上作图。
int TurtleHeading()
  // 返回海龟头当前朝向的角度。
aPoint *  TurtlePos()
  // 返回海龟的当前位置。
void Move (int steps)
  // 依照海龟头的当前朝向，向前移动海龟 steps 步。
void Turn (int degrees)
  // 改变海龟头的当前朝向，逆时针旋转 degrees 度。
void MoveTTo (aPoint newPos)
  // 将海龟移动到新的位置 newPos。如果是落笔状态，则同时作图。
void TurnTTo (float angle)
  // 改变海龟头的当前朝向为，从正东方向起的 angle 度。
void SetTurtleColor(int color)
  // 设置海龟画笔的颜色为 color。
```

(2) 利用上述定义的海龟实现作图命令，画出任意长度的线段、任意大小的矩形和圆。

【测试数据】

由读者自行指定线段(的长度)、矩形(的长度和宽度)及圆(的半径)等参数。

【实现提示】

海龟的相关类型说明为：

```
#define   UP       0
#define   DOWN     1
typedef   int   penState;   // 取值 UP 或 DOWN
```

```
typedef  struct { float v, h; } aPoint;        // 位置
 typedef  struct {
            int          heading;              // 龟头(画笔)方向,简称龟头朝向
            penState     pen;                  // 画笔状态:UP 抬笔,DOWN 落笔
            int          color;                // 画笔当前颜色
            aPoint       Pos;                  // 海龟当前位置
        } newTurtle;
```

**【选做内容】**

(1) 扩充海龟抽象数据类型,增添 SizeFactor 域,作为海龟的尺寸因子(移动单位),其值可改变。

(2) 程序中可定义多个海龟变量,以实现多个海龟同时画不同的图形。

扩充后的海龟抽象数据类型的基本操作可定义为:

```
void StartTurtle (newTurtle &raphael, aPoint startPos)
  // 初始化一个新海龟,定位在 startPos,并置画笔状态为落笔、龟头朝向为 0
  // 以及步进的尺寸因子为 1。
void PenUp (newTurtle &raphael)
  // 改变画笔状态为抬笔。从此时起,海龟移动时将不在屏幕上作图。
void PenDown (newTurtle &raphael)
  // 改变画笔状态为落笔。从此时起,海龟移动时将在屏幕上作图。
float TurtleHeading (newTurtle raphael)
  // 返回海龟头朝向的当前角度。
aPoint TurtlePos (newTurtle raphael)
  // 返回海龟的当前位置。
void Move (newTurtle &raphael, float steps)
  // 依照海龟头的当前朝向和尺寸因子,向前移动 steps 步。
void Turn (newTurtle &raphael, float size)
  // 改变海龟头的当前朝向,逆时针旋转 size 度。
void ScaleTurtle (newTurtle &raphael, float scaleFactor)
  // 改变海龟移动的步进尺寸 SizeFactor,扩大 scaleFactor 倍。
void MoveTTo (newTurtle &raphael, aPoint newPos)
  // 将海龟移动到新位置 newPos。newPos 是屏幕窗口中的一个"点"。
void TurnTTo (newTurtle &raphael, float angle)
  // 改变海龟头的当前朝向为从正东方向起的 angle 度。
void SetTurtleColor(newTurtle &raphael, int color)
  // 设置海龟画笔的当前颜色为 color。
```

其中,角度、尺寸因子等定义为实型,可提高作图精度。

(3) 在海龟单元的基础上,实现一个用鼠标进行海龟作图的界面。界面中应提供基本线型、基本图形、抬笔落笔、选择颜色等作图操作的选单或图标。

# 实习1 线性表及其应用

本次实习的主要目的在于帮助学生熟练掌握线性表的基本操作在两种存储结构上的实现，其中以各种链表的操作和应用作为重点内容。

### 1.1② 运动会分数统计

【问题描述】

参加运动会的 $n$ 个学校编号为 $1\sim n$。比赛分成 $m$ 个男子项目和 $w$ 个女子项目，项目编号分别为 $1\sim m$ 和 $m+1\sim m+w$。由于各项目参加人数差别较大，有些项目取前五名，得分顺序为 7,5,3,2,1；还有些项目只取前三名，得分顺序为 5,3,2。写一个统计程序产生各种成绩单和得分报表。

【基本要求】

产生各学校的成绩单，内容包括各校所取得的每项成绩的项目号、名次(成绩)、姓名和得分；产生团体总分报表，内容包括校号、男子团体总分、女子团体总分和团体总分。

【测试数据】

对于 $n=4, m=3, w=2$，编号为奇数的项目取前五名，编号为偶数的项目取前三名，设计一组实例数据。

【实现提示】

可以假设 $n\leqslant 20, m\leqslant 30, w\leqslant 20$，姓名长度不超过 20 个字符。每个项目结束时，将其编号、类型符(区分取前五名还是前三名)输入，并按名次顺序输入运动员姓名、校名(和成绩)。

【选作内容】

允许用户指定某项目采取其他名次取法。

### ◆1.2③ 约瑟夫环

【问题描述】

约瑟夫(Joseph)问题的一种描述是：编号为 $1,2,\cdots,n$ 的 $n$ 个人按顺时针方向围坐一圈，每人持有一个密码(正整数)。一开始任选一个正整数作为报数上限值 $m$，从第一个人开始按顺时针方向自 1 开始顺序报数，报到 $m$ 时停止报数。报 $m$ 的人出列，将他的密码作为新的 $m$ 值，从他在顺时针方向上的下一个人开始重新从 1 报数，如此下去，直至所有人全部出列为止。试设计一个程序求出出列顺序。

【基本要求】

利用单向循环链表存储结构模拟此过程，按照出列的顺序印出各人的编号。

【测试数据】

$m$ 的初值为 20；$n=7$，7 个人的密码依次为：3,1,7,2,4,8,4，首先 $m$ 值为 6(正确的出列顺序应为 6,1,4,7,2,3,5)。

【实现提示】

程序运行后,首先要求用户指定初始报数上限值,然后读取各人的密码。可设 $n \leqslant 30$。此题所用的循环链表中不需要"头结点",请注意空表和非空表的界限。

【选作内容】

向上述程序中添加在顺序结构上实现的部分。

### 1.3③ 集合的并、交和差运算

【问题描述】

编制一个能演示执行集合的并、交和差运算的程序。

【基本要求】

(1) 集合的元素限定为小写字母字符['a'..'z']。

(2) 演示程序以用户和计算机的对话方式执行。

【测试数据】

(1) Set1 = "magazine", Set2 = "paper",
Set1∪Set2 = "aegimnprz", Set1∩Set2 = "ae", Set1−Set2 = "gimnz"。

(2) Set1 = "012oper4a6tion89", Set2 = "error data",
Set1∪Set2 = "adeinoprt", Set1∩Set2 = "aeort", Set1−Set2 = "inp"。

【实现提示】

以有序链表表示集合。

【选作内容】

(1) 集合的元素判定和子集判定运算。

(2) 求集合的补集。

(3) 集合的混合运算表达式求值。

(4) 集合的元素类型推广到其他类型,甚至任意类型。

### ◆1.4⑤ 长整数四则运算

【问题描述】

设计一个实现任意长的整数进行加法运算的演示程序。

【基本要求】

利用双向循环链表实现长整数的存储,每个结点含一个整型变量。任何整型变量的范围是 $-(2^{15}-1) \sim (2^{15}-1)$。输入和输出形式:按中国对于长整数的表示习惯,每四位一组,组间用逗号隔开。

【测试数据】

(1) 0;0;应输出"0"。

(2) −2345,6789;−7654,3211;应输出"−1,0000,0000"。

(3) −9999,9999;1,0000,0000,0000;应输出"9999,0000,0001"。

(4) 1,0001,0001;−1,0001,0001;应输出"0"。

(5) 1,0001,0001;-1,0001,0000;应输出“1”。

(6) -9999,9999,9999;-9999,9999,9999;应输出“-1,9999,9999,9998”。

(7) 1,0000,9999,9999;1;应输出“1,0001,0000,0000”。

【实现提示】

(1) 每个结点中可以存放的最大整数为 $2^{15}-1=32767$,才能保证两数相加不会溢出。但若这样存放,即相当于按 32768 进制数存放,在十进制数与 32768 进制数之间的转换十分不方便。故可以在每个结点中仅存十进制数的 4 位,即不超过 9999 的非负整数,整个链表表示为万进制数。

(2) 可以利用头结点数据域的符号代表长整数的符号。相加过程中不要破坏两个操作数链表。不能给长整数位数规定上限。

【选作内容】

(1) 实现长整数的四则运算;

(2) 实现长整数的乘方和阶乘运算;

(3) 整型量范围是 $-(2^n-1)\sim(2^n-1)$,其中,$n$ 是由程序读入的参量。输入数据的分组方法可以另行规定。

### 1.5④ 一元稀疏多项式计算器

【问题描述】

设计一个一元稀疏多项式简单计算器。

【基本要求】

一元稀疏多项式简单计算器的基本功能是:

(1) 输入并建立多项式;

(2) 输出多项式,输出形式为整数序列:$n,c_1,e_1,c_2,e_2,\cdots,c_n,e_n$,其中 $n$ 是多项式的项数,$c_i$ 和 $e_i$ 分别是第 $i$ 项的系数和指数,序列按指数降序排列;

(3) 多项式 $a$ 和 $b$ 相加,建立多项式 $a+b$;

(4) 多项式 $a$ 和 $b$ 相减,建立多项式 $a-b$。

【测试数据】

(1) $(2x+5x^8-3.1x^{11})+(7-5x^8+11x^9)=(-3.1x^{11}+11x^9+2x+7)$

(2) $(6x^{-3}-x+4.4x^2-1.2x^9)-(-6x^{-3}+5.4x^2-x^2+7.8x^{15})$
$=(-7.8x^{15}-1.2x^9+12x^{-3}-x)$

(3) $(1+x+x^2+x^3+x^4+x^5)+(-x^3-x^4)=(1+x+x^2+x^5)$

(4) $(x+x^3)+(-x-x^3)=0$

(5) $(x+x^{100})+(x^{100}+x^{200})=(x+2x^{100}+x^{200})$

(6) $(x+x^2+x^3)+0=x+x^2+x^3$

(7) 互换上述测试数据中的前后两个多项式。

【实现提示】

用带表头结点的单链表存储多项式。

【选作内容】

(1) 计算多项式在 $x$ 处的值。

(2) 求多项式 $a$ 的导函数 $a'$。

(3) 多项式 $a$ 和 $b$ 相乘,建立乘积多项式 $ab$。

(4) 多项式的输出形式为类数学表达式。例如,多项式 $-3x^8+6x^3-18$ 的输出形式为 -3x^8+6x^3-18,$x^{15}+(-8)x^7-14$ 的输出形式为 x^15-8x^7-14。注意,系数值为 1 的非零次项的输出形式中略去系数 1,如项 $1x^8$ 的输出形式为 $x^8$,项 $-1x^3$ 的输出形式为 $-x^3$。

(5) 计算器的仿真界面。

## ◆1.6④ 池塘夜降彩色雨

【问题描述】

设计一个程序,演示美丽的"池塘夜雨"景色:色彩缤纷的雨点飘飘洒洒地从天而降,滴滴入水有声,溅起圈圈微澜。

【基本要求】

(1) 雨点的空中出现位置、降落过程的可见程度、入水位置、颜色、最大水圈等,都是随机确定的;

(2) 多个雨点按照各自的随机参数和存在状态,同时演示在屏幕上。

【测试数据】

适当调整控制雨点密度、最大水圈和状态变化的时间间隔等参数。

【实现提示】

(1) 每个雨点的存在周期可分为三个阶段:从天而降、入水有声和圈圈微澜,需要一个记录存储其相关参数、当前状态和下一状态的更新时刻。

(2) 在图形状态编程。雨点下降的可见程度应是断断续续、依稀可见;圈圈水波应是由里至外逐渐扩大和消失。

(3) 每个雨点发生时,生成其记录,并预置下一个雨点的发生时间。

(4) 用一个适当的结构管理当前存在的雨点,使系统能利用它按时更新每个雨点的状态,一旦有雨点的水圈全部消失,就从结构中删去。

【选作内容】

(1) 增加"电闪雷鸣"景象。

(2) 增加风的效果,展现"风雨飘摇"的情景。

(3) 增加雨点密度的变化:时而"和风细雨",时而"暴风骤雨"。

(4) 将"池塘"改为"荷塘",雨点滴在荷叶上的效果是溅起四散的水珠,响声也不同。

# 实习报告示例:1.3 题　集合的并、交和差运算

## 实　习　报　告

题目:编制一个演示集合的并、交和差运算的程序

班级:计算机 95(1) 姓名:丁一　学号:954211 完成日期:1997.9.14

### 一、需求分析

1. 本演示程序中,集合的元素限定为小写字母字符['a'..'z'],集合的大小 $n<27$。集合输入的形式为一个以"回车符"为结束标志的字符串,串中字符顺序不限,且允许出现重复字符或非法字符,程序应能自动滤去。输出的运算结果字符串中将不含重复字符或非法字符。

2. 演示程序以用户和计算机的对话方式执行,即在计算机终端上显示"提示信息"之后,由用户在键盘上输入演示程序中规定的运算命令;相应的输入数据(滤去输入中的非法字符)和运算结果显示在其后。

3. 程序执行的命令包括:

1) 构造集合 1; 2) 构造集合 2; 3) 求并集; 4) 求交集; 5) 求差集;6) 结束。

"构造集合 1"和"构造集合 2"时,需以字符串的形式键入集合元素。

4. 测试数据

(1) Set1 = "magazine",　Set2 = "paper",

Set1 ∪ Set2 = "aegimnprz",Set1 ∩ Set2 = "ae", Set1 − Set2 = "gimnz";

(2) Set1 = "012oper4a6tion89", Set2 = "error data",

Set1 ∪ Set2 = "adeinoprt", Set1 ∩ Set2 = "aeort", Set1 − Set2 = "inp"。

### 二、概要设计

为实现上述程序功能,应以有序链表表示集合。为此,需要两个抽象数据类型:有序表和集合。

1. 有序表的抽象数据类型定义为:

**ADT** OrderedList {

数据对象:D={ $a_i$ | $a_i$ ∈ CharSet,　i=1,2,…,n,　n≥0 }

数据关系:R1={ <$a_{i-1}$,$a_i$> | $a_{i-1}$,$a_i$ ∈ D,　$a_{i-1}<a_i$,　i=2,…,n }

基本操作:

InitList( &L )

操作结果:构造一个空的有序表 L。

DestroyList( &L )

初始条件:有序表 L 已存在。

操作结果：销毁有序表 L。

ListLength( L )

初始条件：有序表 L 已存在。

操作结果：返回有序表 L 的长度。

ListEmpty( L )

初始条件：有序表 L 已存在。

操作结果：若有序表 L 为空表，则返回 True，否则返回 False 。

GetElem( L, pos )

初始条件：有序表 L 已存在。

操作结果：若 1 ≤pos≤Length(L)，则返回表中第 pos 个数据元素。

LocateElem( L, e, &q )

初始条件：有序表 L 已存在。

操作结果：若有序表 L 中存在元素 e，则 q 指示 L 中第一个值为 e 的元素的位置，并返回函数值 TRUE；否则 q 指示第一个大于 e 的元素的前驱的位置，并返回函数值 FALSE。

Append(&L, e )

初始条件：有序表 L 已存在。

操作结果：在有序表 L 的末尾插入元素 e。

InsertAfter(&L, q, e )

初始条件：有序表 L 已存在，q 指示 L 中一个元素。

操作结果：在有序表 L 中 q 指示的元素之后插入元素 e。

ListTraverse(q, visit())

初始条件：有序表 L 已存在，q 指示 L 中一个元素。

操作结果：依次对 L 中 q 指示的元素开始的每个元素调用函数 visit()。

} **ADT** OrderedList

2.集合的抽象数据类型定义为：

**ADT** Set {

数据对象：D={ $a_i$ | $a_i$ 为小写英文字母且互不相同，i=1,2,…,n, 0≤n≤26 }

数据关系：R1={}

基本操作：

CreateSet(&T, Str)

初始条件：Str 为字符串。

操作结果：生成一个由 Str 中小写字母构成的集合 T。

DestroySet( &T )

初始条件：集合 T 已存在。

操作结果：销毁集合 T 的结构。

Union(&T, S1, S2)

初始条件：集合 S1 和 S2 存在。

操作结果：生成一个由 S1 和 S2 的并集构成的集合 T。

Intersection(&T, S1, S2)

初始条件：集合 S1 和 S2 存在。

操作结果：生成一个由 S1 和 S2 的交集构成的集合 T。

Difference(&T, S1, S2)

初始条件：集合 S1 和 S2 存在。

操作结果：生成一个由 S1 和 S2 的差集构成的集合 T。

PrintSet(T)

初始条件：集合 T 已存在。

操作结果：按字母次序顺序显示集合 T 的全部元素。

}**ADT** Set

3. 本程序包含四个模块：

1) 主程序模块：

```
void main() {
    初始化;
    do {
        接受命令;
        处理命令;
    } while ("命令"="退出");
}
```

2) 集合单元模块——实现集合的抽象数据类型；

3) 有序表单元模块——实现有序表的抽象数据类型；

4) 结点结构单元模块——定义有序表的结点结构。

各模块之间的调用关系如下：

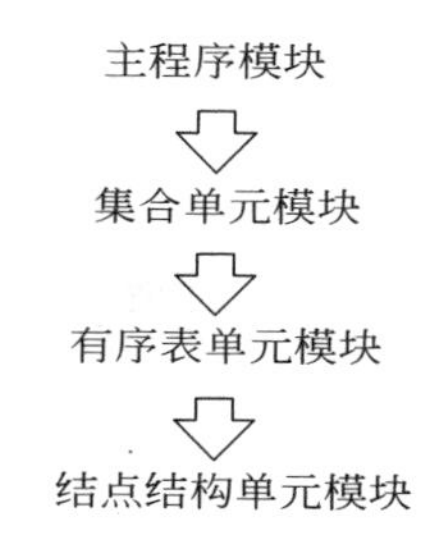


## 三、详细设计

1. 元素类型、结点类型和指针类型

```
typedef  char  ElemType ;              // 元素类型
typedef  struct  NodeType  {
           ElemType   data;
```

```
        NodeType    * next;
      } NodeType, * LinkType;     //  结点类型,指针类型

status MakeNode( LinkType &p,  ElemType e)
{
  // 分配由 p 指向的数据元素为 e、后继为“空”的结点,并返回 TRUE,
  // 若分配失败,则返回 FALSE
  p = (LinkType)malloc(sizeof(NodeType));
  if (!p) return FALSE;
  p-> data = e;  p->next = NULL;  return TRUE;
}
void FreeNode(LinkType &p )
{  // 释放 p 所指结点
}
LinkType Copy ( LinkType p )
{
  // 复制生成和指针 p 所指结点有同值元素的新结点并返回,
  // 若分配空间失败,则返回空指针。新结点的指针域为 NULL
  s = (LinkType)malloc(sizeof(NodeType));
  if (!s) return NULL;
  s-> data = p-> data;  s-> next = NULL;  return s;
}
ElemType Elem( LinkType p )
{
  // 若指针 p!=NULL,则返回 p 所指结点的数据元素,否则返回'#'
}
LinkType SuccNode( LinkType p )
{
  // 若指针 p!=NULL,则返回指向 p 所指结点的后继元素的指针,
  // 否则返回 NULL
}
```

2.根据有序表的基本操作的特点,有序表采用有序链表实现。链表设头、尾两个指针和表长数据域,并附设头结点,头结点的数据域没有实在意义。

```
typedef  struct {
        LinkType  head, tail;     // 分别指向线性链表的头结点和尾结点
        int       size;           // 指示链表当前的长度
      } OrderedList;              // 有序链表类型
```

有序链表的基本操作设置如下：

```
bool InitList( OrderedList &L );
  // 构造一个带头结点的空的有序链表 L ,并返回 TRUE;
  // 若分配空间失败,则令 L.head 为 NULL, 并返回 FALSE
void DestroyList( OrderedList &L );
  // 销毁有序链表 L
bool ListEmpty( OrderedList L );
  // 若 L 不存在或为"空表",则返回 TRUE, 否则返回 FALSE
int ListLength( OrderedList L );
  // 返回链表的长度
LinkType GetElemPos( OrderedList L,  int pos );
  // 若 L 存在且 0<pos<L.size+1, 则返回指向第 pos 个元素的指针,
  // 否则返回 NULL
bool LocateElem( OrderedList L,  ElemType e,  LinkType &q );
  // 若有序链表 L 存在且表中存在元素 e,则 q 指示 L 中第一个值为 e 的
  // 结点的位置,并返回 TRUE;否则 q 指示第一个大于 e 的元素的前驱的
  // 位置,并返回 FALSE
void Append( OrderedList &L,  LinkType s );
  // 在已存在的有序链表 L 的末尾插入指针 s 所指结点
void InsertAfter(OrderList &L,  LinkType q,  LinkType s );
  // 在已存在的有序链表 L 中 q 所指示的结点之后插入指针 s 所指结点
void ListTraverse ( LinkType p,  status ( * visit)(LinkType q) );
  // 从 p(p!=NULL)指示的结点开始,依次对每个结点调用函数 visit
```

其中部分操作的伪码算法如下：

```
BOOL InitList( OrderedList &L )
{
  if (MakeNode(head, ' ')) {  // 头结点的虚设元素为空格符' '
      L.tail = L.head;  L.size = 0;  return TRUE;
      }
  else {  L.head = NULL;  return FALSE; }
} //InitList

void DestroyList( OrderedList &L )
{
     p = L.head;
     while ( p ) { q = p;  p = SuccNode(p);  FreeNode(q); }
     L.head = L.tail = NULL;
```

```
} //DestroyList

LinkType GetElemPos( OrderedList L, int pos )
{
   if ( ! L.head || pos<1 || pos>L.size )  return NULL;
   else if ( pos == L.size ) return L.tail;
   else {
      p = L.head->next;  k = 1;
      while ( p && k<pos) { p = SuccNode(p);  k++; }
      return p;
   }
} //GetElemPos

status LocateElem( OrderedList L, ElemType e, LinkType &p )
{
  if ( L.head ) {
     pre = L.head;  p = pre->next;
                       //pre 指向 * p 的前驱，p 指向第一个元素结点
     while ( p && p->data<e) { pre = p;  p = SuccNode(p); }
     if ( p && p->data == e )  return TRUE;
     else { p = pre;  return FALSE; }
  }
  else  return FALSE;
} //LocateElem
void Append( OrderedList &L, LinkType s )
{
  if ( L.head && s )  {
     if ( L.tail != L.head ) L.tail->next = s;
     else  L.head->next = s;
     L.tail = s;  L.size++;
  }
} //Append

void InsertAfter( OrderList &L, LinkType q, LinkType s )
{
   if ( L.head && q && s ) {
        s->next = q->next;  q->next = s;
        if ( L.tail == q ) L.tail = s;
```

```
        L.size++;
    }
} //InsertAfter

void ListTraverse( LinkType p,  status ( * visit)(LinkType) )
{
    while (p) { visit(p);  p = SuccNode(p); }
} //ListTraverse
```

3. 集合 Set 利用有序链表类型 OrderedList 来实现,定义为有序集 OrderedSet:

```
typedef  OrderedList  OrderedSet;
```

集合类型的基本操作的类 C 伪码描述如下:

```
void CreateSet( OrderedSet &T,  char * s )
{
  // 生成由串 s 中小写字母构成的集合 T,IsLower 是小写字母判别函数
  if ( InitList(T) )    // 构造空集 T
    for ( i = 1;  i<=length(s);  i++ )
      if ( islower(s[i]) && ! LocateElem(T, s[i], p) )
        // 过滤重复元素并按字母次序大小插入
        if ( MakeNode(q, s[i]) ) InsertAfter(T, p, q);
} // CreateSet

void DestroySet( OrderedSet &T )
{
  // 销毁集合 T 的结构
  DestroyList( T );
} // DestroyList

void Union( OrderedSet &T,  OrderedSet S1,  OrderedSet S2 )
{
  // 求已建成的集合 S1 和 S2 的并集 T,即 S1.head!=NULL 且 S2.head!=NULL
  if ( InitList(T) ) {
    p1 = GetElemPos(S1, 1);  p2 = GetElemPos(S2, 1);
    while ( p1 && p2 ) {
      c1 = Elem(p1);  c2 = Elem(p2);
      if ( c1<=c2 ) {
          Append(T, Copy(p1));  p1 = SuccNode(p1);
          if ( c1== c2 )  p2 = SuccNode(p2);
```

```
        }
        else { Append(T, Copy(p2));   p2 = SuccNode(p2); }
      }
      while ( p1 )
        { Append(T, Copy(p1));   p1 = SuccNode(p1); }
      while ( p2 )
        { Append(T, Copy(p2));   p2 = SuccNode(p2); }
    }
} // Union

void Intersection( OrderedSet &T,   OrderedSet S1,   OrderedSet S2)
{
  // 求集合 S1 和 S2 的交集 T
  if ( ! InitList(T) )   T.head = NULL;
  else {
    p1 = GetElemPos(S1, 1);   p2 = GetElemPos(S2, 1);
    while (p1 && p2 ) {
      c1 = Elem(p1);   c2 = Elem(p2);
      if ( c1<c2 ) p1 = SuccNode(p1);
      else if ( c1>c2 ) p2 = SuccNode(p2);
      else   {   // c1== c2
          Append(T, Copy(p1));
          p1 = SuccNode(p1);   p2 = SuccNode(p2);
      } // else
    } // while
  } // else
} // Intersection

void Difference( OrderedSet &T,   OrderedSet S1,   OrderedSet S2 )
{
  // 求集合 S1 和 S2 的差集 T
  if ( ! InitList(T) )   T.head = NULL;
  else {
    p1 = GetElemPos(S1, 1);   p2 = GetElemPos(S2, 1);
    while ( p1 && p2 ) {
      c1 = Elem(p1);   c2 = Elem(p2);
      if ( c1<c2 )   { Append(T, Copy(p1));   p1 = SuccNode(p1); }
      else if ( c1>c2 )   p2 = SuccNode(p2);
```

```
        else   // c1== c2
            { p1 = SuccNode(p1);   p2 = SuccNode(p2); }
      } // while
      while ( p1 )
        { Append(T, Copy(p1));   p1 = SuccNode(p1); }
    } // else
  } // Difference

void WriteSetElem( LinkType p )
{
   // 显示集合的一个元素
   printf(',');  WriteElem(Elem(p));
} //WriteSetElem

void PrintSet( OrderedSet T )
{
   // 显示集合的全部元素
   p = GetElemPos(T, 1);
   printf('[');
   if ( p )  { WriteElem(Elem(p));   p = SuccNode(p); }
   ListTraverse(p, WriteSetElem);
   printf(']');
} //PrintSet
```

4. 主函数和其他函数的伪码算法

```
void main( )
{
   // 主函数
   Initialization( );    // 初始化
   do {
       ReadCommand(cmd);   // 读入一个操作命令符
       Interpret(cmd);        // 解释执行操作命令符
   } while ( cmd != 'q' && cmd != 'Q' );
} // main

void Initialization( )
{
   // 系统初始化
```

```
    clrscr( );  // 清屏
    在屏幕上方显示操作命令清单:MakeSet1--1  MakeSet2--2  Union--u
                            Intersaction--i  Difference--d  Quit--q ;
    在屏幕下方显示操作命令提示框;
    CreateSet(Set1, "");      PrintSet(Set1);  // 构造并显示空集 Set1
    CreateSet(Set2, "");      PrintSet(Set1);  // 构造并显示空集 Set2
} //Initialization

void ReadCommand( char cmd )
{
    // 读入操作命令符
    显示键入操作命令符的提示信息;
    do { cmd = getche( ); }
    while ( cmd ∉ ['1','2','u','U','i','I','d','D','q','Q'] ) );
}

void Interpret( char cmd )
{
    // 解释执行操作命令 cmd
    switch ( cmd ) {
      case '1': 显示以串的形式键入集合元素的提示信息;
                scanf(v);  // 读入集合元素到串变量 v
                CreateSet(Set1, v);  PrintSet(Set1); // 构造并显示有序集 Set1
                break;
      case '2': 显示以串的形式键入集合元素的提示信息;
                scanf(v);  // 读入集合元素到串变量 v
                CreateSet(Set2, v);  PrintSet(Set2); // 构造并显示有序集 Set2
                break;
      case 'u','U': Union(Set3, Set1, Set2);  //求有序集 Set1 和 Set2 的并集 Set3
                    PrintSet(Set3);           // 显示并集 Set3
                    DestroyList(Set3);        // 销毁并集 Set3
                    break;
      case 'i','I': Intersaction(Set3, Set1, Set2); //求有序集 Set1 和 Set2 的交
                                                     //集 Set3
                  PrintSet(Set3);
                  DestroyList(Set3);
                  break;
       case 'd','D': Difference(Set3, Set1, Set2);  //求集合 Set1 和 Set2 的差集
```

```
            Set3
            PrintSet(Set3);
            DestroyList(Set3);
    }
} //Interpret
```

5. 函数的调用关系图反映了演示程序的层次结构：

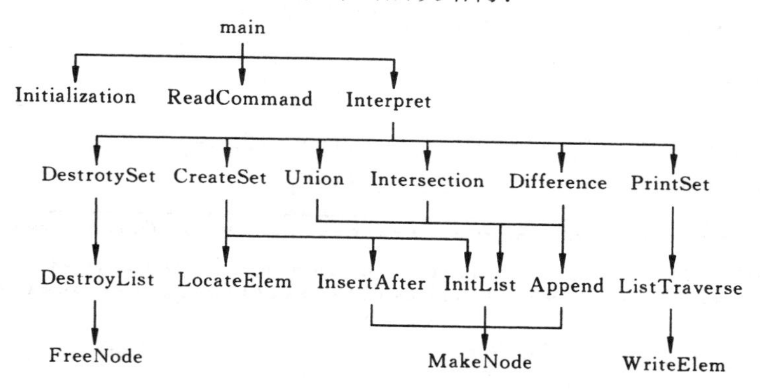


## 四、调试分析

1. 由于对集合的三种运算的算法推敲不足，在有序链表类型的早期版本未设置尾指针和 Append 操作，导致算法低效。

2. 刚开始时曾忽略了一些变量参数的标识"&"，使调试程序时费时不少。今后应重视确定参数的变量和赋值属性的区分和标识。

3. 本程序的模块划分比较合理，且尽可能将指针的操作封装在结点和链表的两个模块中，致使集合模块的调试比较顺利。反之，如此划分的模块并非完全合理，因为在实现集合操作的编码中仍然需要判别指针是否为空。按理，两个链表的并、交和差的操作也应封装在链表的模块中，而在集合的模块中，只要进行相应的应用即可。

4. 算法的时空分析

1) 由于有序表采用带头结点的有序单链表，并增设尾指针和表的长度两个标识，各种操作的算法时间复杂度比较合理。InitList，ListEmpty，Listlength，Append 和 InsertAfter 以及确定链表中第一个结点和之后一个结点的位置都是 $O(1)$ 的，DestroyList，LocateElem 和 TraverseList 及确定链表中间结点的位置等则是 $O(n)$ 的，$n$ 为链表长度。

2) 基于有序链表实现的有序集的各种运算和操作的时间复杂度分析如下：

构造有序集算法 CreateSet 读入 $n$ 个元素，逐个用 LocateElem 判定不在当前集合中及确定插入位置后，才用 InsertAfter 插入到有序集中，所以时间复杂度是 $O(n^2)$。

求并集算法 Union 利用集合的"有序性"将两个集合的 $m+n$ 个元素不重复地依次利用 Append 插入到当前并集的末尾，故可在 $O(m+n)$ 时间内完成。

可对求交集算法 Intersection 和求差集算法 Difference 作类似地分析，它们也是 $O(m+n)$。

销毁集合算法 DestroySet 和显示集合算法 PrintSet 都是对每个元素调用一个 $O(1)$ 的函数，因此都是 $O(n)$ 的。

除了构造有序集算法 CreateSet 用一个串变量读入 $n$ 个元素，需要 $O(n)$ 的辅助空间外，其余算法使用的辅助空间与元素个数无关，即是 $O(1)$ 的。

5. 本实习作业采用数据抽象的程序设计方法，将程序划分为四个层次结构：元素结点、有序链表、有序集和主控模块，使得设计时思路清晰，实现时调试顺利，各模块具有较好的可重用性，确实得到了一次良好的程序设计训练。

## 五、用户手册

1. 本程序的运行环境为 DOS 操作系统，执行文件为：SetDemos.exe。

2. 进入演示程序后即显示文本方式的用户界面：

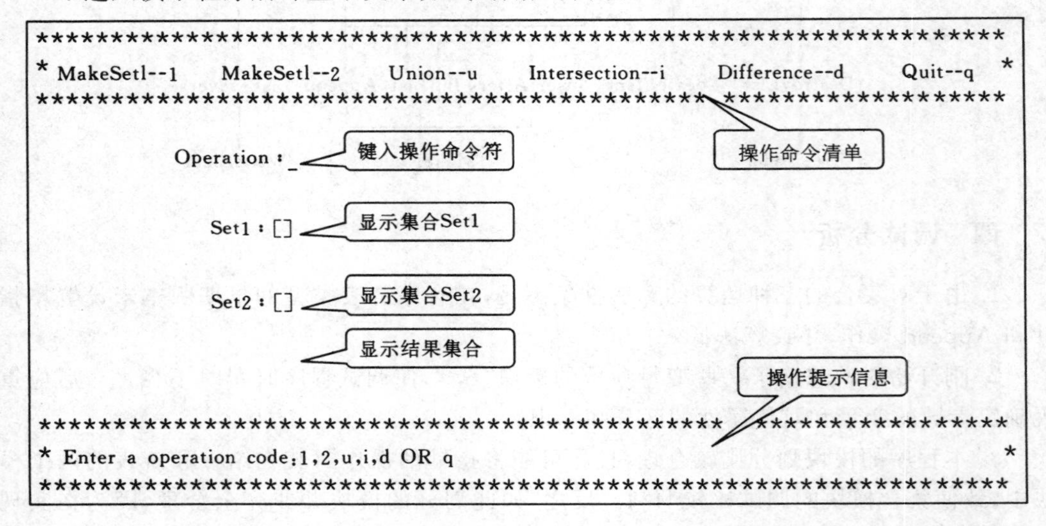


3. 进入"构造集合 1 (MakeSet1)"和"构造集合 2(MakeSet2)"的命令后，即提示键入集合元素串，结束符为"回车符"。

4. 接受其他命令后即执行相应运算和显示相应结果。

## 六、测试结果

执行命令 '1' ：键入 magazine 后，构造集合 Set1：[a,e,g,i,m,n,z]

执行命令 '2' ：键入 paper 后，构造集合 Set2：[a,e,p,r]

执行命令 'u' ：构造集合 Set1 和 Set2 的并集：[a,e,g,i,m,n,p,r,z]

执行命令 'i'：构造集合 Set1 和 Set2 的交集：[a,e]

执行命令 'd' ：构造集合 Set1 和 Set2 的差集：[g,i,m,n,z]

执行命令 '1' ：键入 012oper4a6tion89 后，构造集合 Set1：[a,e,i,n,o,p,r,t]

执行命令 '2' ：键入 errordata 后，构造集合 Set2：[a,d,e,o,r,t]

执行命令 'u' ：构造集合 Set1 和 Set2 的并集：[a,d,e,i,n,o,p,r,t]

执行命令 'i' ：构造集合 Set1 和 Set2 的交集：[a,e,o,r,t]

执行命令 'd' ：构造集合 Set1 和 Set2 的差集：[i,n,p]

## 七、附录

源程序文件名清单：

```
Node.H        // 元素结点实现单元
OrdList.H     // 有序链表实现单元
OrderSet.H    // 有序集实现单元
SetDemos.C    // 主程序
```

# 实习2　栈和队列及其应用

仅仅认识到栈和队列是两种特殊的线性表是远远不够的，本次实习的目的在于使读者深入了解栈和队列的特性，以便在实际问题背景下灵活运用他们；同时还将巩固对这两种结构的构造方法的理解。

编程技术训练要点有：栈的"任务书"观点及其典型用法（见本实习2.2）；问题求解的状态表示及其递归算法（2.3，2.4和2.9）；利用栈实现表达式求值的技术（2.5）；事件驱动的模拟方法（2.6，2.8）；以及动态数据结构的实现（2.6，2.7和2.8）。

### ◆ 2.1③　停车场管理

【问题描述】

设停车场是一个可停放 $n$ 辆汽车的狭长通道，且只有一个大门可供汽车进出。汽车在停车场内按车辆到达时间的先后顺序，依次由北向南排列（大门在最南端，最先到达的第一辆车停放在车场的最北端），若车场内已停满 $n$ 辆汽车，则后来的汽车只能在门外的便道上等候，一旦有车开走，则排在便道上的第一辆车即可开入；当停车场内某辆车要离开时，在它之后进入的车辆必须先退出车场为它让路，待该辆车开出大门外，其他车辆再按原次序进入车场，每辆停放在车场的车在它离开停车场时必须按它停留的时间长短交纳费用。试为停车场编制按上述要求进行管理的模拟程序。

【基本要求】

以栈模拟停车场，以队列模拟车场外的便道，按照从终端读入的输入数据序列进行模拟管理。每一组输入数据包括三个数据项：汽车"到达"或"离去"信息、汽车牌照号码以及到达或离去的时刻。对每一组输入数据进行操作后的输出信息为：若是车辆到达，则输出汽车在停车场内或便道上的停车位置；若是车辆离去，则输出汽车在停车场内停留的时间和应交纳的费用（在便道上停留的时间不收费）。栈以顺序结构实现，队列以链表结构实现。

【测试数据】

设 $n=2$，输入数据为：('A',1,5)，('A',2,10)，('D',1,15)，('A',3,20)，('A',4,25)，('A',5,30)，('D',2,35)，('D',4,40)，('E',0,0)。其中：'A'表示到达(Arrival)；'D'表示离去(Departure)；'E'表示输入结束(End)。

【实现提示】

需另设一个栈，临时停放为给要离去的汽车让路而从停车场退出来的汽车，也用顺序存储结构实现。输入数据按到达或离去的时刻有序。栈中每个元素表示一辆汽车，包含两个数据项：汽车的牌照号码和进入停车场的时刻。

【选作内容】

(1) 两个栈共享空间，思考应开辟数组的空间是多少？

(2) 汽车可有不同种类,则他们的占地面积不同,收费标准也不同,如1辆客车和1.5辆小汽车的占地面积相同,1辆十轮卡车占地面积相当于3辆小汽车的占地面积。

(3) 汽车可以直接从便道上开走,此时排在它前面的汽车要先开走让路,然后再依次排到队尾。

(4) 停放在便道上的汽车也收费,收费标准比停放在停车场的车低,请思考如何修改结构以满足这种要求。

### ◆ 2.2③ 魔王语言解释

【问题描述】

有一个魔王总是使用自己的一种非常精练而抽象的语言讲话,没有人能听得懂,但他的语言是可以逐步解释成人能听懂的语言,因为他的语言是由以下两种形式的规则由人的语言逐步抽象上去的:

(1) $\alpha \to \beta_1 \beta_2 \cdots \beta_m$

(2) $(\theta\delta_1\delta_2\cdots\delta_n) \to \theta\delta_n\theta\delta_{n-1}\cdots\theta\delta_1\theta$

在这两种形式中,从左到右均表示解释。试写一个魔王语言的解释系统,把他的话解释成人能听得懂的话。

【基本要求】

用下述两条具体规则和上述规则形式(2)实现。设大写字母表示魔王语言的词汇;小写字母表示人的语言词汇;希腊字母表示可以用大写字母或小写字母代换的变量。魔王语言可含人的词汇。

(1) B→tAdA

(2) A→sae

【测试数据】

B(ehnxgz)B 解释成 tsaedsaeezegexenehetsaedsae

若将小写字母与汉字建立下表所示的对应关系,则魔王说的话是:"天上一只鹅地上一只鹅鹅追鹅赶鹅下鹅蛋鹅恨鹅天上一只鹅地上一只鹅"。

| t | d | s | a | e | z | g | x | n | h |
|---|---|---|---|---|---|---|---|---|---|
| 天 | 地 | 上 | 一只 | 鹅 | 追 | 赶 | 下 | 蛋 | 恨 |

【实现提示】

将魔王的语言自右至左进栈,总是处理栈顶字符。若是开括号,则逐一出栈,将字母顺序入队列,直至闭括号出栈,并按规则要求逐一出队列再处理后入栈。其他情形较简单,请读者思考应如何处理。应首先实现栈和队列的基本操作。

【选作内容】

(1) 由于问题的特殊性,可以实现栈和队列的顺序存储空间共享。

(2) 代换变量的数目不限,则在程序开始运行时首先读入一组第一种形式的规则,而不是把规则固定在程序中(第二种形式的规则只能固定在程序中)。

### ◆ 2.3④ 车厢调度

【问题描述】

假设停在铁路调度站(如教科书中图 3.1(b)所示)入口处的车厢序列的编号依次为 1,2,3,…,$n$。设计一个程序,求出所有可能由此输出的长度为 $n$ 的车厢序列。

【基本要求】

首先在教科书 3.1.2 节中提供的栈的顺序存储结构 SqStack 之上实现栈的基本操作,即实现栈类型。程序对栈的任何存取(即更改,读取和状态判别等操作)必须借助于基本操作进行。

【测试数据】

分别取 $n=1,2,3$ 和 4。

【实现提示】

一般地说,在操作过程的任何状态下都有两种可能的操作:"入"和"出"。每个状态下处理问题的方法都是相同的,这说明问题本身具有天然的递归特性,可以考虑用递归算法实现。输入序列可以仅由一对整型变量表示,即给出序列头/尾编号。输出序列用栈实现是方便的(思考:为什么不应该用队列实现),只要再定义一个栈打印操作 print(s),自底至顶顺序地印出栈元素的值。

【选作内容】

(1) 利用习题 3.15 双栈存储结构实现调度站和输出序列这两个栈的空间共享。请思考:对于车厢序列长度 $n$,两栈共享空间长度 $m$ 取多少最合适。

(2) 对于每个输出序列印出操作序列或/和状态变化过程。

### 2.4④ 马踏棋盘

【问题描述】

设计一个国际象棋的马踏遍棋盘的演示程序。

【基本要求】

将马随机放在国际象棋的 8×8 棋盘 Board[8][8]的某个方格中,马按走棋规则进行移动。要求每个方格只进入一次,走遍棋盘上全部 64 个方格。编制非递归程序,求出马的行走路线,并按求出的行走路线,将数字 1,2,…,64 依次填入一个 8×8 的方阵,输出之。

【测试数据】

由读者指定。可自行指定一个马的初始位置($i$, $j$),$0\leqslant i,j\leqslant 7$。

【实现提示】

下页图显示了马位于方格(2,3)时,8 个可能的移动位置。

一般来说,当马位于位置($i$,$j$)时,可以走到下列 8 个位置之一

$$(i-2,j+1),(i-1,j+2),(i+1,j+2),(i+2,j+1),(i+2,j-1),$$
$$(i+1,j-2),(i-1,j-2),(i-2,j-1)$$

|   | 0 | 1 | 2 | 3 | 4 | 5 | 6 | 7 |
|---|---|---|---|---|---|---|---|---|
| 0 |   |   | 8 |   | 1 |   |   |   |
| 1 |   | 7 |   |   |   | 2 |   |   |
| 2 |   |   |   | H |   |   |   |   |
| 3 |   | 6 |   |   |   | 3 |   |   |
| 4 |   |   | 5 |   | 4 |   |   |   |
| 5 |   |   |   |   |   |   |   |   |
| 6 |   |   |   |   |   |   |   |   |
| 7 |   |   |   |   |   |   |   |   |

但是，如果($i$,$j$)靠近棋盘的边缘，上述有些位置可能超出棋盘范围，成为不允许的位置。8个可能位置可以用两个一维数组HTry1[0..7]和HTry2[0..7]来表示：

|   | 0 | 1 | 2 | 3 | 4 | 5 | 6 | 7 |
|---|---|---|---|---|---|---|---|---|
| HTry1 | −2 | −1 | 1 | 2 | 2 | 1 | −1 | −2 |

|   | 0 | 1 | 2 | 3 | 4 | 5 | 6 | 7 |
|---|---|---|---|---|---|---|---|---|
| HTry2 | 1 | 2 | 2 | 1 | −1 | −2 | −2 | −1 |

位于($i$,$j$)的马可以走到的新位置是在棋盘范围内的(i＋HTry1[h]，j＋HTry2[h])，其中h＝0，1，…，7。

每次在多个可走位置中选择其中一个进行试探，其余未曾试探过的可走位置必须用适当结构妥善管理，以备试探失败时的“回溯”(悔棋)使用。

【选作内容】

(1) 求出从某一起点出发的多条以至全部行走路线。

(2) 探讨每次选择位置的“最佳策略”，以减少回溯的次数。

(3) 演示寻找行走路线的回溯过程。

### ◆2.5⑤ 算术表达式求值演示

【问题描述】

表达式计算是实现程序设计语言的基本问题之一，也是栈的应用的一个典型例子。设计一个程序，演示用算符优先法对算术表达式求值的过程。

【基本要求】

以字符序列的形式从终端输入语法正确的、不含变量的整数表达式。利用教科书表3.1给出的算符优先关系，实现对算术四则混合运算表达式的求值，并仿照教科书的例3-1演示在求值中运算符栈、运算数栈、输入字符和主要操作的变化过程。

【测试数据】

教科书例3-1的算术表达式3＊(7－2)，以及下列表达式

8;1＋2＋3＋4;88-1 * 5;1024/4 * 8;1024/(4 * 8);(20＋2) * (6/2) ;

3－3－3;8/(9－9);2 * (6＋2 * (3＋6 * (6＋6)));(((6＋6) * 6＋3) * 2＋6) * 2;

【实现提示】

(1) 设置运算符栈和运算数栈辅助分析算符优先关系。

(2) 在读入表达式的字符序列的同时，完成运算符和运算数(整数)的识别处理，以及相应的运算。

(3) 在识别出运算数的同时，要将其字符序列形式转换成整数形式。

(4) 在程序的适当位置输出运算符栈、运算数栈、输入字符和主要操作的内容。

【选作内容】

(1) 扩充运算符集，如增加乘方、单目减、赋值等运算。

(2) 运算量可以是变量。

(3) 运算量可以是实数类型。

(4) 计算器的功能和仿真界面。

### ◆2.6⑤　银行业务模拟

【问题描述】

客户业务分为两种。第一种是申请从银行得到一笔资金，即取款或借款。第二种是向银行投入一笔资金，即存款或还款。银行有两个服务窗口，相应地有两个队列。客户到达银行后先排第一个队。处理每个客户业务时，如果属于第一种，且申请额超出银行现存资金总额而得不到满足，则立刻排入第二个队等候，直至满足时才离开银行；否则业务处理完后立刻离开银行。每接待完一个第二种业务的客户，则顺序检查和处理(如果可能)第二个队列中的客户，对能满足的申请者予以满足，不能满足者重新排到第二个队列的队尾。注意，在此检查过程中，一旦银行资金总额少于或等于刚才第一个队列中最后一个客户(第二种业务)被接待之前的数额，或者本次已将第二个队列检查或处理了一遍，就停止检查(因为此时已不可能还有能满足者)转而继续接待第一个队列的客户。任何时刻都只开一个窗口。假设检查不需要时间。营业时间结束时所有客户立即离开银行。

写一个上述银行业务的事件驱动模拟系统，通过模拟方法求出客户在银行内逗留的平均时间。

【基本要求】

利用动态存储结构实现模拟。

【测试数据】

一天营业开始时银行拥有的款额为10000(元)，营业时间为600(分钟)。其他模拟参量自定，注意测定两种极端的情况：一是两个到达事件之间的间隔时间很短，而客户的交易时间很长，另一个恰好相反，设置两个到达事件的间隔时间很长，而客户的交易时间很短。

【实现提示】

事件有两类：到达银行和离开银行。初始时银行现存资金总额为total。开始营业后的第一个事件是客户到达，营业时间从0到closetime。到达事件发生时随机地设置此客户的交易时间和距下一到达事件之间的时间间隔。每个客户要办理的款额也是随机确定的,用负值和正值分别表示第一类和第二类业务。变量 total,closetime 以及上述两个随机量的上下界均交互地从终端读入,作为模拟参数。

两个队列和一个事件表均要用动态存储结构实现。注意弄清应该在什么条件下设置离开事件,以及第二个队列用怎样的存储结构实现时可以获得较高的效率。注意:事件表是按时间顺序有序的。

【选作内容】

自己实现动态数据类型。例如对于客户结点,定义 pool 为

```
CustNode pool[MAX];
// 结构类型 CustNode 含四个域: arrtime, durtime, amount, next
```

或者定义四个同样长的,以上述域名为名字的数组。初始时,将所有分量的 next 域链接起来,形成一个静态链栈,设置一个栈顶元素下标指示量 top,top=0 表示栈空。动态存储分配函数可以取名为 myMalloc,其作用是出栈,将栈顶元素的下标返回。若返回的值为 0,则表示无空间可分配。归还函数可取名为 myFree,其作用是把该分量入栈。用 FORTRAN 和 BASIC 等语言实现时只能如此地自行组织。

### 2.7④ 航空客运订票系统

【问题描述】

航空客运订票的业务活动包括:查询航线、客票预订和办理退票等。试设计一个航空客运订票系统,以使上述业务可以借助计算机来完成。

【基本要求】

(1) 每条航线所涉及的信息有:终点站名、航班号、飞机号、飞行周日(星期几)、乘员定额、余票量、已订票的客户名单(包括姓名、订票量、舱位等级 1,2 或 3)以及等候替补的客户名单(包括姓名、所需票量);

(2) 作为示意系统,全部数据可以只放在内存中;

(3) 系统能实现的操作和功能如下:

① 查询航线:根据旅客提出的终点站名输出下列信息:航班号、飞机号、星期几飞行,最近一天航班的日期和余票额;

② 承办订票业务:根据客户提出的要求(航班号、订票数额)查询该航班票额情况,若尚有余票,则为客户办理订票手续,输出座位号;若已满员或余票额少于订票额,则需重新询问客户要求。若需要,可登记排队候补;

③ 承办退票业务:根据客户提供的情况(日期、航班),为客户办理退票手续,然后查询该航班是否有人排队候补,首先询问排在第一的客户,若所退票额能满足他的要求,则为他办理订票手续,否则依次询问其他排队候补的客户。

【测试数据】

由读者自行指定。

【实现提示】

两个客户名单可分别由线性表和队列实现。为查找方便,已订票客户的线性表应按客户姓名有序,并且,为插入和删除方便,应以链表作存储结构。由于预约人数无法预计,队列也应以链表作存储结构。整个系统需汇总各条航线的情况登录在一张线性表上,由于航线基本不变,可采用顺序存储结构,并按航班有序或按终点站名有序。每条航线是这张表上的一个记录,包含上述8个域、其中乘员名单域为指向乘员名单链表的头指针,等候替补的客户名单域为分别指向队头和队尾的指针。

【选作内容】

当客户订票要求不能满足时,系统可向客户提供到达同一目的地的其他航线情况。读者还可充分发挥自己的想象力,增加你的系统的功能和其他服务项目。

### 2.8⑤ 电梯模拟

【问题描述】

设计一个电梯模拟系统。这是一个离散的模拟程序,因为电梯系统是乘客和电梯等"活动体"构成的集合,虽然他们彼此交互作用,但他们的行为是基本独立的。在离散的模拟中,以模拟时钟决定每个活动体的动作发生的时刻和顺序,系统在某个模拟瞬间处理有待完成的各种事情,然后把模拟时钟推进到某个动作预定要发生的下一个时刻。

【基本要求】

(1) 模拟某校五层教学楼的电梯系统。该楼有一个自动电梯,能在每层停留。五个楼层由下至上依次称为地下层、第一层、第二层、第三层和第四层,其中第一层是大楼的进出层,即是电梯的"本垒层",电梯"空闲"时,将来到该层候命。

(2) 乘客可随机地进出于任何层。对每个人来说,他有一个能容忍的最长等待时间,一旦等候电梯时间过长,他将放弃。

(3) 模拟时钟从0开始,时间单位为0.1秒。人和电梯的各种动作均要耗费一定的时间单位(简记为 $t$),比如:

有人进出时,电梯每隔 $40t$ 测试一次,若无人进出,则关门;

关门和开门各需要 $20t$;

每个人进出电梯均需要 $25t$;

如果电梯在某层静止时间超过 $300t$,则驶回1层候命。

(4) 按时序显示系统状态的变化过程:发生的全部人和电梯的动作序列。

【测试数据】

模拟时钟 Time 的初值为0,终值可在500～10000范围内逐步增加。

【实现提示】

(1) 楼层由下至上依次编号为0,1,2,3,4。每层有要求 Up(上)和 Down(下)的两个按钮,对应10个变量 CallUp[0..4]和 CallDown[0..4]。电梯内5个目标层按钮对应变量 CallCar[0..4]。有人按下某个按钮时,相应的变量就置为1,一旦要求满足后,电梯就把该变量清为0。

(2) 电梯处于三种状态之一:GoingUp(上行)、GoingDown(下行)和 Idle(停候)。如果电梯处于 Idle 状态且不在1层,则关门并驶回1层。在1层停候时,电梯是闭门候命。一旦收到往另一层的命令，就转入 GoingUp 或 GoingDown 状态，执行相应的操作。

(3) 用变量 Time 表示模拟时钟，初值为 0，时间单位($t$)为 0.1 秒。其他重要的变量有：

Floor——电梯的当前位置(楼层)；

D1——值为 0，除非人们正在进入和离开电梯；

D2——值为 0，如果电梯已经在某层停候 $300t$ 以上；

D3——值为 0，除非电梯门正开着又无人进出电梯；

State——电梯的当前状态(GoingUp，GoingDown，Idle)。

系统初始时，Floor=1，D1=D2=D3=0，State=Idle。

(4) 每个人从进入系统到离开称为该人在系统中的存在周期。在此周期内，他有 6 种可能发生的动作：

**M1.**[进入系统，为下一人的出现作准备]产生以下数值：

InFloor——该人进入哪层楼；

OutFloor——他要去哪层楼；

GiveupTime——他能容忍的等候时间；

InterTime——下一人出现的时间间隔，据此系统预置下一人进入系统的时刻。

**M2.**[按电钮并等候]此时应对以下不同情况作不同的处理：

① Floor=InFloor 且电梯的下一个活动是 E6(电梯在本层，但正在关门)；

② Floor=InFloor 且 D3≠0(电梯在本层，正有人进出)；

③ 其他情况，可能 D2=0 或电梯处于活动 E1(在 1 层停候)。

**M3.**[进入排队]在等候队列 Queue[InFloor]末尾插入该人，并预置在 GiveupTime 个 $t$ 之后，他若仍在队列中将实施动作 M4。

**M4.**[放弃]如果 Floor≠InFloor 或 D1=0，则从 Queue[InFloor]和系统删除该人。如果 Floor=InFloor 且 D1≠0，他就继续等候(他知道马上就可进入电梯)。

**M5.**[进入电梯]从 Queue[InFloor]删除该人，并把他插入到 Elevator(电梯)栈中。置 CallCar[OutFloor]为 1。

**M6.**[ 离去]从 Elevator 和系统删除该人。

(5) 电梯的活动有 9 种：

**E1.**[在 1 层停候]若有人按下一个按钮，则调用 Controler 将电梯转入活动 E3 或 E6。

**E2.**[要改变状态?]如果电梯处于 GoingUp(或 GoingDown)状态，但该方向的楼层却无人等待，则要看反方向楼层是否有人等候，而决定置 State 为 GoingDown(或 GoingUp)还是 Idle。

**E3.**[开门]置 D1 和 D2 为非 0 值，预置 300 个 $t$ 后启动活动 E9 和 76 个 $t$ 后启动 E5，然后预置 20 个 $t$ 后转到 E4。

**E4.**[让人出入]如果 Elevator 不空且有人的 OutFloor=Floor，则按进入的倒序每隔 25 个 $t$ 让这类人立即转到他们的动作 M6。Elevator 中不再有要离开的人时，如果 Queue[Floor]不空，则以 25 个 $t$ 的速度让他们依次转到 M5。Queue[Floor]空时，置 D1

为 0，D3≠0，而且等候某个其他活动的到来。

**E5.**[关门]每隔 40 个 $t$ 检查 D1，直到是 D1=0(若 D1≠0，则仍有人出入)。置 D3 为 0 并预置电梯再 20 个 $t$ 后启动活动 E6(再关门期间，若有人到来，则如 M2 所述，门再次打开)。

**E6.**[准备移动]置 CallCar[Floor]为 0，而且若 State≠GoingDown，则置 CallUp[Floor]为 0；若 State≠GoingUp，则置 CallDown[Floor]为 0。调用 Controler 函数。

如果 State=Idle，则即使已经执行了 Controler，也转到 E1。否则，如果 D2≠0，则取消电梯活动 E9。最后，如果 State=GoingUp，则预置 15 个 $t$ 后(电梯加速)转到 E7；如果 State=GoingDown，则预置 15 个 $t$ 后(电梯加速)转到 E8。

**E7.**[上升一层]置 Floor 加 1 并等候 51 个 $t$。如果现在 CallCar[Floor]=1 或 CallUp[Floor]=1，或者如果((Floor=1 或 CallDown[Floor]=1)且 CallUp[j]= CallDown[j]= CallCar[j]=0对于所有 $j$>Floor)，则预置 14 个 $t$ 后(减速)转到 E2；否则重复 E7。

**E8.**[下降一层]除了方向相反之外，与 E7 类似，但那里的 51 和 14 个 $t$，此时分别改为 61 和 23 个 $t$(电梯下降比上升慢)。

**E9.**[置不活动指示器]置 D2 为 0 并调用 Controler 函数(E9 是由 E3 预置的，但几乎总是被 E6 取消了)。

(6) 当电梯须对下一个方向作出判定时，便在若干临界时刻调用 Controler 函数。该函数有以下要点：

**C1.**[需要判断?]若 State≠Idle，则返回。

**C2.**[应该开门?]如果电梯处于 E1 且 CallUp[1]，CallDown[1]或 CallCar[1]非 0，则预置 20 个 $t$ 后启动 E3，并返回。

**C3.**[有按钮按下?]找最小的 $j$≠Floor，使得 CallUp[j]，CallDown[j]或 CallCar[j]非 0，并转到 C4。但如果不存在这样的 $j$，那么，如果 Controler 正为 E6 所调用，则置 $j$ 为 1，否则返回。

**C4.**[置 State]如果 Floor>$j$，则置 State 为 GoingDown；如果 Floor<$j$，则置 State 为 GoingUp。

**C5.**[电梯静止?]如果电梯处于 E1 而且 $j$≠1，则预置 20 个 $t$ 后启动 E6。返回。

(7) 由上可见，关键是按时序管理系统中所有乘客和电梯的动作设计合适的数据结构。

**【选作内容】**

(1) 增加电梯数量，模拟多梯系统。

(2) 某高校的一座 30 层住宅楼有三部自动电梯，每梯最多载客 15 人。大楼每层 8 户，每户平均 3.5 人，每天早晨平均每户有 3 人必须在 7 时之前离开大楼去上班或上学。模拟该电梯系统，并分析分别在一梯、二梯和三梯运行情况下，下楼高峰期间各层的住户应提前多少时间候梯下楼？研究多梯运行最佳策略。

### 2.9④ 迷宫问题

【问题描述】

以一个 $m \times n$ 的长方阵表示迷宫，0 和 1 分别表示迷宫中的通路和障碍。设计一个程序，对任意设定的迷宫，求出一条从入口到出口的通路，或得出没有通路的结论。

【基本要求】

首先实现一个以链表作存储结构的栈类型，然后编写一个求解迷宫的非递归程序。求得的通路以三元组（$i$，$j$，$d$）的形式输出，其中：（$i$，$j$）指示迷宫中的一个坐标，$d$ 表示走到下一坐标的方向。如：对于下列数据的迷宫，输出的一条通路为：（1，1，1），（1，2，2），（2，2，2），（3，2，3），（3，1，2），…。

【测试数据】

迷宫的测试数据如下：左上角（1，1）为入口，右下角（8，9）为出口。

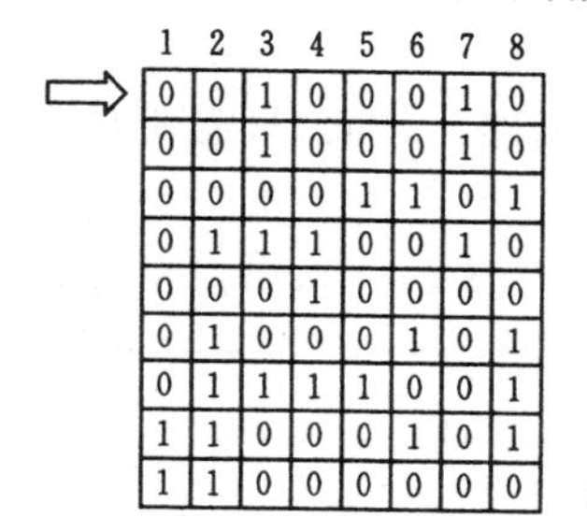

| 1 | 2 | 3 | 4 | 5 | 6 | 7 | 8 |
|---|---|---|---|---|---|---|---|
| 0 | 0 | 1 | 0 | 0 | 0 | 1 | 0 |
| 0 | 0 | 1 | 0 | 0 | 0 | 1 | 0 |
| 0 | 0 | 0 | 0 | 1 | 1 | 0 | 1 |
| 0 | 1 | 1 | 1 | 0 | 0 | 1 | 0 |
| 0 | 0 | 0 | 1 | 0 | 0 | 0 | 0 |
| 0 | 1 | 0 | 0 | 0 | 1 | 0 | 1 |
| 0 | 1 | 1 | 1 | 1 | 0 | 0 | 1 |
| 1 | 1 | 0 | 0 | 0 | 1 | 0 | 1 |
| 1 | 1 | 0 | 0 | 0 | 0 | 0 | 0 |

【实现提示】

计算机解迷宫通常用的是“穷举求解”方法，即从入口出发，顺着某一个方向进行探索，若能走通，则继续往前进；否则沿着原路退回，换一个方向继续探索，直至出口位置，求得一条通路。假如所有可能的通路都探索到而未能到达出口，则所设定的迷宫没有通路。

可以二维数组存储迷宫数据，通常设定入口点的下标为（1，1），出口点的下标为（$n$，$n$）。为处理方便起见，可在迷宫的四周加一圈障碍。对于迷宫中任一位置，均可约定有东、南、西、北四个方向可通。

【选作内容】

（1）编写递归形式的算法，求得迷宫中所有可能的通路；

（2）以方阵形式输出迷宫及其通路。

## 实习报告示例：2.9 题　迷宫问题

题目：编制一个求解迷宫通路的程序。

班级：计算机 95(1)　姓名：丁一　学号：954211　完成日期：1996.10.9

## 一、需求分析

(1) 以二维数组 Maze[m+2][n+2]表示迷宫,其中:Maze[0][j]和 Maze[m+1][j]($0 \leqslant j \leqslant n+1$)及 Maze[i][0]和 Maze[i][n+1]($0 \leqslant i \leqslant m+1$)为添加的一圈障碍。数组中以元素值为 0 表示通路,1 表示障碍,限定迷宫的大小 $m, n \leqslant 10$。

(2) 用户以文件的形式输入迷宫的数据:文件中第一行的数据为迷宫的行数 $m$ 和列数 $n$;从第 2 行至第 $m+1$ 行(每行 $n$ 个数)为迷宫值,同一行中的两个数字之间用空白字符相隔。

(3) 迷宫的入口位置和出口位置可由用户随时设定。

(4) 若设定的迷宫存在通路,则以长方阵形式将迷宫及其通路输出到标准输出文件(即终端)上,其中,字符"#"表示障碍,字符"*"表示路径上的位置,字符"@"表示"死胡同",即曾途经然而不能到达出口的位置,余者用空格符印出。若设定的迷宫不存在通路,则报告相应信息。

(5) 本程序只求出一条成功的通路。然而,只需要对迷宫求解的函数作小量修改,便可求得全部路径。

(6) 测试数据见原题,当入口位置为(1,1),出口位置为(9,8)时,输出数据应为:

| | | | | | | | |
|---|---|---|---|---|---|---|---|
| * | * | # | @ | @ | @ | # | |
| | * | # | @ | @ | @ | # | |
| * | * | @ | @ | # | # | | # |
| * | # | # | # | | | # | @ |
| * | * | * | # | * | * | * | @ |
| | # | * | * | * | # | * | # |
| | # | # | # | # | | * | # |
| # | # | | | | # | * | # |
| # | # | | | | | * | * |

(7) 程序执行的命令为:

1) 创建迷宫;2) 求解迷宫;3) 输出迷宫的解。

## 二、概要设计

1. 设定栈的抽象数据类型定义:

ADT Stack {

　数据对象:$D=\{ a_i \mid a_i \in CharSet, i=1,2,\cdots,n, n \geqslant 0 \}$

　数据关系:$R1=\{ \langle a_{i-1}, a_i \rangle \mid a_{i-1}, a_i \in D, i=2,\cdots,n \}$

　基本操作:

　　InitStack(&S)

操作结果：构造一个空栈 S。

DestroyStack(&S)

初始条件：栈 S 已存在。

操作结果：销毁栈 S。

ClearStack(&S)

初始条件：栈 S 已存在。

操作结果：将 S 清为空栈。

StackLength(S)

初始条件：栈 S 已存在。

操作结果：返回栈 S 的长度。

StackEmpty(S)

初始条件：栈 S 已存在。

操作结果：若 S 为空栈，则返回 **TRUE**，否则返回 **FALSE**。

GetTop(S,&e)

初始条件：栈 S 已存在。

操作结果：若栈 S 不空，则以 e 返回栈顶元素。

Push(&S,e)

初始条件：栈 S 已存在。

操作结果：在栈 S 的栈顶插入新的栈顶元素 e。

Pop(&S,&e)

初始条件：栈 S 已存在。

操作结果：删除 S 的栈顶元素，并以 e 返回其值。

StackTraverse(S,visit())

初始条件：栈 S 已存在。

操作结果：从栈底到栈顶依次对 S 中的每个元素调用函数 visit()。

} **ADT** Stack

2. 设定迷宫的抽象数据类型为：

**ADT** maze {

**数据对象**：$D=\{a_{i,j} \mid a_{i,j}\in\{' \ ','\#','@','*'\}, 0\leqslant i\leqslant m+1, 0\leqslant j\leqslant n+1, m,n\leqslant 10\}$

**数据关系**：R = {ROW, COL}

$ROW=\{<a_{i-1,j}, a_{i,j}> \mid a_{i-1,j}, a_{i,j}\in D, i=1,\cdots,m+1, j=0,\cdots,n+1\}$

$COL=\{<a_{i,j-1}, a_{i,j}> \mid a_{i,j-1}, a_{i,j}\in D, i=0,\cdots,m+1, j=1,\cdots,n+1\}$

**基本操作**：

InitMaze (&M, a, row, col)

初始条件：二维数组 a[row+2][col+2] 已存在，其中自第 1 行至第 row+1 行、每行中自第 1 列至第 col+1 列的元素已有值，并且以值 0 表示通路，以值 1 表示障碍。

操作结果：构成迷宫的字符型数组，以空白字符表示通路，以字符'#'表示障碍，并在迷宫四周加上一圈障碍。

MazePath（&M）

初始条件：迷宫 M 已被赋值。

操作结果：若迷宫 M 中存在一条通路，则按如下规定改变迷宫 M 的状态：以字符"*"表示路径上的位置，字符"@"表示"死胡同"；否则迷宫的状态不变。

PrintMaze（M）

初始条件：迷宫 M 已存在。

操作结果：以字符形式输出迷宫。

} ADT maze;

3. 本程序包含三个模块

1）主程序模块：

```
void main( )
{
  初始化;
  do {
    接受命令;
    处理命令;
  } while ( 命令 != "退出");
}
```

2）栈模块——实现栈抽象数据类型

3）迷宫模块——实现迷宫抽象数据类型

各模块之间的调用关系如下：

4. 求解迷宫中一条通路的伪码算法：

设定当前位置的初值为入口位置；

```
do {
  若当前位置可通,
  则 { 将当前位置插入栈顶;                    // 纳入路径
       若该位置是出口位置,则结束;              // 求得路径存放在栈中
       否则切换当前位置的东邻方块为新的当前位置;
     }
  否则 {
```

```
    若栈不空且栈顶位置尚有其他方向未被探索，
      则设定新的当前位置为沿顺时针方向旋转找到的栈顶位置的下一相邻块；
    若栈不空但栈顶位置的四周均不可通，
      则 { 删去栈顶位置；            // 后退一步，从路径中删去该通道块，
           若栈不空，则重新测试新的栈顶位置，
               直至找到一个可通的相邻块或出栈至栈空；
         }
  }
} while (栈不空)；
{ 栈空说明没有路径存在 }
```

## 三、详细设计

1. 坐标位置类型

```
typedef struct
    int r, c;        // 迷宫中 r 行 c 列的位置
} PosType;
```

2. 迷宫类型

```
typedef struct
    int     m, n;
    char  arr[RANGE][RANGE];   // 各位置取值' ','#','@'或'*'
} MazeType;
void InitMaze (MazeType &maze, int a[][], int row, int col )
  // 按照用户输入的 row 行和 col 列的二维数组(元素值为 0 或 1)
  // 设置迷宫 maze 的初值,包括加上边缘一圈的值
bool MazePath ( MazeType & maze, PosType start, PosType end )
  // 求解迷宫 maze 中,从入口 start 到出口 end 的一条路径,
  // 若存在,则返回 TRUE; 否则返回 FALSE
void PrintMaze ( MazeType maze )
  // 将迷宫以字符型方阵的形式输出到标准输出文件上
```

3. 栈类型

```
typedef struct {
  int              step;         // 当前位置在路径上的"序号"
  PosType          seat ;        // 当前的坐标位置
  directiveType di;              // 往下一坐标位置的方向
} ElemType ;                     // 栈的元素类型
```

```
typedef struct NodeType {
  ElemType    data;
  NodeType     * next;
} NodeType, * LinkType; // 结点类型，指针类型
typedef struct {
  LinkType top;
  int          size;
} Stack;                          // 栈类型
```

栈的基本操作设置如下：

```
void InitStack( Stack &S )
  // 初始化，设 S 为空栈(S.top=NULL)
void DestroyStack ( Stack &S )
  // 销毁栈 S，并释放所占空间
void ClearStack ( Stack &S )
  // 将 S 清为空栈。
int StackLength ( Stack S )
  // 返回栈 S 的长度 S.size
Status StackEmpty ( Stack S )
  // 若 S 为空栈(S.top==NULL)，则返回 TRUE ；否则返回 FALSE
Status GetTop ( Stack S, ElemType e )
  // 若栈 S 不空，则以 e 带回栈顶元素并返回 TRUE，否则返回 FALSE
Status Push ( Stack &S, ElemType e )
  // 若分配空间成功，则在 S 的栈顶插入新的栈顶元素 e，并返回 TRUE;
  // 否则栈不变，并返回 FALSE
Status Pop ( Stack &S, ElemType &e )
  // 若栈不空，则删除 S 的栈顶元素并以 e 带回其值，且返回 TRUE，
  // 否则返回 FALSE
void StackTraverse(Stack S, Status( * visit)(ElemType e))
  // 从栈底到栈顶依次对 S 中的每个结点调用函数 visit
```

其中部分操作的算法：

```
Status Push (Stack &S, ElemType e)
{
  // 若分配空间成功，则在 S 的栈顶插入新的栈顶元素 e，并返回 TRUE;
  // 否则栈不变，并返回 FALSE
  if (MakeNode (p, e)){
    P^.next = S.top; S.top = p;
    S.size++; return TRUE;
```

```
  }
  else return FALSE;
}
Status Pop ( Stack &S, ElemType &e )
{
  // 若栈不空,则删除 S 的栈顶元素并以 e 带回其值,且返回 TRUE,
  // 否则返回 FALSE,且 e 无意义
  if (StackEmpty(S)) return FALSE;
  else {
    p = S.top; S.top = S.top->next;
    e = p->data; S.size--; return TRUE;
  }
}
```

4. 求迷宫路径的伪码算法:

```
Status MazePath (MazeType maze, PosType start, PosType end)
{
  // 若迷宫 maze 中存在从入口 start 到出口 end 的通道,则求得一条存放在栈中
  //(从栈底到栈顶为从入口到出口的路径),并返回 TRUE;否则返回 FALSE
      InitStack(S); curpos = start;          // 设定"当前位置"为"入口位置"
      curstep = 1; found = FALSE;            // 探索第一步
      do {
        if (Pass (maze, curpos)){
            // 当前位置可以通过,即是未曾走到过的通道块留下足迹
            FootPrint (maze, curpos);
            e = ( curstep, curpos, 1 );
            Push (S,e);                       // 加入路径
            if (Same(curpos, end)) found =TRUE;      // 到达终点(出口)
            else {
                curpos = NextPos ( curpos, 1 );      // 下一位置是当前位置的
                                                     // 东邻
                curstep++;                    // 探索下一步
            } //else
        } // if
        else      // 当前位置不能通过
          if (!StackEmpty(S)){
            Pop (S,e);
            while (e.di == 4 && !StackEmpty(S)){
```

```
                MarkPrint (maze, e.seat); Pop (S,e);
                curstep--;                     // 留下不能通过的标记,并退回一步
            } // while
            if (e.di<4){
                e.di++;  Push (S, e);          // 换下一个方向探索
                curpos = NextPos (e.seat, e.di); // 设定当前位置是该新方向上
                                                  // 的相邻块
            } // if
        } // if
    } while (!StackEmpty(S)&& !found);
    return found;
} // MazePath
```

5. 主函数和其他函数的伪码算法

```
void main( )
{
    //主程序
    Initialization( );          // 初始化
    do {
        ReadCommand( cmd );// 读入一个操作命令符
        Interpret( cmd );       // 解释执行操作命令符
    } while (cmd != 'q' && cmd != 'Q');
} // main

void Initialization( )
{
    // 系统初始化
    clrscr( ); // 清屏
    在屏幕上方显示操作命令清单:
      CreatMaze--c MazePath--m PrintMaze--p Quit--q ;
    在屏幕下方显示操作命令提示框;
} // Initialization

void ReadCommand(char &cmd )
{
    // 读入操作命令符
    显示键入操作命令符的提示信息;
    do {
        cmd = getche( )
    } while (cmd ( ['c','C','m','M','p','P','q','Q'] );
```

```
} // ReadCommand

void Interpret(char cmd )
{
  // 解释执行操作命令 cmd
  switch ( cmd ) {
    case 'c','C': 提示用户输入“迷宫数据的文件名 filename”;
                  从文件读入数据分别存储在 rnum, cnum 和二维数组 a2 中;
                  InitMaze ( ma, a2, rnum, cnum );          // 创建迷宫
                  输出迷宫建立完毕的信息;
                  break;
    case 'm','M': 提示用户输入迷宫的入口 from 和出口 term 的坐标位置;
                   if ( MazePath ( ma, from, term ) ) // 存在路径
                       提示用户察看迷宫;
                   else 输出该迷宫没有从给定的入口到出口的路径的信息;
                   break;
    case 'p','P': PrintMaze (ma);       // 将标记路径信息的迷宫输出到终端
  } // switch
} // Interpret
```

6.函数的调用关系图反映了演示程序的层次结构:

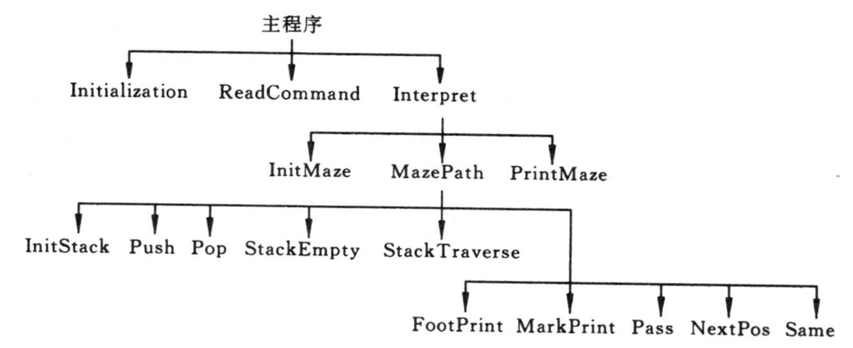


## 四、调试分析

1. 本次作业比较简单,只有一个核心算法,即求迷宫的路径,所以总的调试比较顺利,只在调试 MazePath 算法时,遇到两个问题:其一是,起初输出的迷宫中没有加上'@'的记号,后发现是因为在 MarkPrint 函数中的迷宫参数丢失“变参”的原因;其二是,由于回退时没有将 curpos 随之减一,致使栈中路径上的序号有错。

2. 栈的元素中的 step 域没有太多用处,可以省略。

3. StackTravers 在调试过程中很有用,它可以插入在 MazePath 算法中多处,以察看解迷宫过程中走的路径是否正确,但对最后的执行版本没有用。

4. 本题中三个主要算法:InitMaze, MazePath 和 PrintMaze 的时间复杂度均为

$O(m \times n)$，本题的空间复杂度亦为 $O(m \times n)$（栈所占最大空间）。

5. 经验体会：借助 DEBUG 调试器和数据观察窗口，可以加快找到程序中疵点。

## 五、用户手册

1. 本程序的运行环境为 DOS 操作系统，执行文件为：TestMaze.exe。

2. 进入演示程序后，即显示文本方式的用户界面：

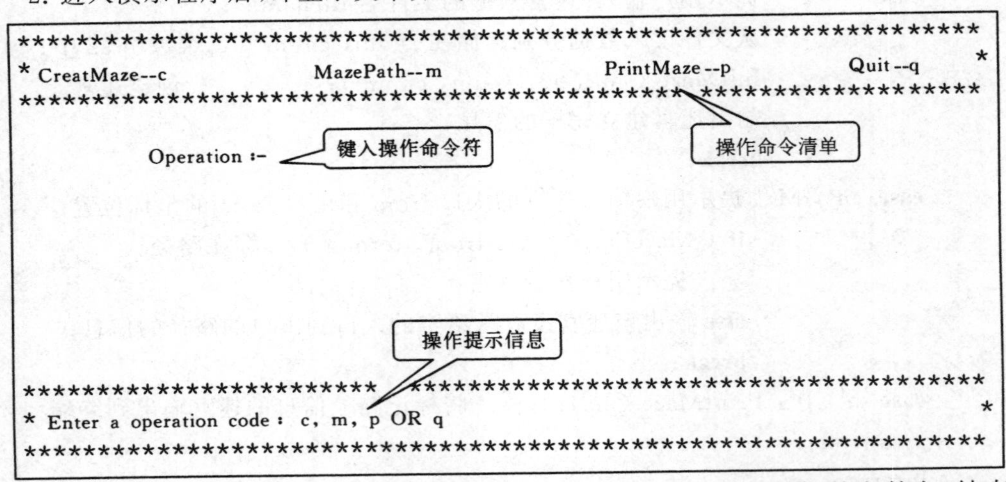


3. 进入“产生迷宫（CreateMaze）”的命令后，即提示键入迷宫数据的文件名，结束符为“回车符”，该命令执行之后输出“迷宫已建成”的信息行。

4. 进入“求迷宫路径（MazePath）”的命令后，即提示键入入口位置（行号和列号，中间用空格分开，结束符为“回车符”）和出口位置（行号和列号，中间用空格分开，结束符为“回车符”），该命令执行之后输出相应信息。请注意：若迷宫中存在路径，则执行此命令之后，迷宫状态已经改变，若需要重复执行此命令，无论是否改变入口和出口的位置，均需重新输入迷宫数据。

5. 输入“显示迷宫”的命令后，随即输出当前的迷宫，即迷宫的初始状态或求出路径之后的状态。

## 六、测试结果

三组测试数据和输出结果分别如下：

1. 输入文件名为：m1.dat，其中迷宫数据为：

```
3  2
0  0
0  0
0  0
```

入口位置：1　1

出口位置：3　2

求解路径后输出的迷宫：

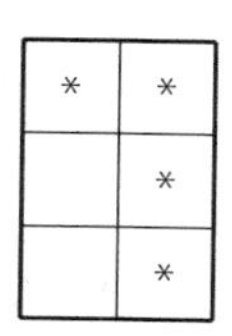

2. 输入文件名：m2.dat，其中迷宫数据：

3 4

0 0 0 0

0 0 1 1

0 0 0 0

入口位置：1 1

出口位置：3 4

求解路径后输出的迷宫：

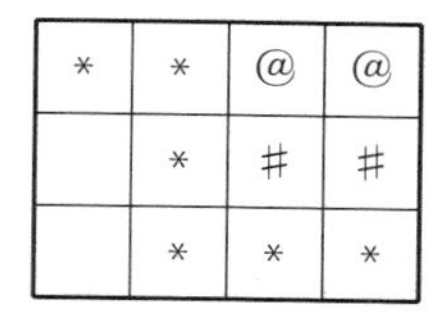

3. 输入文件名：m3.dat，其中迷宫数据同题目中的测试数据。

入口位置：1 1

出口位置：9 8

求解路径后输出的迷宫正确，并和需求分析中所列相同。

4. 输入文件名：m4.dat 的，其中迷宫数据：

4 9

0 0 0 0 0 0 1 0 0

0 1 0 0 0 1 0 0 0

0 0 1 1 1 0 0 1 1

0 0 1 1 1 0 1 0 0

入口位置：1 1

出口位置：4 9

输出信息：此迷宫从入口到出口没有路径。

## 七、附录

源程序文件名清单：

```
base.H          // 公用的常量和类型
stkpas.H        // 栈类型
maze.H          // 迷宫类型
testmaze.C      // 主程序
```

# 实习3　串及其应用

本实习单元的目的是熟悉串类型的实现方法和文本模式匹配方法，熟悉一般文字处理软件的设计方法，较复杂问题的分解求精方法。本实习单元的难度较大，在教学安排上可以灵活掌握完成此单元实习的时间。

编程技术训练要点：并行的模式匹配技术(3.1)；字符填充技术(3.2，3.4)；逻辑/物理概念隔离技术(GetAWord，3.2)；活区操作技术(3.3)；不定长对象的成块存储分配技术(3.3)；命令识别与分析技术(3.3，3.4)；串的动态组织技术(3.4)；合理有效的错误处理方法(3.4)；程序语法结构基本分析技术(3.5)。

## 3.1③　文学研究助手

【问题描述】

文学研究人员需要统计某篇英文小说中某些形容词的出现次数和位置。试写一个实现这一目标的文字统计系统，称为"文学研究助手"。

【基本要求】

英文小说存于一个文本文件中。待统计的词汇集合要一次输入完毕，即统计工作必须在程序的一次运行之后就全部完成。程序的输出结果是每个词的出现次数和出现位置所在行的行号，格式自行设计。

【测试数据】

以你的C源程序模拟英文小说，C语言的保留字集作为待统计的词汇集。

【实现提示】

约定小说中的词汇一律不跨行。这样，每读入一行，就统计每个词在这行中的出现次数。出现位置所在行的行号可以用链表存储。若某行中出现了不止一次，不必存多个相同的行号。

如果读者希望达到选做部分(1)和(2)所提出的要求，则首先应把KMP算法改写成如下的等价形式，再将它推广到多个模式的情形。

```
i = 1; j = 1;
while (i != s.curlen+1 && j != t.curlen+1){
  while (j != 0 && s.ch[i] != t.ch[j]) j = next[j];
  //  j == 0 或 s.ch[i] == t.ch[j]
  j++;  i++;  // 每次进入循环体,i 只增加一次
}
```

【选作内容】

(1) 模式匹配要基于KMP算法。

（2）整个统计过程中只对小说文字扫描一遍以提高效率。

（3）假设小说中的每个单词或者从行首开始，或者前置一个空格符。利用单词匹配特点另写一个高效的统计程序，与 KMP 算法统计程序进行效率比较。

（4）推广到更一般的模式集匹配问题，并设待查模式串可以跨行（提示：定义操作 GetAChar）。

### 3.2③ 文本格式化

【问题描述】

输入文件中含有待格式化（或称为待排版）的文本，它由多行的文字组成，例如一篇英文文章。每一行由一系列被一个或多个空格符所隔开的字[①]组成，任何完整的字都没有被分割在两行（每行最后一个字与下一行的第一个字之间在逻辑上应该由空格分开），每行字符数不超过 80。除了上述文本类字符之外，还存在着起控制作用的字符：符号“@”指示它后面的正文在格式化时应另起一段排放，即空一行，并在段首缩入 8 个字符位置。“@”自成一个字。

一个文本格式化程序可以处理上述输入文件，按照用户指定的版面规格重排版面：实现页内调整、分段、分页等文本处理功能，排版结果存入输出文本文件中。

试写一个这样的程序。

【基本要求】

（1）输出文件中字与字之间只留一个空格符，即实现多余空格符的压缩。

（2）在输出文件中，任何完整的字仍不能分割在两行，行尾不齐没关系，但行首要对齐（即左对齐）。

（3）如果所要求的每页页底所空行数不少于 3，则将页号印在页底空行中第 2 行的中间位置上，否则不印。

（4）版面要求的参数要包含：

- 页长（Page Length）——每页内文字（不计页号）的行数。
- 页宽（Page Wedth）——每行内文字所占最大字符数。
- 左空白（Left Margin）——每行文字前的固定空格数。
- 头长（Heading Length）——每页页顶所空行数。
- 脚长（Footing Length）——每页页底所空行数（含页号行）。
- 起始页号（Starting Page Number）——首页的页号。

【测试数据】

此略。注意在标点之后加上空格符。

【实现提示】

可以设：左空白数×2＋页宽≤160，即行印机最大行宽，从而只要设置这样大的一个行缓冲区就足够了，每加工完一行，就输出一行。

---

① 字是一行中不含空格符的最长（即任何一端都不能再扩展一个非空格符的字符进来的）子串，例如“good!”算一个字。

如果输入文件和输出文件不是由程序规定死，而是可由用户指定，则有两种做法：一是像其他参量一样，将文件名交互地读入字符串变量中；更好的方式是让用户通过命令行①指定，具体做法依机器的操作系统而定。

应该首先实现 GetAWord(w)这一操作，把诸如行尾处理、文件尾处理、多余空格符压缩等一系列"低级"事务留给它处理，使系统的核心部分集中对付排版要求。

每个参数都可以实现缺省值②设置。上述排版参数的缺省值可以分别取 56,60,10,5,5 和 1。

【选作内容】

(1) 输入文件名和输出文件名要由用户指定。

(2) 允许用户指定是否右对齐，即增加一个参量"右对齐否"(Right Justifying)，缺省值可设为"y"(yes)。右对齐指每行最后一个字的字尾要对齐，多余的空格要均匀分布在本行中各字之间。

(3) 实现字符填充(character stuffing)技术。"@"作为分段控制符之后，限制了原文中不能有这样的字。现在去掉这一限制：如果原文中有这样的字，改用两个"@"并列起来表示一个"@"字。当然，如果原文中此符号夹在字中，就不必特殊处理了。

(4) 允许用户自动按多栏印出一页。

### 3.3④ 简单行编辑程序

【问题描述】

文本编辑程序是利用计算机进行文字加工的基本软件工具，实现对文本文件的插入、删除等修改操作。限制这些操作以行为单位进行的编辑程序称为行编辑程序。

被编辑的文本文件可能很大，全部读入编辑程序的数据空间(内存)的作法既不经济，也不总能实现。一种解决方法是逐段地编辑。任何时刻只把待编辑文件的一段放在内存，称为活区。试按照这种方法实现一个简单的行编辑程序。设文件每行不超过 320 个字符，很少超过 80 个字符。

【基本要求】

实现以下 4 条基本编辑命令：

(1) 行插入。格式：i＜行号＞＜回车＞＜文本③＞.＜回车＞

将＜文本＞插入活区中第＜行号＞行之后。

(2) 行删除。格式：d＜行号 1＞[＜空格＞ ＜行号 2＞]＜回车＞

删除活区中第＜行号 1＞行(到第＜行号 2＞行)。例如："d10 ↵"和"d10 14 ↵"。

(3) 活区切换。格式：n＜回车＞

将活区写入输出文件，并从输入文件中读入下一段，作为新的活区。

(4) 活区显示。格式：p＜回车＞

---

① 命令行——用户在运行一个程序时所发的一个命令。它通常由一行字符组成。

② 缺省值——当用户不愿意费心给一个参数提供数字时，他可以直接键入回车键。这时程序自动地对该参数赋一个预定的值。这个值称为缺省值。

③ 文本——一行或多行可显示字符，每行以回车符结束。

逐页地（每页 20 行）显示活区内容，每显示一页之后请用户决定是否继续显示以后各页（如果存在）。印出的每一行要前置行号和一个空格符，行号固定占 4 位，增量为 1。

各条命令中的行号均须在活区中各行行号范围之内，只有插入命令的行号可以等于活区第一行行号减 1，表示插入当前屏幕中第一行之前，否则命令参数非法。

【测试数据】

自行设定，注意测试将活区删空等特殊情况。

【实现提示】

（1）设活区的大小用行数 ActiveMaxLen（可设为 100）来描述。考虑到文本文件行长通常为正态分布，且峰值在 60 到 70 之间，用 320×ActiveMaxLen 大小的字符数组实现存储将造成大量浪费。可以以标准行块为单位为各行分配存储，每个标准行块可含 81 个字符。这些行块可以组成一个数组，也可以利用动态链表连接起来。一行文字可能占多个行块。行尾可用一个特殊的 ASCII 字符（如 $(012)_8$）标识。此外，还应记住活区起始行号。行插入将引起随后各行行号的顺序下推。

（2）初始化函数包括：请用户提供输入文件名（空串表示无输入文件）和输出文件名，两者不能相同。然后尽可能多地从输入文件中读入各行，但不超过 ActiveMaxLen－x。x 的值可以自定，例如 20。

（3）在执行行插入命令的过程中，每接收到一行时都要检查活区大小是否已达 ActiveMaxLen。如果是，则为了在插入这一行之后仍保持活区大小不超过 ActiveMaxLen，应将插入点之前的活区部分中第一行输出到输出文件中；若插入点为第一行之前，则只得将新插入的这一行输出。

（4）若输入文件尚未读完，活区切换命令可将原活区中最后几行留在活区顶部，以保持阅读连续性；否则，它意味着结束编辑或开始编辑另一个文件。

（5）可令前三条命令执行后自动调用活区显示。

【选作内容】

（1）对于命令格式非法等一切错误作严格检查和适当处理。

（2）加入更复杂的编辑操作，如对某行进行串替换；在活区内进行模式匹配等，格式可以为 S＜行号＞@＜串 1＞@＜串 2＞＜回车＞和 m＜串＞＜回车＞。

### 3.4⑤　串基本操作的演示

【问题描述】

如果语言没有把串作为一个预先定义好的基本类型对待，又需要用该语言写一个涉及串操作的软件系统时，用户必须自己实现串类型。试实现串类型，并写一个串的基本操作的演示系统。

【基本要求】

在教科书 4.2.2 节用堆分配存储表示实现 HString 串类型的最小操作子集的基础上，实现串抽象数据类型的其余基本操作（不使用 C 语言本身提供的串函数）。参数合法性检查必须严格。

利用上述基本操作函数构造以下系统：它是一个命令解释程序，循环往复地处理用户

键入的每一条命令,直至终止程序的命令为止。命令定义如下:

(1) 赋值。格式①:A ∅＜串标识＞∅＜回车＞

用＜串标识＞所表示的串的值建立新串,并显示新串的内部名和串值。例:A ′Hi!′

(2) 判相等。格式:E ∅＜串标识 1＞∅＜串标识 2＞∅＜回车＞

若两串相等,则显示“EQUAL”,否则显示“UNEQUAL”。

(3) 联接。格式:C ∅＜串标识 1＞∅＜串标识 2＞∅＜回车＞

将两串拼接产生结果串,它的内部名和串值都显示出来。

(4) 求长度。格式:L ∅＜串标识＞∅＜回车＞

显示串的长度。

(5) 求子串。格式:S ∅＜串标识＞ ∅+＜数 1＞ ∅+＜数 2＞∅＜回车＞

如果参数合法,则显示子串的内部名和串值。＜数＞不带正负号。

(6) 子串定位。格式:I ∅＜串标识 1＞ ∅＜串标识 2＞∅＜回车＞

显示第二个串在第一个串中首次出现时的起始位置。

(7) 串替换。格式:R ∅＜串标识 1＞ ∅＜串标识 2＞ ∅＜串标识 3＞∅＜回车＞

将第一个串中所有出现的第二个串用第三个串替换,显示结果串的内部名和串值,原串不变。

(8) 显示。格式:P ∅＜回车＞

显示所有在系统中被保持的串的内部名和串值的对照表。

(9) 删除。格式:D ∅＜内部名＞∅＜回车＞

删除该内部名对应的串,即赋值的逆操作。

(10) 退出。格式:Q ∅＜回车＞

结束程序的运行。

在上述命令中,如果一个自变量是串,则应首先建立它。基本操作函数的结果(即函数值)如果是一个串,则应在尚未分配的区域内新辟空间存放。

【测试数据】

自定。但要包括以下几组:

(1) E″ ″＜回车＞,应显示“EQUAL”。

(2) E ′abc′ ′abcd′＜回车＞,应显示“UNEQUAL”。

(3) C″ ″＜回车＞,应显示″。

(4) I ′a′ ″＜回车＞,应报告:参数非法。

(5) R ′aaa′ ′aa′ ′b′＜回车＞,应显示′ba′。

(6) R ′aaabc′ ′a′ ′aab′＜回车＞,应显示 ′aabaabaabbc′。

(7) R ′aaaaaaaa′ ′aaaa′ ′ab′＜回车＞,应显示 ′abab′。

【实现提示】

---

① 在格式中,∅表示 0 个、1 个或多个空格符所组成的串。＜串标识＞表示一个内部名或一个串文字。前者是一个串的唯一标识,是一种内部形式的(而不是字符形式的)标识符。后者是两端由单引号括起来的仅由可打印字符组成的序列。串内每两个连续的单引号符表示一个单引号符。

(1) 演示系统的主结构是一个串头表,可定义为:

```
struct {
    HString StrHead[100];
    int      CurNum;
} StrHeadList;
```

将各串的头指针依次存于串头数组 StrHead 中(设串的数目不超过 100)。CurNum 为系统中现有的串的数目,CurNum + 1 是可为下一个新串头指针分配的位置。可以取 StrHead 的元素下标作为所对应串的内部名。

(2) 应设置一个命令分析函数,把命令分析结果通过以下类型的一个变量参数返回:

```
typedef struct
        int     CmdNo;  //  或 char 类型,为命令号或命令符
        int     s[3];   //  命令的串参数的内部名(最多 3 个)
        int     num[2]; //  命令的数值参数(最多 2 个)
    } ResultType;
```

此函数还在存储结构中建立命令参数中的＜串＞。可能再设置一个"取下一个命令参数串"的操作是有益的。注意不要把这里的命令与所有机器的操作系统的命令相混。为了处理简化,可以不对命令的格式作严格语法检查。

**【选作内容】**

(1) 串头表改用单链表实现。

(2) 对命令的格式(即语法)作严格检查,使系统既能处理正确的命令,也能处理错误的命令。注意,语义检查(如某内部名对应的串已被删除而无定义等)和基本操作参数合法性检查仍应留给基本操作去做。

(3) 支持串名。将串名(可设不超过 6 个字符)存于串头表中。命令(1)(3)(5)要增加命令参数＜结果串名＞;命令(7)中的＜串标识 1＞改为＜串名＞,并用此名作为结果串名,删除原被替串标识,用＜串名＞代替＜串标识＞定义和命令解释中的内部名。每个命令执行完毕时立即自动删除无名串。

### 3.5⑤ 程序分析

**【问题描述】**

读入一个 C 程序,统计程序中代码、注释和空行的行数以及函数的个数和平均行数,并利用统计信息分析评价该程序的风格。

**【基本要求】**

(1) 把 C 程序文件按字符顺序读入源程序;

(2) 边读入程序,边识别统计代码行、注释行和空行,同时还要识别函数的开始和结束,以便统计其个数和平均行数。

(3) 程序的风格评价分为代码、注释和空行三个方面。每个方面分为 A,B,C 和 D 四

个等级，等级的划分标准是：

| | A 级 | B 级 | C 级 | D 级 |
|---|---|---|---|---|
| 代码（函数平均长度） | 10～15 行 | 8～9 或 16～20 行 | 5～7 或 21～24 行 | ＜5 或＞24 行 |
| 注释（占总行数比率） | 15～25％ | 10～14 或 26～30％ | 5～9 或 31～35％ | ＜5％或＞35％ |
| 空行（占总行数比率） | 15～25％ | 10～14 或 26～30％ | 5～9 或 31～35％ | ＜5％或＞35％ |

以下是对程序文件 ProgAnal.C 分析的输出结果示例：

```
The results of analysing program file "ProgAnal.C":

    Lines of code:       180
    Lines of comments:   63
    Blank lines:         52

    Code   Comments   Space
    ====   ========   =====
    61%    21%        18%

    The program includes 9 functions.
    The average length of a section of code is 12.9 lines.

    Grade A: Excellent routine size style.
    Grade A: Excellent commenting style.
    Grade A: Excellent white space style.
```

【测试数据】

先对较小的程序进行分析。当你的程序能正确运行时，对你的程序本身进行分析。

【实现提示】

为了实现的方便，可作以下约定：

（1）头两个字符是'//'的行称为注释行（该行不含语句）。除了空行和注释行外，其余均为代码行（包括类型定义、变量定义和函数头）。

（2）每个函数代码行数（除去空行和注释行）称为该函数的长度。

（3）每行最多只有一个“{”、“}”、“**switch**”和“**struct**”（便于识别函数的结束行）。

【选作内容】

（1）报告函数的平均长度。

（2）找出最长函数及其在程序中的位置。

（3）允许函数的嵌套定义，报告最大的函数嵌套深度。

# 实习报告示例:3.1题　文学研究助手

## 实 习 报 告

题目:编制一个统计特定单词在文本串中出现的次数和位置的程序

班级:计算机95(1)　姓名:丁一　学号:954211　完成日期:1997.10.26

## 一、需求分析

1. 文本串非空且以文件形式存放,统计匹配的词集非空。文件名和词集均由用户从键盘输入;

2. “单词”定义:由字母构成的字符序列,中间不含空格符且区分大小写;

3. 待统计的“单词”在文本串中不跨行出现,它或者从行首开始,或者前置以一个空格符;

4. 在计算机终端输出的结果是:单词、出现的次数、出现位置所在行的行号,同一行出现两次的只输出一个行号。

5. 测试数据:文本文件为本次实习中的AWord.C;待统计的词集:

**if　else　for　while　return　void　int　char　typedef　struct**

## 二、概要设计

拟采用对两个有序表进行相互比较的策略进行“单词匹配”。程序中将涉及下列三个抽象数据类型:

1.定义“单词”类型:

ADT Aword {
　数据对象:D = { $a_i$ | $a_i \in$ 字母字符集, $i=1, 2, \cdots, n, n \geq 0$ }
　数据关系:R1 = { $< a_{i-1}, a_i >$ | $a_{i-1}, a_i \in D, i = 2, 3, \cdots, n$ }
　基本操作:
　　NewWord(&W, characters )
　　　初始条件:characters为字符序列。
　　　操作结果:生成一个其值为给定字符序列的单词。
　　DestroyWord(&W)
　　　初始条件:单词W已存在。
　　　操作结果:销毁单词W的结构,并释放相应空间。
　　WordCmp(W1,W2)
　　　初始条件:单词W1和单词W2已存在。
　　　操作结果:若W1<W2,则返回-1;若W1=W2,则返回0;若W1>W2,则返回1。

PrintWord(W)

初始条件：单词 W 已存在。

操作结果：在计算机终端上显示单词 W。

} ADT AWord

2. 定义有序表类型：

ADT OrderedList {

数据对象：$D = \{ a_i \mid a_i \in AWord, i=1, 2, \cdots, n, n \geqslant 0 \}$

数据关系：$R1 = \{ < a_{i-1}, a_i > \mid a_{i-1}, a_i \in D, a_{i-1} < a_i, i = 2, 3, \cdots, n \}$

基本操作：

InitList( &L )

操作结果：构造一个空的有序表。

DestroyList( &L )

初始条件：有序表 L 已存在。

操作结果：销毁 L 的结构，并释放所占空间。

LocateElem(L, e, &q)

初始条件：有序表 L 已存在。

操作结果：若有序表 L 中存在元素 e，则 q 指示 L 中第一个值为 e 的元素的位置，并返回函数值 TRUE；否则 q 指示第一个大于 e 的元素的前驱的位置，并返回函数值 FALSE。

InsertAfter(&L, q, e )

初始条件：有序表 L 已存在，q 指示 L 中一个元素。

操作结果：在有序表 L 中 q 指示的元素之后插入元素 e。

ListCompare(L1, L2, &S)

初始条件：有序表 L1 和 L2 已存在。

操作结果：以 S 返回其中相同元素。

ListTraverse(q, visit())

初始条件：有序表 L 已存在，q 指示 L 中一个元素。

操作结果：依次对 L 中 q 指示的元素开始的每个元素调用函数 visit()。

} ADT OrderedList

3. 定义单词文本串文件类型如下：

ADT TextString {

数据对象：$D = \{ a_i \mid a_i \in$ 字符集$, i=1, 2, \cdots, n, n \geqslant 0 \}$

数据关系：D 中字符被“换行符”分割成若干行，每一行的字符间满足下列关系：

$R1 = \{ < a_{i-1}, a_i > \mid a_{i-1}, a_i \in D, i = 2, 3, \cdots, n \}$

基本操作：

Initiation( &f )

初始条件：文件 f 已存在。

操作结果：打开文件 f，设定文件指针指向文件中第一行第一个字符。

GetAWords( f, &w )

初始条件：文件 f 已打开。

操作结果：从文件指针所指字符起提取一个“单词 w”。

ExtractWords( f, &L )

初始条件：文件 f 已打开，文件指针指向文件 f 中某一行的第一个字符。

操作结果：提取该行中所有单词，并构成单词的有序表 L；本操作结束时，文件指针指向文件 f 中下一行的第一个字符。

Match( f, pat, &Result )

初始条件：文件已打开，文件指针指向文件中的第一个字符；pat 为包含所有待查询单词的有序表。

操作结果：Result 为查询结果。

} ADT TextString

4.本程序包含四个模块：

1）主程序模块，其中主函数为

```
void main( ) {
    输入信息和文件初始化；
    生成测试目标词汇表；
    统计文件中每个待测单词出现的次数和位置；
    输出测试结果；
};
```

2）单词单元模块——实现单词类型；

3）有序表单元模块——实现有序表类型；

4）单词文本串文件单元模块——实现文本串文件类型。

各模块之间的调用关系如下：

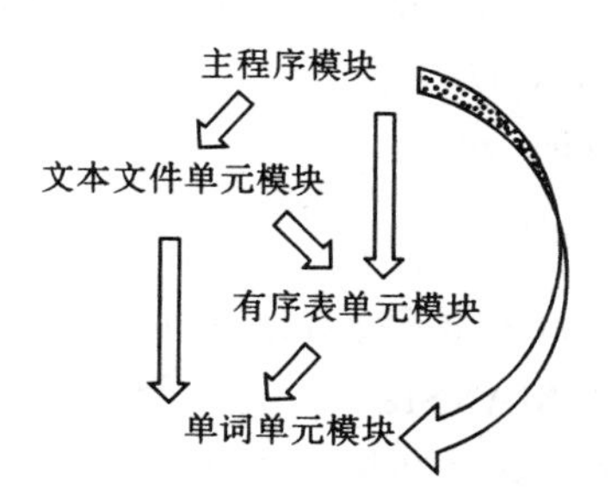


## 三、详细设计

1. 主程序中需要的全程量

```
#define  MAXSIZE  10000      // 字符空间的最大容量
```

```
#define  MAXLEN   20   // 单词的最大长度 ……
#define  MAXNUM   16   // 一行中单词最多个数
typedef struct {
        char  stores[MAXSIZE];
        int   freep;
     } HeapSpace;
Heapspace  sp;   // 单词所占的堆空间,初始化令 sp.freep=0
```

2. 单词类型

```
typedef struct {
        int  stadr;  // 单词所含字符在堆空间的起始位置
        int  len;      // 单词的长度
     } WordType;
typedef struct {
        char  ch[MAXLEN];  // 生成单词的字符序列
        int   size;
     } Sequence;
status NewWord(WordType &nw, Sequence cha)
 // 由 cha 给定的字符序列生成一个新的单词, 并返回 TRUE;
 // 若堆空间不足于分配一个单词,则返回 FALSE
void DestroyWord(WordType &wd)
 // 销毁单词 wd 的结构(令 wd.stadr=wd.len=0)
void CopyWord(WordType &newd, WordType oldw)
 // 生成一个和 oldw 相同的单词(newd.stadr = oldw.stadr;
 // newd.len = oldw.len)
int WordCmp(WordType wd1, WordType wd2)
 // 若 wd1<wd2,则返回-1;若 wd1==wd2,则返回 0;否则返回 1
void PrintWord(WordType wd)
 // 在计算机终端上显示单词 wd
```

其中部分操作的伪码算法如下:

```
status NewWord(WordType &nw, Sequence cha) {
  if (sp.free+cha.size>=MAXSIZE)
    return FALSE; // 存储单词的堆空间已满
  else {
    i = sp.freep; sp.freep = sp.freep+cha.size;
    for (k = 0; k<cha.size; k++) sp.stores[i+k] = cha.ch[k];
    nw.stadr = i; nw.len = cha.size; return TRUE;
  }
```

```
}
int WordCmp( WordType wd1, WordType wd2 ) {
  si = wd1.stadr; sj = wd2.stadr; k = 0;
  while ( k<wd1.len && k<wd2.len )
    if ( sp.stores[si+k] == sp.stores[sj+k] ) k++;
    else if ( sp.stores[si+k] <sp.stores[sj+k] ) return -1;
    else return 1;
  if ( wd1.len == wd2.len ) return 0;
  else if ( wd1.len<wd2.len ) return -1;
  else return 1;
}
```

3.有序表类型

元素类型、结点类型和指针类型：

```
typedef  WordType  ElemType;  // 元素类型
typedef  struct  NodeType {
            ElemType  data;
            NodeType  * next;
        } NodeType, * LinkType;  // 结点类型，指针类型

status MakeNode( LinkType &p, ElemType e ) {
  // 分配由 p 指向的数据元素为 e、后继为“空”的结点，并返回 TRUE，
  // 若分配失败，则返回 FALSE
  p = (LinkType)malloc(sizeof(NodeType));
  if ( !p  ) return FALSE;
  p->data = e; p->next = NULL; return TRUE;
}
void FreeNode( LinkType &p );
  // 释放 p 所指结点空间，首先 DestroyWord(p->data)
ElemType Elem( LinkType p );
  // 若指针 p != NULL，则返回 p 所指结点的数据元素(单词)，否则返回'#'
LinkType SuccNode( LinkType p );
  // 若指针 p != NULL，则返回指向 p 所指结点的后继元素的指针，否则返回
  //NULL
```

有序表采用有序链表实现。链表设头、尾两个指针和表长数据域，并附设头结点，头结点的数据域没有实在意义。

```
typedef struct {
        LinkType  head, tail;  // 分别指向线性链表的头结点和尾结点
```

```
        int        size;          // 指示链表当前的长度
    } OrderedList;                // 有序链表类型
typedef struct { // 记录匹配成功的单词在目标词汇表中的位置
        int  eqelem[MAXNUM];
        int  last;
    } EqelemList;
```

有序链表的基本操作设置如下：

```
status InitList( OrderedList &L );
  // 构造一个带头结点的空的有序链表 L ,并返回 TRUE;
  // 若分配空间失败,则令 L.head 为 NULL, 并返回 FALSE
void DestroyList( OrderedList &L );
  // 销毁有序链表 L,并释放链表中每个结点所占空间
status ListEmpty( OrderedList L );
  // 若 L 不存在或 L 为空表,则返回 TRUE, 否则返回 FALSE
int ListLength( OrderedList L );
  // 返回链表的长度,若链表不存在,其长度为零
OrderedList GetElemPos( OrderedList L, int pos );
  // 返回链表中第 pos 个元素的位置
status LocateElem( OrderedList L, ElemType e, LinkType &q );
  // 若有序链表 L 存在且表中存在元素 e,则 q 指示 L 中第一个值为 e 的
  // 结点的位置,并返回 TRUE;否则 q 指示第一个大于 e 的元素的前驱的
  // 位置,并返回 FALSE
void InsertAfter( OrderedList &L, LinkType q, LinkType s );
  // 在已存在的有序链表 L 中 q 所指示的结点之后插入指针 s 所指结点
void ListCompare( OrderedList La, OrderedList Lb, EqelemList &s );
  // 将 La 和 Lb 中共有的 s.size 个单词在 La 中的序号记录在线性表 s 中
void TraverseList ( LinkType p, status ( * visit)( ) );
  // 从 p(p != NULL)指示的结点开始,依次对每个结点调用函数 visit()
```

其中部分操作的伪码算法如下：

```
status InitList( OrderedList &L )
{
   if (MakeNode(L.head, wd)){  // 头结点的虚设元素为"空词"
      L.tail = L.head; L.size = 0; return TRUE;
   }
   else { L.head = NULL; return FALSE; }
} //InitList
```

```
void DestroyList( OrderedList &L )
{
    p = L.head;
    while (p) {  q = p;  p = SuccNode(p);  FreeNode(q); }
    L.head = L.tail = NULL;
} //DestroyList

status LocateElem( OrderedList L, ElemType e, LinkType &p)
{
  if (!L.head) return FALSE;
  pre = L.head; p = pre->next; // pre 指向 p^的前驱,p 指向第一个元素结点
  while ( p && WordCmp(p->data, e) == -1 )
    { pre = p; p = SuccNode(p); }
  if (p && WordCmp(p->data, e) == 0 ) return TRUE;
  p = pre; return FALSE;
} //LocateElem

void InsertAfter( OrderList &L, LinkType q, LinkType s )
{
    if (L.head && q && s) {
        s->next = q->next; q->next = s;
        if ( L.tail == q ) L.tail = s;
        L.size++;
    }
} //InsertAfter

void ListCompare(OrderList La, OrderList Lb, EqelemList &s)
{
  // 将 La 和 Lb 中共有的 s.last 个单词在 La 中的序号记录在线性表 s 中
  if ( La.head && Lb.head ) {
      pa = SuccNode(La.head); pb = SuccNode(Lb.head);
      s.last = pos = 0; // pos 指示当前比较的单词在 La 中的序号
      while ( pa && pb )
        if ( WordCmp(Elem(pa), Elem(pb)) == 0 ) {
          s.eqelem[s.last++] = pos++;
          pa = SuccNode(pa); pb = SuccNode(pb);
        }
        else if ( WordCmp(Elem(pa), Elem(pb)) == -1 )
          { pa = SuccNode(pa); pos++; }
        else  pb = SuccNode(pb);
```

```
    }
}
typedef void ( *  VisitFunc)(LinkType p, int n); // 访问结点的过程类型
void ListTraverse( LinkType p, VisitFunc visit )
{
    while (p) {visit(p); p = SuccNode(p); }
} //ListTraverse
```

4. 单词文本串文件类型

测试结果类型：

```
typedef HeadNode ResultType[MAXNUM];
```

其中：

```
typedef struct Node {
        int     elem;      //被测单词在文件中的行号
        Node           * next;
    } Node, * Link;
typedef struct {
        WordType  data;     //被测试的单词
        int         count;    //在文件中出现的次数
        Link        next;     //记录所有"行号"的链表的头指针
    } HeadNode;
```

```
void GetAWord(FILE  * f, Sequence &st );
  // 从文件指针所指字符起提取一个单词的字符序列 st
status ExtractWords(FILE  * f, OrderedList& ta);
  // 提取文件指针所指行中所有单词,并构成单词的有序表 ta,同时返回 TRUE;
  // 之后文件指针指向下一行的第一个字符;若空间不足生成链表,则返回 FALSE
status match(FILE  * f, OrderedList pat, ResultType &rs) ;
  // 文件已打开,文件指针指向文件中的第一个字符;
  // pat 为包含所有待查询单词的有序表,rs 为查询结果
```

其中部分操作的伪码算法如下：

```
int feoln(FILE  * f)
{
  // 辅助函数,判定文件行结束
    char cha=fgetc(f); ungetc(cha, f);
    if (cha == '\n') return TRUE;
    return FALSE;
```

```
}
status ExtractWords(FILE *f, OrderedList &ta)
{
  // 从文本文件指针当前所指字符起提取一行中所有单词
  if (!InitList(ta)) return FALSE;
  while ( !feof(f) && !feoln(f) ) {
    GetAWord( f, str );
    if ( str.size != 0 )
      if ( NewWord(nwd, str) )
        if ( !LocateElem(ta, nwd, p) )
          if ( MakeNode(s, nwd) ) InserAfter(ta, p, s);
  }
  if ( feoln(f) ) lendch = getc( f ); // 滤去行结束符
  return TRUE;
}

status match(FILE *f, OrderedList pat, ResultType &rs)
{
    linenum = 1;                // linenum 指示当前被查询的行号
    failed = FALSE;
    do {
        if ( !ExtractWords(f,sa) ) failed = TRUE; // 查询不能继续进行
        else
        ListCompare(pat, sa, eqlist); // 将当前行中单词和给定待查询单词进行
                                      // 比较
        for ( i = 0; i<eqlist.last; i++ ) {
          k = eqlist.eqelem[i];       // 该行中含有目标词汇表中第 k 个单词
          p = (Link)malloc(sizeof(Node));
          if ( !p ) return FALSE;
          p->elem = linenum; p->next = rs[k].next;
          rs[k].next = p; rs[k].count++;
        }
        DestroyList(sa);              // 销毁本行的单词链表
        linenum++;                    // 准备查询下一行
    } while ( !feof(f) && !failed );
    return !failed;
}
```

5. 主函数和其他函数的伪码算法：

```
void main( )
{
  // 主函数
  sp.freep = 0;
  do {
    Initialization(fr);          // 输入文件名并打开文件 fr
    InputWords(pt);              // 输入待匹配单词并建立有序链表 pt
    if (文件存在 && !ListEmpty(pt) ) {
      InitRList(rs, pt);         // 初始化统计结果线性表 rs
      if (match(fe,pt,rs)) OutResult(rs, ListLength(pt));  // 输出统计结果
      else 输出"内存不足的信息";
      DestroyList(pt);           // 释放待匹配单词链表的空间
    }
    输出是否继续的提示信息;
  } while ( 回答为"是");
} // main

void InputWords( OrderedList &pt)
{
  // 连续输入单词,建立有序链表 pt ,输入以两个连续的单引号为结束标志。
  if ( InitList(pt) ) {
  printf(提示输入的信息);
  do {
    cc = getche( );
    while ( cc != ('\'') cc = getche( );  // 滤去其他非单引号字符接收一个以单
                                          // 引号(')结束的字符序列到 ws.ch;
    if ( ws.size != 0 )
      if ( NewWord(nwd, ws) )
        if ( !LocateElem(pt, nwd, q) )
          if ( MakeNode(p, nwd) ) InsertAfter(pt, q, p);
    } while ( ws.size != 0 );
  }
} // InputWords

void InitRList( ResultList &rs, OrderedList pat )
{
  // 对存储查询结果的线性表 rs 进行初始化
    p = SuccNode(pat.head);
    for ( k = 0; k<ListLength(pat); k++ ) {
```

```
        CopyWord(rs[k].data, Elem(p));   // 复制单词
        rs[k].next = NULL; rs[k].count = 0; p = SuccNode(p);
    }
}
void OutResult( ResultType rslist, int n )
{
  // 输出 n 个单词的统计结果
  for ( i = 0; i<n; i++) {
    printf("The word '" );
    PrintWord( rslist[i].data);
    printf("'appeared in the file %d times",rslist[i].count);
    if ( rslist[i].count != 0 ) 输出指针 rslist[i].next 所指链表中的行号;
  }
} //OutResult
```

6.函数的调用关系图

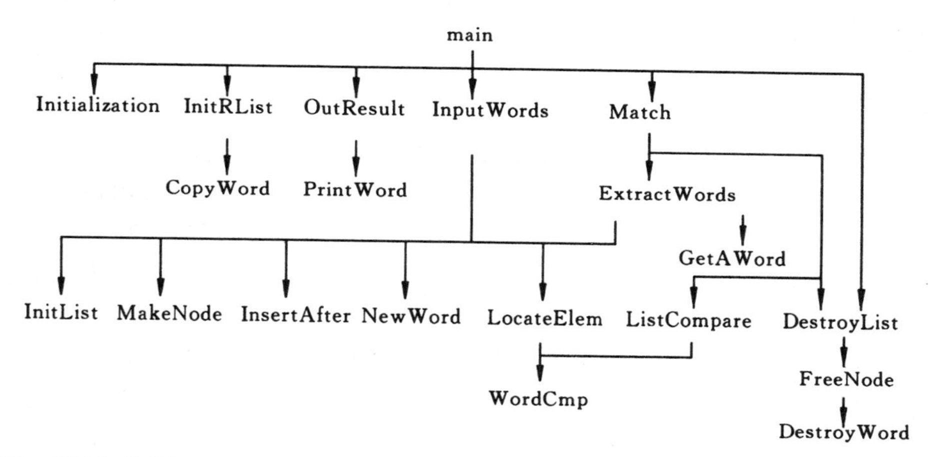


## 四、调试分析

1. 在编程过程中,对设计作了如下修改:

(1) 考虑到堆空间可能设置不够大,以至可能引起数组出界的错误,因此将 NewWord 改为 **status** 类型函数,返回堆空间分配成功与否的信息;

(2) 在原来的设计中,由于考虑避免重复,故没有将待统计的单词信息放入统计结果的线性表中,编程时发现最后的输出比较麻烦,并且信息的封装也不够好,后修改设计为现在的结构。由于本题中的单词串采用的是堆式存储结构,因此在结果信息的线性表中增添单词信息可以实现"串值共享",并不增加单词的存储空间,为此在 WordType 类型中增加了一个"复制"的函数。

2. 从本程序实习题的编制过程中容易看出,线性表的应用广泛。本题中涉及四种元

素类型(字符、整数和两种结构)的线性表,由于用的是面向过程的语言,故只能分别定义,但 List 单元的代码基本上可以复用实习一中 OrdList.H 的代码。

3. 主要算法的时空分析:

假设每个单词的平均长度为 $s$,待统计的单词数为 $m$,每一行中不同的单词的平均数为 $k$,文件含有 $n$ 行。

(1) WordCmp 的时间复杂度为 $O(s)$;LocateElem 的时间复杂度为 $O(ms)$或 $O(ks)$;ListCompare 的时间复杂度为 $O(ms+ks)$;

(2) InputWords 的时间复杂度为 $O(m^2s)$;ExtractWords 的时间复杂度为 $O(k^2s)$;

(3) Match 的时间复杂度为 $O(n(k^2s+ms))$或 $O(lk)$;其中:$l>n$, $ks$ 为文件长度(文件中的字符数);因此,和 KMP 算法(时间复杂度为线性)相比,本次实习中的策略不是一种高效的方法,其主要缺点是必须先建立单词的有序表。

(4) 程序中占用的辅助空间主要用于链表和串值,因此,空间复杂度为 $O((m+k)s)$,在本程序中,虽然在每一行的检测结束后,释放链表空间时首先释放结点的元素,但实际上,只销毁了单词结构,并没有回收串值所占的堆空间。

4. 对照需求分析,本程序还有一个问题是,对同一行中出现多次的单词只统计了一次。由于在进行需求分析时,对这种情况只强调了只输出一个行号,而没有明确写明统计次数,故出现此纰漏。

## 五、用户手册

1. 本程序的运行环境为 DOS 操作系统,执行文件为:match.exe。

2. 进入程序后即显示提示信息:Please input the file name:以等待用户输入待统计的文本文件名(一个以回车为结束标志的字符串),如果该文件不存在,则显示信息:File not found! Please input again:直至输入正确为止。若用户输入的文件名为一个空字符串,则程序结束。

3. 在找到用户需要统计的文件之后,显示提示信息:Please input the words to search:以等待用户输入要统计的词汇,每个单词以一对单引号相括,并以两个连续的单引号加回车表示输入结束。若直接打回车则结束本次统计。

4. 输入结束后,程序即进行统计。随后输出统计信息:

The word"待统计单词"appeared in the file"次数"times

若出现次数不为 0,则继续显示:

They are in Line:"行号 0,行号 1,…"

所有待统计单词将连续输出。

5. 本次统计结束后,将输出提示信息:Do you want to have a search again? (y/n):输入 y 或 Y 则进行下一次的统计,否则程序结束。

6. 本程序只统计由字母字符构成的连续字符序列。

## 六、测试结果

Input the file name: aword.H

```
Input the words to search:
'if'
'else'
'for'
'while'
'return'
'void'
'int'
'char'
'typedef'
'struct'
''
char else for if int return struct typedef void while
The word 'char' appears 1 times and on 8 lines
The word 'else' appears 5 times and on 61, 60, 56, 54, 31 lines
The word 'for' appears 2 times and on 33, 28 lines
The word 'if' appears 6 times and on 60, 59, 58, 54, 53, 27 lines
The word 'int' appears 8 times and on 67, 50, 49, 26, 11, 9, 5, 4 lines
The word 'return' appears 3 times and on 63, 35, 29 lines
The word 'struct' appears 2 times and on 7, 3 lines
The word 'typedef' appears 3 times and on 11, 7, 3 lines
The word 'void' appears 6 times and on 66, 43, 39, 21, 17, 15 lines
The word 'while' appears 2 times and on 68, 52 lines
```

以上统计结果正确，和利用 BC 中的 Find 命令搜索的结果一致。

## 七、附录

源程序文件名清单：

```
Base.H        // 全程常量、类型和变量说明单元
AWord.H       // 单词类型单元
List.H        // 有序链表类型单元
Txt.H         // 文本串文件类型单元
Match.C       // 主程序文件
```

# 实习4　数组和广义表

本实习单元是作为从线性结构到非线性结构的过渡来安排的。数组和广义表可以看成其元素本身也是自身结构(递归结构)的线性表。广义表本质上是一种层次结构,自顶向下识别并建立一个广义表的操作,可视为某种树的遍历操作:遍历逻辑的(或符号形式的)结构,访问动作是建立一个结点。稀疏矩阵的十字链表存储结构也是图的一种存储结构。由此可见,这个实习单元的训练具有承上启下的作用。希望读者能深入研究数组的存储表示和实现技术,熟悉广义表的存储结构的特性。

编程技术训练要点:稀疏矩阵的表示方法及其运算的实现(4.1);共享数据的存储表示方法(4.2);形式系统的自底向上和自顶向下识别技术(4.3);递归算法的设计方法(4.3);表达式求值技术(4.4)。

### 4.1④　稀疏矩阵运算器

【问题描述】

稀疏矩阵是指那些多数元素为零的矩阵。利用“稀疏”特点进行存储和计算可以大大节省存储空间,提高计算效率。实现一个能进行稀疏矩阵基本运算的运算器。

【基本要求】

以“带行逻辑链接信息”的三元组顺序表表示稀疏矩阵,实现两个矩阵相加、相减和相乘的运算。稀疏矩阵的输入形式采用三元组表示,而运算结果的矩阵则以通常的阵列形式列出。

【测试数据】

$$\begin{bmatrix}10 & 0 & 0\\ 0 & 0 & 9\\ -1 & 0 & 0\end{bmatrix}+\begin{bmatrix}0 & 0 & 0\\ 0 & 0 & -1\\ 1 & 0 & -3\end{bmatrix}=\begin{bmatrix}10 & 0 & 0\\ 0 & 0 & 8\\ 0 & 0 & -3\end{bmatrix}$$

$$\begin{bmatrix}10 & 0\\ 0 & 9\\ -1 & 0\end{bmatrix}-\begin{bmatrix}0 & 0\\ 0 & -1\\ 1 & -3\end{bmatrix}=\begin{bmatrix}10 & 0\\ 0 & 10\\ -2 & 3\end{bmatrix}$$

$$\begin{bmatrix}4 & -3 & 0 & 0 & 1\\ 0 & 0 & 0 & 8 & 0\\ 0 & 0 & 1 & 0 & 0\\ 0 & 0 & 0 & 0 & 70\end{bmatrix}\times\begin{bmatrix}3 & 0 & 0\\ 4 & 2 & 0\\ 0 & 1 & 0\\ 1 & 0 & 0\\ 0 & 0 & 0\end{bmatrix}=\begin{bmatrix}0 & -6 & 0\\ 8 & 0 & 0\\ 0 & 1 & 0\\ 0 & 0 & 0\end{bmatrix}$$

【实现提示】

1. 首先应输入矩阵的行数和列数，并判别给出的两个矩阵的行、列数对于所要求作的运算是否相匹配。可设矩阵的行数和列数均不超过 20。

2. 程序可以对三元组的输入顺序加以限制，例如，按行优先。注意研究教科书 5.3.2 节中的算法，以便提高计算效率。

3. 在用三元组表示稀疏矩阵时，相加或相减所得结果矩阵应该另生成，乘积矩阵也可用二维数组存放。

【选作内容】

1. 按教科书 5.3.2 节中的描述方法，以十字链表表示稀疏矩阵。

2. 增添矩阵求逆的运算，包括不可求逆的情况。在求逆之前，先将稀疏矩阵的内部表示改为十字链表。

### 4.2④ 多维数组

【问题描述】

设计并模拟实现整型多维数组类型。

【基本要求】

尽管 C 和 Pascal 等程序设计语言已经提供了多维数组，但在某些情况下，定义用户所需的多维数组也是很有用的。通过设计并模拟实现多维数组类型，可以深刻理解和掌握多维数组。整型多维数组应具有以下基本功能：

(1) 定义整型多维数组类型，各维的下标是任意整数开始的连续整数；
(2) 下标变量赋值，执行下标范围检查；
(3) 同类型数组赋值；
(4) 子数组赋值，例如，a[1..n] = a[2..n+1]；a[2..4][3..5] = b[1..3][2..4]；
(5) 确定数组的大小。

【测试数据】

由读者指定。

【实现提示】

各基本功能可以分别用函数模拟实现，应仔细考虑函数参数的形式和设置。

定义整型多维数组类型时，其类型信息可以存储在如下定义的类型的记录中：

```
#define MaxDim 5                         // 数组最大维数
typedef  struct
         int  dim,                       // 数组维数
         BoundPtr  lower,                // 各维下界表的指针
         upper;                          // 各维上界表的指针
         ConstPtr  constants;            // 映象函数常量表的指针
} NArray, * NArrayPtr;
```

整型多维数组变量的存储结构类型可定义为

```
typedef struct
```

```
        ElemType    * elem;        // 数组元素基址
        int           num;         // 数组元素个数
        NArrayPtr     TypeRecord;  // 数组类型信息记录的指针
    } NArrayType;
```

实现子数组赋值时应注意以下情况:

a[1..n] = a[2..n+1]是数组元素前移,等价于

```
        for ( i = 1; i<=n; i++ ) a[i] = a[i+1];
```

但是,a[2..n+1] = a[1..n]是数组元素后移,却等价于

```
for ( i = n; i>=1; i-- ) a[i+1] = a[i];
```

【选作内容】

(1) 各维的下标是任意字符开始的连续字符。

(2) 数组初始化。

(3) 可修改数组的下标范围。

### 4.3② 识别广义表的"头"或"尾"的演示

【问题描述】

写一个程序,建立广义表的存储结构,演示在此存储结构上实现的广义表求头/求尾操作序列的结果。

【基本要求】

(1) 设一个广义表允许分多行输入,其中可以任意地输入空格符,原子是不限长的仅由字母或数字组成的串。

(2) 广义表采用如教科书中图 5.8 所示结点的存储结构,试按表头和表尾的分解方法编写建立广义表存储结构的算法。

(3) 对已建立存储结构的广义表施行操作,操作序列为一个仅由"t"或"h"组成的串,它可以是空串(此时印出整个广义表),自左至右施行各操作,再以符号形式显示结果。

【测试数据】

对广义表 (( ),(e1),(abc,(e2, c, dd))) 执行操作:tth.

其他参见习题 5.10。

【实现提示】

(1) 广义表串可以利用 C 语言中的串类型或者利用实习三中已实现的串类型表示。

(2) 输入广义表时靠括号匹配判断结束,滤掉空格符之后,存于一个串变量中。

(3) 为了实现指定的算法,应在上述广义表串结构上定义以下 4 个操作:

· test(s):当 s 分别为空串、原子串和其他形式串时,分别返回'N','E'和'O'(代表 Null, Element 和 Other)。

· hsub(s, h):s 表示一个由逗号隔开的广义表和原子的混合序列,h 为变量参数,返回时为表示序列第一项的字符串。如果 s 为空串,则 h 也赋为空串。

• tsub(s, t):s 的定义同 hsub 操作;t 为变量参数,返回时取从 s 中除去第一项(及其之后的逗号,如果存在的话)之后的子串。

• strip(s, r):s 的定义同 hsub 操作;r 为变量参数。如果串 s 以“(”开头和以“)”结束,则返回时取除去这对括号后的子串,否则取空串。

(4) 在广义表的输出形式中,可以适当添加空格符,使得结果更美观。

【选作内容】

(1) 将 hsub 和 tsub 这两个操作合为一个(用变量参数 h 和 t 分别返回各自的结果),以便提高执行效率。

(2) 设原子为单个字母。广义表的建立算法改用边读入边建立的自底向上识别策略实现,广义表符号串不整体地缓冲。

### 4.4③ 简单 LISP 算术表达式计算器

【问题描述】

设计一个简单的 LISP 算术表达式计算器。

简单 LISP 算术表达式(以下简称表达式)定义如下:

(1) 一个 0..9 的整数;或者

(2) (运算符 表达式 表达式)

例如,6,(+45),(+(+25)8)都是表达式,其值分别为 6,9 和 15。

【基本要求】

实现 LISP 加法表达式的求值。

【测试数据】

6,(+45),(+(+25)8),(+2(+58)),(+(+(+12)(+34))(+(+56)(+78)))

【实现提示】

写一个递归函数:

```
int Evaluate(FILE * CharFile)
```

字符文件 CharFile 的每行是一个如上定义的表达式。每读入 CharFile 的一行,求出并返回表达式的值。

可以设计以下辅助函数

```
status isNumber( char ReadInChar );
   // 视 ReadInChar 是否是数字而返回 TRUE 或 FALSE。
int TurnToInteger( char IntChar )
   // 将字符'0'..'9'转换为整数 0..9。
```

【选做内容】

(1) 标准整数类型的 LISP 加法表达式的求值。

(2) 标准整数类型的 LISP 四则运算表达式的求值。

(3) LISP 算术表达式的语法检查。

# 实习报告示例：4.3题　识别广义表的表头和表尾

## 实 习 报 告

题目：编制一个演示分解非空广义表的操作的程序

班级：计算机95(1)　姓名：丁一　学号：954211　完成日期：1997.11.16

## 一、需求分析

1. 构成广义表的合法字符：小写或大写字母、空白字符、圆括弧和逗号，且设广义表的原子为单个字母。

2. 演示程序以用户和计算机的对话方式执行，广义表的建立方式为边输入边建立；分解操作的进行方式为，输入整个命令串，然后分步显示每一个操作的结果。

3. 程序执行的命令：

1) 建立广义表，提示用户输入广义表字符串；

2) 求广义表的表头或表尾，提示用户输入命令串(以字符h表示求表头，以字符t表示求表尾)，之后在计算机终端显示每一步的操作结果。

4. 输入过程中能自动滤去合法字符以外的其他字符，并能在输入不当时输出相应的提示信息。

5. 测试数据：

1) 输入：((),(e),(a,(b,c,d)))，操作 tth

　输出：((e),(a,(b,c,d))),((a,(b,c,d)))和(a,(b,c,d))

2) 输入：((a,b),(c,d)) 操作 thth

　输出：((c,d)),(c,d),(d)和d

## 二、概要设计

1. 抽象数据类型广义表的定义如下：

**ADT GList** {

　数据对象：D={$e_i$|i=1,2,…,n；n≥0；$e_i$∈AtomSet或$e_i$∈GList，

　　　　　　AtomSet为某个数据对象 }

　数据关系：R1={<$e_{i-1}$，$e_i$>|$e_{i-1}$,$e_i$∈D，2≤i≤n }

　基本操作：

　　InitGList(&L)；

　操作结果：创建空的广义表L。

　　CreateGList(&L, S)；

　初始条件：S是广义表的书写形式串。

　操作结果：由S创建广义表L。

DestroyGList(&L);

初始条件：广义表 L 存在。

操作结果：销毁广义表 L。

GListEmpty(L);

初始条件：广义表 L 存在。

操作结果：判定广义表 L 是否为空。

GetHead(L);

初始条件：广义表 L 存在,且非空表。

操作结果：返回广义表 L 的表头。

GetTail(L);

初始条件：广义表 L 存在,且非空表。

操作结果：返回广义表 L 的表尾。

Traverse_GL(L, Visit());

初始条件：广义表 L 存在。

操作结果：遍历广义表 L,用函数 Visit 处理每个元素。

} **ADT GList**

2. 主程序

```
void main( ) {
  初始化;
  do {
    接受命令(输入广义表或输出头/尾串);
    处理命令;
  } while ("命令"!= "退出");
}
```

3. 本程序只有两个模块,调用关系简单。

主程序模块

⇩

广义表模块

## 三、详细设计

1. 广义表结点类型

```
typedef enum { ATOM, LIST } ElemTag;
typedef struct GLNode {
          ElemTag tag;
          union {
            char data;
            struct { struct GLNode *hp, *tp; } ptr;
```

```
        }
      } *GList;
char GL_Elem( GList Ls );
  // 当 Ls->tag == ATOM 时,返回其原子项
```

2. 广义表的基本操作设定为:

```
void InitGList( GList &Ls );
  // 初始化广义表 Ls 为空表,Ls = NULL
void CreateList( GList &Ls );
  // 由计算机终端输入广义表的书写串,边读入边建广义表 Ls 的存储结构
void DestroyGList( GList &Ls );
  // 销毁广义表 Ls 结构,同时释放结点空间
status GListEmpty( GList Ls );
  // 若广义表 Ls 为空表,则返回 TRUE, 否则返回 FALSE
GList GetHead( GList Ls );
  // 若广义表 Ls 非空,则返回其表头 Ls->hp,否则返回 null(无实际含义)
GList GetTial( GList Ls );
  // 若广义表 Ls 非空,则返回其表尾 Ls->tp,否则返回 null(无实际含义)
void Traverse_GL( GList Ls );
  // 遍历广义表 Ls,以书写形式输出到终端
```

其中输入和输出的算法:

```
status CreateList(GList &Ls)
{
// 本算法识别一个待输入的广义表字符串,其中单字母(不论大小写)表示原子,
// 建相应的存储结构,Ls 为指向第一个结点的指针。若输入的字符串为"( )",
// 则该广义表为空表,即 Ls = NULL。
  getAChar(ch);          // 拾取第一个合法字符
  if (ch != '(' ) return ERROR;     // 广义表的第一个字符只能是'('
  else return crtLtBU(Ls);
}

void getAChar( char &ch );
// 从键盘接受一个能构成广义表的合法字符,即 ch
// 为属集合['a'…'z', '(', ')', ',', ' ', 'A'…'Z']中的字符。

void crtLtBU(GList &Ls)
{
// 本算法识别一个待输入的从字符'('或','之后的广义表字符串,
// 并建立相应的存储结构。
```

```
   getAChar(ch);       // 拾取一个合法字符
   if (ch == ' ') {    // 空表的情况
      Ls = NULL;
      getAChar(ch);   // 拾取下一个合法字符,应该是 ')'
      if(ch != ')') return ERROR;
  }
 else {   // 当前输入的广义表非空
   Ls = (Glist)malloc(sizeof(GLNode));
   Ls->tag = LIST;
   if (isalpha(ch)) {   // 表头为单原子
     ls->hp = (Glist)malloc(sizeof(GLNode));
     p = ls->hp;   p->tag = ATOM;   p->data = ch;
   }
     else if (ch == '(' ) crtLtBU( Ls->hp );   // 表头为广义表
     else return ERROR;   // 其他字符均为出错情况
     getAChar(ch);            // 拾取下一个合法字符
     if (ch == ')') Ls->tp = NULL;
               // 广义表或者其中一个子表输入结束
     else if (ch == ',') crtLtBU( Ls->tp );
               // 当前的表尾不空,等待输入下一个子表
     else return ERROR;                    // 当前这个字符只能是','或')'两种情况
   }
}

void Traverse_GL( Glist Ls )
{
  // 遍历广义表 Ls,以书写形式输出到终端
  if (!Ls) printf( "( )" );
  else
    if (Ls->tag == ATOM) printf ( GL_Elem(Ls) );   // 输出单原子
    else {
      printf ( '(' );
      while ( Ls != NULL ) {
        Traverse_GL(GetHead(Ls));   // 遍历广义表中一个子表
        Ls = GetTail(Ls);
        if (Ls) printf (',')   // 表尾不空,输出字符','
      }
      printf (')');       // 当层遍历结束,输出字符')'
    }
```

```
}
```

3. 主函数和其他函数的伪码算法

```
void main( )
{
    // 主函数
  Initialization( );    // 初始化
  do {
    ReadCommand(cmd);  // 读入一个操作命令符
    Interpret(cmd);           // 解释执行操作命令符
  } while (cmd != 'q' && cmd != 'Q');
} // main

void Initialization( )
{
  // 系统初始化
   clrscr( );  // 清屏
   在屏幕上方显示操作命令清单：CreatGList--c Decompose--d Quit--q ;
   在屏幕下方显示操作命令提示框；
   InitGList( Hlink );   // 初始化广义表为空表
 } //Initialization
void ReadCommand(char cmd)
{
   // 读入操作命令符
   显示键入操作命令符的提示信息；
   do {cmd = getche( );} while (cmd 不属于['c', 'C', 'd', 'D', 'q', 'Q']);
 } // ReadCommand

void Interpret(char cmd)
{
   // 解释执行操作命令 cmd
   switch (cmd) {
     case'c','C': if (!GListEmpty(Hlink)) DestroyGList(Hlink);
     // 释放已建立的广义表的存储空间提示用户输入广义表的书写形式字符串；
     CreateGList (Hlink);
     // 创建广义表的存储结构输出广义表存储结构建立完毕的信息；
     break;
     case'd','D': 提示用户输入广义表的表头或表尾的命令串 str;
                  if (GListEmpty(Hlink))   // 广义表为空表
```

```
                提示用户重新输入广义表
            else Decompose(Hlink, str);
                            // 解释命令串并输出执行相应命令后的信息
            break;
     case 'q','Q':
   }
} //Interpret

void Decompose( Glist Hlink, string str )
{
   // 解释命令串 str,对广义表 Hlink 执行"求表头"或"求表尾"
   // 的操作,并输出每一步操作后求得的广义表表头或表尾的字符串
   n = strlen(str); p = Hlink;
   for (i = 0; i<n; i++) {
     if (!p ) printf("The LIST is a EmptyList ! ");
     else {
       if (str[i] == 'h' ) {p = GetHead(p); printf ("The ListHead is   "); }
       else if (str[i] == 't' ) { p = GetTail(p); printf ("The ListTail is   "); }
       Traverse_GL(p);
     }
   }
} // Decompose
```

4. 函数的调用关系图:

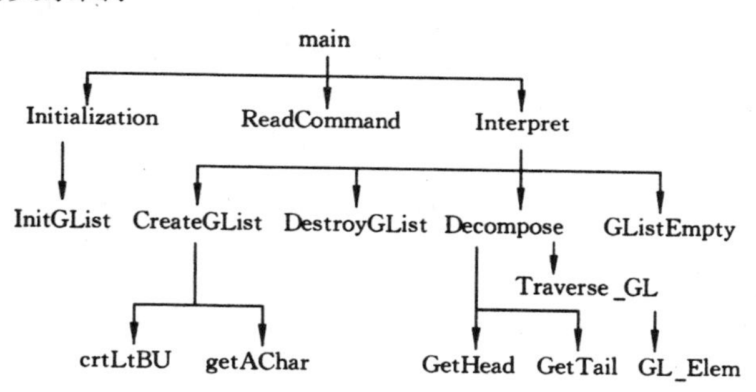


## 四、调试分析

1. 本次实习作业选的题目难度较低,加之两个主要算法(输入和输出)已在习题中进行过练习,递归算法的解题思路比较正确,故本次作业完成比较顺利。

2. 整个程序运行期间实行动态存储管理,每建立一个新的广义表之前,先释放前一个广义表所占空间,有效地防止了在程序反复运行过程中可能出现系统空间不够分配的现象。相对于前几次的实习作业,对此重要性的认识有了进步,回顾前几次作业中,释放无用空间不够彻底。

3. 两个主要算法的执行时间均依赖于广义表的深度和长度，其时间复杂度的分析比较复杂。递归算法执行过程中所需栈的空间取决于广义表的深度。

## 五、用户手册

1.本程序的运行环境为 DOS 操作系统，执行文件为：ListTest.exe。

2.进入演示程序后即显示文本方式的用户界面：

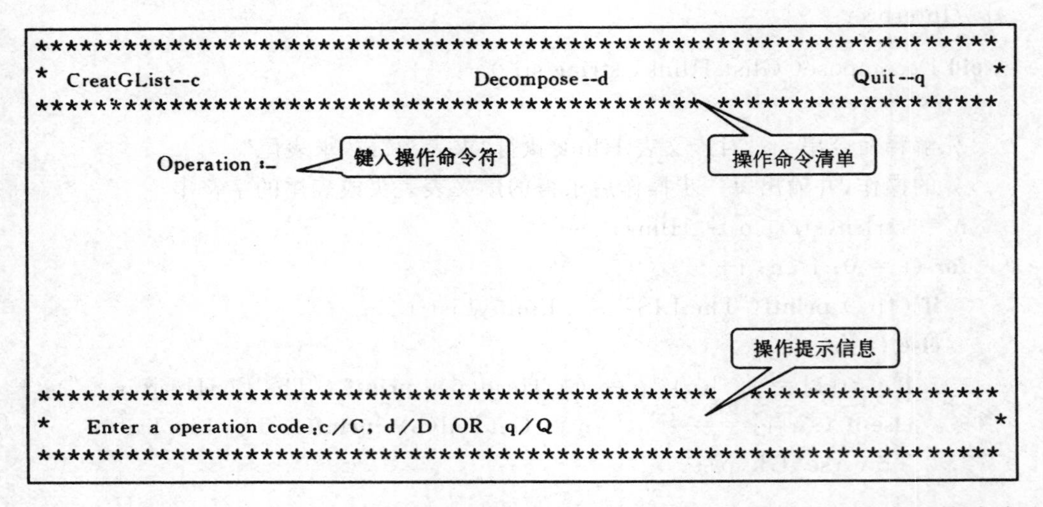


3. 进入"产生广义表(CreatGList)"的命令后，即提示输入广义表字符串。构成广义表的合法字符为：小写或大写字母、空白字符、圆括弧和逗号，注意：广义表的原子为单个字母，空表的形式为："( )"。存储结构建成之后将输出广义表存储结构建立完毕的信息。

4. 进入"分解广义表的(Decompose)"的命令后，即提示输入操作命令串(以字符 h 表示求表头，以字符 t 表示求表尾)，之后在计算机终端将显示每一步操作的结果。

## 六、测试结果

1. 输入广义表：(( ),(e),(a,(b,c,d)))

   输入操作的命令串：tth

   输出操作结果：The ListTail is ((e),(a,(b,c,d)))

   The ListTail is ((a,(b,c,d)))

   The ListHead is (a,(b,c,d))

2. 输入广义表：((a,b),(c,d))

   输入操作的命令串：thth

   输出操作结果：The ListTail is ((c,d))

   The ListHead is (c,d)

   The ListTail is (d)

   The ListHead is d

3. 输入广义表：(((b,c),( ),d),(((e))))

输入操作命令串：hhtt

输出操作结果：The ListHead is ((b,c),( ),d)

The ListHead is (b,c)

The ListTail is (c)

The ListTail is ( )

4. 输入操作命令串：htht

输出操作结果：The ListHead is ((b,c),( ),d)

The ListTail is (( ),d)

The ListHead is ( )

The LIST is a EmptyList ！

## 七、附录

源程序文件名清单：

ListUnit.H // 广义表类型

ListTest.C // 主程序

# 实习5 树、图及其应用

树和图是两种应用极为广泛的数据结构,也是这门课程的重点。它们的特点在于非线性。本实习单元继续突出了数据结构加操作的程序设计观点,但根据这两种结构的非线性特点,将操作进一步集中在遍历操作上,因为遍历操作是其他众多操作的基础。本实习单元还希望达到熟悉各种存储结构的特性,以及如何应用树和图结构解决具体问题(即原理与应用的结合)等目的。

编程技术训练要点有:形式系统的自底向上和自顶向下识别技术(5.1);表达式求值技术(5.1和5.6);"软计数器"的实现技术(5.1);非线性结构的文件存储方法(5.2);哈夫曼方法及其编/译码技术(5.2);完整的应用系统的用户界面("菜单"方式;文件安排等)设计和操作定义方法(5.2);路径遍历和求解技术(5.3,5.5和5.7);以及全排列产生技术(借以克服计算机求得方案的刻板性)(5.4)。

## ◆5.1④ 重言式判别

【问题描述】

一个逻辑表达式如果对于其变元的任一种取值都为真,则称为重言式;反之,如果对于其变元的任一种取值都为假,则称为矛盾式;然而,更多的情况下,既非重言式,也非矛盾式。试写一个程序,通过真值表判别一个逻辑表达式属于上述哪一类。

【基本要求】

(1) 逻辑表达式从终端输入,长度不超过一行。逻辑运算符包括"|","&"和"~",分别表示或、与和非,运算优先程度递增,但可由括号改变,即括号内的运算优先。逻辑变元为大写字母。表达式中任何地方都可以含有多个空格符。

(2) 若是重言式或矛盾式,可以只显示"True forever"或"False forever",否则显示"Satisfactible"以及变量名序列,与用户交互。若用户对表达式中变元取定一组值,程序就求出并显示逻辑表达式的值。

【测试数据】

(1) (A|~A)& (B|~B)

(2) (A& ~A)&C

(3) A|B|C|D|E|~A

(4) A&B&C& ~B

(5) (A|B)& (A|~B)

(6) A& ~B|~A&B;0,0;0,1;1,0;1,1。

【实现提示】

(1) 识别逻辑表达式的符号形式并建立二叉树可以有两种策略:自底向上的算符优先法(参见教科书3.2.5节)和自顶向下分割,先序遍历建立二叉树的方法(参考教科书

6.3.1 节建立二叉树存储结构的算法)。

(2) 可设表达式中逻辑变量数不超过 20。真值的产生可通过在一维数组上维护一个“软计数器”实现;用递归算法实现更简单。

【选作内容】

逻辑变元的标识符不限于单字母,可以是任意长的字母数字串。还可以根据用户的要求显示表达式的真值表。

### ◆5.2③ 哈夫曼编/译码器

【问题描述】

利用哈夫曼编码进行通信可以大大提高信道利用率,缩短信息传输时间,降低传输成本。但是,这要求在发送端通过一个编码系统对待传数据预先编码,在接收端将传来的数据进行译码(复原)。对于双工信道(即可以双向传输信息的信道),每端都需要一个完整的编/译码系统。试为这样的信息收发站写一个哈夫曼码的编/译码系统。

【基本要求】

一个完整的系统应具有以下功能:

(1) I:初始化(Initialization)。从终端读入字符集大小 $n$,以及 $n$ 个字符和 $n$ 个权值,建立哈夫曼树,并将它存于文件 hfmTree 中。

(2) E:编码(Encoding)。利用以建好的哈夫曼树(如不在内存,则从文件 hfmTree 中读入),对文件 ToBeTran 中的正文进行编码,然后将结果存入文件 CodeFile 中。

(3) D:译码(Decoding)。利用已建好的哈夫曼树将文件 CodeFile 中的代码进行译码,结果存入文件 TextFile 中。

(4) P:印代码文件(Print)。将文件 CodeFile 以紧凑格式显示在终端上,每行 50 个代码。同时将此字符形式的编码文件写入文件 CodePrin 中。

(5) T:印哈夫曼树(Tree printing)。将已在内存中的哈夫曼树以直观的方式(树或凹入表形式)显示在终端上,同时将此字符形式的哈夫曼树写入文件 TreePrint 中。

【测试数据】

(1) 利用教科书例 6-2 中的数据调试程序。

(2) 用下表给出的字符集和频度的实际统计数据建立哈夫曼树,并实现以下报文的编码和译码:“THIS PROGRAM IS MY FAVORITE”。

| 字符 |  | A | B | C | D | E | F | G | H | I | J | K | L | M |
|---|---|---|---|---|---|---|---|---|---|---|---|---|---|---|
| 频度 | 186 | 64 | 13 | 22 | 32 | 103 | 21 | 15 | 47 | 57 | 1 | 5 | 32 | 20 |
| 字符 | N | O | P | Q | R | S | T | U | V | W | X | Y | Z |  |
| 频度 | 57 | 63 | 15 | 1 | 48 | 51 | 80 | 23 | 8 | 18 | 1 | 16 | 1 |  |

【实现提示】

(1) 编码结果以文本方式存储在文件 CodeFile 中。

(2) 用户界面可以设计为“菜单”方式:显示上述功能符号,再加上“Q”,表示退出运行 Quit。请用户键入一个选择功能符。此功能执行完毕后再显示此菜单,直至某次用户选择了“Q”为止。

(3) 在程序的一次执行过程中,第一次执行 I,D 或 C 命令之后,哈夫曼树已经在内存了,不必再读入。每次执行中不一定执行 I 命令,因为文件 hfmTree 可能早已建好。

【选作内容】

(1) 上述文件 CodeFile 中的每个“0”或“1”实际上占用了一个字节的空间,只起到示意或模拟的作用。为最大限度地利用码点存储能力,试改写你的系统,将编码结果以二进制形式存放在文件 CodeFile 中。

(2) 修改你的系统,实现对你的系统的原程序的编码和译码(主要是将行尾符编/译码问题)。

(3) 实现各个转换操作的源/目文件,均由用户在选择此操作时指定。

### 5.3③ 图遍历的演示

【问题描述】

很多涉及图上操作的算法都是以图的遍历操作为基础的。试写一个程序,演示在连通的无向图上访问全部结点的操作。

【基本要求】

以邻接多重表为存储结构,实现连通无向图的深度优先和广度优先遍历。以用户指定的结点为起点,分别输出每种遍历下的结点访问序列和相应生成树的边集。

【测试数据】

教科书图 7.33。暂时忽略里程,起点为北京。

【实现提示】

设图的结点不超过 30 个,每个结点用一个编号表示(如果一个图有 $n$ 个结点,则它们的编号分别为 $1,2,\cdots,n$)。通过输入图的全部边输入一个图,每个边为一个数对,可以对边的输入顺序作出某种限制。注意,生成树的边是有向边,端点顺序不能颠倒。

【选作内容】

(1) 借助于栈类型(自己定义和实现),用非递归算法实现深度优先遍历。

(2) 以邻接表为存储结构,建立深度优先生成树和广度优先生成树,再按凹入表或树形打印生成树。

(3) 正如习题 7.8 提示中所分析的那样,图的路径遍历要比结点遍历具有更为广泛的应用。再写一个路径遍历算法,求出从北京到广州中途不过郑州的所有简单路径及其里程。

### 5.4③ 教学计划编制问题

【问题描述】

大学的每个专业都要制定教学计划。假设任何专业都有固定的学习年限,每学年含两学期,每学期的时间长度和学分上限值均相等。每个专业开设的课程都是确定的,而且课程在开设时间的安排必须满足先修关系。每门课程有哪些先修课程是确定的,可以有任意多门，也可以没有。每门课恰好占一个学期。试在这样的前提下设计一个教学计划编制程序。

【基本要求】

(1) 输入参数包括：学期总数，一学期的学分上限，每门课的课程号（固定占3位的字母数字串）、学分和直接先修课的课程号。

(2) 允许用户指定下列两种编排策略之一：一是使学生在各学期中的学习负担尽量均匀；二是使课程尽可能地集中在前几个学期中。

(3) 若根据给定的条件问题无解，则报告适当的信息；否则将教学计划输出到用户指定的文件中。计划的表格格式自行设计。

【测试数据】

学期总数：6；学分上限：10；该专业共开设12门课，课程号从 $C_{01}$ 到 $C_{12}$，学分顺序为2，3，4，3，2，3，4，4，7，5，2，3。先修关系见教科书图7.26。

【实现提示】

可设学期总数不超过12，课程总数不超过100。如果输入的先修课程号不在该专业开设的课程序列中，则作为错误处理。应建立内部课程序号与课程号之间的对应关系。

【选作内容】

产生多种（例如5种）不同的方案，并使方案之间的差异尽可能地大。

### ◆5.5③ 校园导游咨询

【问题描述】

设计一个校园导游程序，为来访的客人提供各种信息查询服务。

【基本要求】

(1) 设计你所在学校的校园平面图，所含景点不少于10个。以图中顶点表示校内各景点，存放景点名称、代号、简介等信息；以边表示路径，存放路径长度等相关信息。

(2) 为来访客人提供图中任意景点相关信息的查询。

(3) 为来访客人提供图中任意景点的问路查询，即查询任意两个景点之间的一条最短的简单路径。

【测试数据】

由读者根据实际情况指定。

【实现提示】

一般情况下，校园的道路是双向通行的，可设校园平面图是一个无向网。顶点和边均含有相关信息。

【选作内容】

(1) 求校园图的关节点。

(2) 提供图中任意景点问路查询，即求任意两个景点之间的所有路径。

(3) 提供校园图中多个景点的最佳访问路线查询，即求途经这多个景点的最佳（短）路径。

(4) 校园导游图的景点和道路的修改扩充功能。

(5) 扩充道路信息,如道路类别(车道、人行道等)、沿途景色等级,以至可按客人所需分别查询人行路径或车行路径或观景路径等。

(6) 扩充每个景点的邻接景点的方向等信息,使得路径查询结果能提供详尽的导向信息。

(7) 实现校园导游图的仿真界面。

### 5.6③ 最小生成树问题

【问题描述】

若要在 $n$ 个城市之间建设通信网络,只需要架设 $n$-1 条线路即可。如何以最低的经济代价建设这个通信网,是一个网的最小生成树问题。

【基本要求】

(1) 利用克鲁斯卡尔算法求网的最小生成树。

(2) 实现教科书 6.5 节中定义的抽象数据类型 MFSet。以此表示构造生成树过程中的连通分量。

(3) 以文本形式输出生成树中各条边以及他们的权值。

【测试数据】

参见本题集中的习题 7.7。

【实现提示】

通信线路一旦建立,必然是双向的。因此,构造最小生成树的网一定是无向网。设图的顶点数不超过 30 个,并为简单起见,网中边的权值设成小于 100 的整数,可利用 C 语言提供的随机数函数产生。

图的存储结构的选取应和所作操作相适应。为了便于选择权值最小的边,此题的存储结构既不选用邻接矩阵的数组表示法,也不选用邻接表,而是以存储边(带权)的数组表示图。

【选作内容】

利用堆排序(参见教科书 10.4.3 节)实现选择权值最小的边。

### ◆5.7④ 表达式类型的实现

【问题描述】

一个表达式和一棵二叉树之间,存在着自然的对应关系。写一个程序,实现基于二叉树表示的算术表达式 Expression 的操作。

【基本要求】

假设算术表达式 Expression 内可以含有变量(a～z)、常量(0～9)和二元运算符(+,-,*,/,^(乘幂))。实现以下操作:

(1) ReadExpr(E)——以字符序列的形式输入语法正确的前缀表示式并构造表达式 E。

(2) WriteExpr(E)——用带括弧的中缀表示式输出表达式 E。

(3) Assign(V,c)——实现对变量 V 的赋值(V = c),变量的初值为 0。

(4) Value(E)——对算术表达式 E 求值。

(5) CompoundExpr(P, E1, E2)——构造一个新的复合表达式 (E1)P(E2)。

【测试数据】

(1) 分别输入 0；a；－91；＋a * bc；＋ * 5^x2 * 8x；＋＋＋ * 3^x3 * 2^x2x6 并输出。

(2) 每当输入一个表达式后，对其中的变量赋值，然后对表达式求值。

【实现提示】

(1) 在读入表达式的字符序列的同时，完成运算符和运算数(整数)的识别处理以及相应的运算。

(2) 在识别出运算数的同时，要将其字符形式转换成整数形式。

(3) 用后根遍历的次序对表达式求值。

(4) 用中缀表示输出表达式 E 时，适当添加括号，以正确反映运算的优先次序。

【选作内容】

(1) 增加求偏导数运算 Diff(E,V)——求表达式 E 对变量 V 的导数。

(2) 在表达式中添加三角函数等初等函数的操作。

(3) 增加常数合并操作 MergeConst(E)——合并表达式 E 中所有常数运算。例如，对表达式 E＝(2＋3－a) * (b＋3 * 4)进行合并常数的操作后，求得 E＝(5－a) * (b＋12)。

(4) 以表达式的原书写形式输入。

### 5.8⑤ 全国交通咨询模拟

【问题描述】

出于不同目的的旅客对交通工具有不同的要求。例如，因公出差的旅客希望在旅途中的时间尽可能短，出门旅游的游客则期望旅费尽可能省，而老年旅客则要求中转次数最少。编制一个全国城市间的交通咨询程序，为旅客提供两种或三种最优决策的交通咨询。

【基本要求】

(1) 提供对城市信息进行编辑(如：添加或删除)的功能。

(2) 城市之间有两种交通工具：火车和飞机。提供对列车时刻表和飞机航班进行编辑(增设或删除)的功能。

(3) 提供两种最优决策：最快到达或最省钱到达。全程只考虑一种交通工具。

(4) 旅途中耗费的总时间应该包括中转站的等候时间。

(5) 咨询以用户和计算机的对话方式进行。由用户输入起始站、终点站、最优决策原则和交通工具，输出信息：最快需要多长时间才能到达或者最少需要多少旅费才能到达，并详细说明依次于何时乘坐哪一趟列车或哪一次班机到何地。

【测试数据】

参考教科书 7.6 节图 7.33 的全国交通图，自行设计列车时刻表和飞机航班。

【实现提示】

(1) 对全国城市交通图和列车时刻表及飞机航班表的编辑，应该提供文件形式输入和键盘输入两种方式。飞机航班表的信息应包括：起始站的出发时间、终点站的到达时间和票价；列车时刻表则需根据交通图给出各个路段的详细信息，例如：基于教科书 7.6 节

图 7.33 的交通图，对从北京到上海的火车，需给出北京至天津、天津至徐州及徐州至上海各段的出发时间、到达时间及票价等信息。

（2）以邻接表作交通图的存储结构，表示边的结点内除含有邻接点的信息外，还应包括交通工具、路程中消耗的时间和花费以及出发和到达的时间等多项属性。

【选作内容】

增加旅途中转次数最少的最优决策。

## 实习报告示例：5.5 题　校园导游咨询

题目：编制一个为来访客人进行最短路径导游的程序

班级：计算机 95(1)　姓名：丁一　学号：954211　完成日期：1997.12.4

### 一、需求分析

1. 从清华大学的平面图中选取 19 个有代表性的景点，抽象成一个无向带权图。以图中顶点表示景点，边上的权值表示两地之间的距离。

2. 本程序的目的是为用户提供路径咨询。根据用户指定的始点和终点输出相应路径，或者根据用户指定的景点输出景点的信息。

3. 测试数据(附后)。

### 二、概要设计

1. 抽象数据类型图的定义如下：

**ADT Graph** {

数据对象 V：V 是具有相同特性的数据元素的集合，称为顶点集。

数据关系 R：

R＝{VR}

VR＝{(v,w)| v,w∈V,(v,w)表示 v 和 w 之间存在路径}

基本操作 P：

**CreateGraph**（**&G,V,VR**）

初始条件：V 是图的顶点集，VR 是图中边的集合。

操作结果：按 V 和 VR 的定义构造图 G。

**DestroyGraph**（**&G**）

初始条件：图 G 存在。

操作结果：销毁图 G。

**LocateVex**（**G,u**）

初始条件：图 G 存在，u 和 G 中顶点有相同特征。

操作结果：若 G 中存在顶点 u，则返回该顶点在图中位置；否则返回其他信息。

**GetVex（G，v）**

初始条件：图 G 存在，v 是 G 中某个顶点。

操作结果：返回 v 的信息。

**FirstEdge（G，v）**

初始条件：图 G 存在，v 是 G 中某个顶点。

操作结果：返回依附于 v 的第一条边。若该顶点在 G 中没有邻接点，则返回“空”。

**NextEdge（G，v，w）**

初始条件：图 G 存在，v 是 G 中某个顶点，w 是 v 的邻接顶点。

操作结果：返回依附于 v 的(相对于 w 的)下一条边。若不存在，则返回“空”。

**InsertVex（&G，v）**

初始条件：图 G 存在，v 和图中顶点有相同特征。

操作结果：在图 G 中增添新顶点 v。

**DeleteVex（&G，v）**

初始条件：图 G 存在，v 是 G 中某个顶点。

操作结果：删除 G 中顶点 v 及其相关的边。

**InsertEdge（&G，v，w）**

初始条件：图 G 存在，v 和 w 是 G 中两个顶点。

操作结果：在 G 中增添边(v，w)。

**DeleteEdge（&G，v，w）**

初始条件：图 G 存在，v 和 w 是 G 中两个顶点。

操作结果：在 G 中删除边(v，w)。

**GetShortestPath（G，st，nd，&Path）**

初始条件：图 G 存在，st 和 nd 是 G 中两个顶点。

操作结果：若 st 和 nd 之间存在路径，则以 Path 返回两点之间一条最短路径，否则返回其他信息。

} **ADT Graph**

2. 主程序

```
void mian( )
{
  初始化；
  do {
    接受命令(输入景点信息或输出最短路径)；
    处理命令；
  } while (“命令”!=“退出”)；
```

}

3. 本程序只有两个模块,调用关系简单。

## 三、详细设计

1. 顶点、边和图类型

```
#define  MAXVTXNUM   20                      // 图中顶点数的最大值
typedef struct {
          string name;                       //该顶点代表的景点的名称
          string info;                       //景点的信息
     } VertexType;                           // 顶点类型
typedef struct {
          int  lengh;                        // 边的权值,表示路径长度
          int  ivex, jvex;                   // 边的两端顶点号
     } EdgeType;                             // 边的类型
typedef struct EdgeNode {
          EdgeType   elem;
          EdgeNode   *ilink, *jlink;
     } EdgeNode, *EdgePtr;                   // 边的结点类型,指向边的指针
typedef struct {
          VertexType data;
          EdgePtr     firstEdge;             // 指向第一条依附该顶点的边的指针
     } VNode;                                // 顶点类型
typedef struct {
          VNode Adjmulist[MAXVTXNUM];        // 邻接多重表
          int     vexNum, edgeNum;           // 图中的顶点数和边数
     } GraphType;                            // 图类型
```

图的基本操作:

```
void InitGrah(GraphType &g);
// 初始化邻接多重表,表示一个空的图。g.vexNum=g.edgeNum=0。
status LocateVex(GraphType &g, string uname, int &i );
// 在图中查找其景点名称和 uname 相同的顶点。若存在,则以 i 返回其在邻接多
// 重表中的位置并返回 TRUE(g.Adjmulist[i].data.name=uname),否则返回
// FALSE。
```

```
void GetVex(GraphType g, int i, VertexType &v);
// 以 v 返回邻接多重表中序号为 i 的顶点 g.Adjmulist[i].data。
EdgePtr FirstEdge(GraphType g, int vi);
// 返回图 g 中指向依附于顶点 vi 的第一条边的指针 g.adjmulist[vi].firstEdge。
void NextEdge(GraphType g, int vi, EdgePtr p, int &vj, EdgePtr &q);
// 以 vj 返回图 g 中依附于顶点 vi 的一条边(由指针 p 所指)的另一端点;
// 以 q 返回图 g 中依附于顶点 vi 且相对于指针 p 所指边的下一条边。
void InsertVex(GraphType &g, VertexType v);
// 在图 g 的邻接多重表中添加一个顶点 v。
void InsertEdge(GraphType &g, EdgeType e);
// 在图 g 的邻接多重表中添加一条边 e。
void DeleteVex(GraphType &g, VertexType v);
// 从图 g 中删除顶点 v 及所有依附该顶点的边。
void DeleteEdge( GraphType &g, EgdeType e);
// 从图中删除边 e。
```

其中部分操作的伪 EdgePtr 码算法如下:

```
void NextEdge(GraphType g, int vi, EdgePtr p, int &vj, EdgePtr &q)
{
//以 vj 返回依附于顶点 vi 的一条边(由指针 p 所指)的另一端点;
//以 q 返回 vi 在图 g 中相对于该边的下一条边。
  if (p->elem.ivex == vi) {q = p->ilink; vj = p->elem.jvex;}
  else {q = p->jlink; vj = p->elem.ivex;}
}
```

```
void InsertEdge(GraphType &g, EdgeType e)
{
//在图 g 的邻接多重表中添加一条边 e。
p = (EdgePtr)malloc(sizeof(EdgeNode));
p->elem = e;
p->ilink = FirstEdge(g, e.ivex);
p->jlink = FirstEdge(g, e.jvex);
g.Adjmulist[e.ivex].firstedge = g.Adjmulist[e.jvex].firstedge = p;
}
```

2. 路径类型

```
typedef struct {
        int vx, vy;
    } Edge;
```

```
typedef struct {
        Edge   edges[MAXVTXNUM];  // 路径中边的序列
        int    len;               // 路径中边的数目
    } PathType;
typedef struct {
        string  vertices[MAXVTXNUM];  // 路径中景点的序列
        int  num;
    } PType;
```

相关的基本操作有：

```
void InitPath( PathType &pa );
//初始化 pa 为一条空路径(pa.len = 0)。
void copyPath( PathType &p1, PathType p2);
//复制路径 p1=p2。
void InsertPath(PathType &pa, int v, int w );
//在路径 pa 中插入一条边(v,w)。
int PathLength( PathType pa );
//返回路径 pa 的长度。
void OutPath( GraphType g, PathType pa, PType &vtxes );
//将路径转换为景点名称的序列。
```

其中部分操作的伪码算法如下：

```
void copyPath( PathType &p1, PathType p2)
{
//复制路径 p1=p2。
  for ( i = 0; i<p2.len; i++ ) {
    p1.edges[i].vx = p2.edges[i].vx;
    p1.edges[i].vy = p2.edges[i].vy
  }
  p1.len = p2.len;
}

void InsertPath(PathType &pa, int v, int w)
{
  //在路径 pa 中插入一条边(v, w)。
  pa.edges[pa.len].vx = v;
  pa.edges[pa.len].vy = w;
  pa.len++;
}
```

```
void OutPath(GraphType g, PathType pa, PType &vtxes)
{
  //将路径转换为景点名称的序列。
  m = 0;
  for ( i = 0; i<pa.len; i++ ) {
    GetVex(g, pa.edges[i].vx, vtx );
    vtxes[m++] = vtx.name;
  }
  GetVex(g, pa.edges[pa.len].vy, vtx);
  vtxes[m] = vtx.name;
  vtxes.num = m;
}
```

3. 主程序和其他伪码算法

```
void main( )
{
  //主程序
  Initialization;          // 系统初始化
  do {
    显示各景点名称;
    ReadCommand(cmd);      // 读入一个操作命令符
    Interpret(cmd)         // 解释执行操作命令符
  } while ( cmd != 'q' && cmd != 'Q' );
} // main

void Initialization( )
{
  // 系统初始化
  ClrScr;          // 清屏
  显示以串的形式键入含导游图的数据文件名;
  scanf(filename);  //读入文件名
  fin = fopen( filename, 'r');
  CreatGraph(ga, fin);      // 从文件读入数据并建立图的多重邻接表
} //Initialization

void ReadCommand(char &cmd)
{
  // 读入操作命令符
  显示键入操作命令符的提示信息;
  do {cmd = getche( );} while (cmd 不属于['s', 'S', 'v', 'V', 'q', 'Q']);
```

```
}
void Interpret(char cmd)
{
  // 解释执行操作命令 cmd
  switch (cmd) {
    case 's','S': 显示以串的形式键入景点名称的提示信息;
              scanf(sname);              //读入景点名称
                PrintScenery(sname);    //显示景点信息
                break;
    case 'v','V':显示以串的形式键入始点名称和终点名称的提示信息;
              scanf(sname, tname);      // 读入始点和终点名称
                GetShortestPath(ga, sname, tname, pathlen, spath );
                PrintPath(spath, pathLen );  // 输出最短路径及其长度
                break;
    case 'q','Q':
  }
} //Interpret
void CreatGraph(graphtype &g, FILE *f)
{
  //从文件 f 中读入顶点和边的数据,建立图的多重邻接表
  InitGraph(g);
  fscanf(f,g.vexNum, g.edgeNum);
  for (i = 0; i<g.vexNum; i++ ) {
    fscanf(f, v.name, v.info );
    InsertVex( g, v);
  }
  for (k = 0; k<g.edgeNum; k++ ) {
    fscanf(f, e.ivex, e.jvex, e.length);
    if (e.length) InsertEdge(g, e);
  }
}
void GetShortestPath(GraphType g, string sname, string tname,
                int &pathLength, PType &PathInfo )
{
  // 求从景点 sname 到景点 tname 的一条最短路径及其长度
  LocateVex(g, sname, sv);
  LocateVex(g, tname, tv);
```

```
  Shortestpath(g, sv, tv, pathLength, PathInfo);
}

void ShortestPath(GraphType g, int st, int nd,
                  int &pathLength, PType &PathInfo )
{
  // 利用迪杰斯特拉算法的基本思想求图 g 中从顶点 st 到顶点 nd 的一条
  // 最短路径 PathInfo 及其路径长度 pathLength。
  // 设 int dist[MAXVTXNUM]; PathType path[MAXVTXNUM];
    for (i = 0; i<g.vexNum; i++)  //初始化
    { dist[i] = maxint; InitPath(path[i]); }
  p = Firstedge(g, st);
  while (p) {   //初始化 dist 数组,检测依附于起始点的每一条边
    NextEdge(g, p,st,q,adjvex);
    dist[adjvex] = p->length;
    InsertPath(path[adjvex],st,adjvex);
    p = q;
  }
  found = FALSE;
  InitSet(ss); PutInSet(st, ss);     //设 ss 为已求得最短路径的顶点的集合
  while (!found) {
    min = minval(dist);
          //在所有尚未求得最短路径的顶点中求使 dist[i]取最小值的 i 值
    if (min == nd) found = true;
    else {
      v = min; PutInSet(v, ss);  // 将 v 加入集合 ss
      p = Firstedge(g, v);
      while (p) {     //检测依附于 v 的每一条尚未访问过的边
        NextEdge(g, p,v,q,w);
        if (!InSet(w, ss)/ * w 不在 ss 中 * / &&
        (dist[v]+p->length) < dist[w] ) {
          dist[w] = dist[v]+p->length;
          copyPath(path[w], path[v]);
          InsertPath(path[w], v, w);
        }
        p = q;
      } // while (p)
    } // else
  } // while ( !found )
```

```
    pathLength = dist[nd];
    OutPath(g, path[nd], PathVal);
}
```

4. 函数的调用关系图

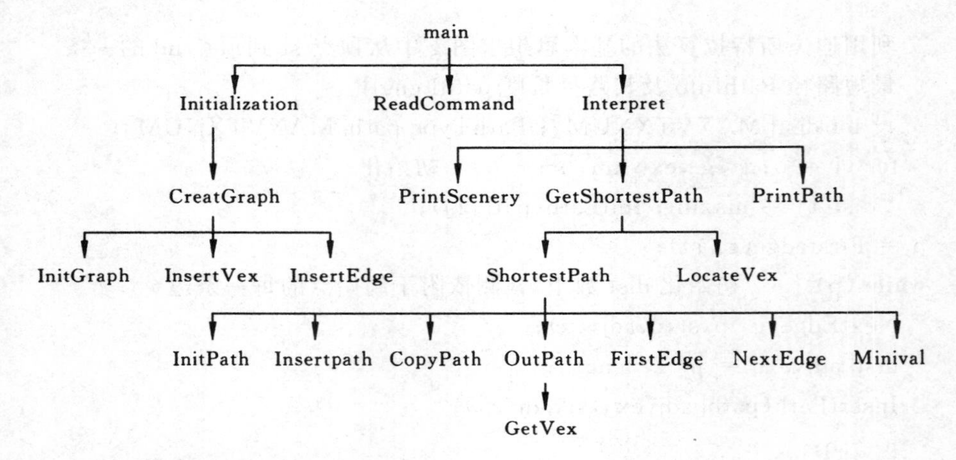


## 四、设计和调试分析

1. 原设计在边的属性中加上访问标志域 mark，意图以!( p－>mark)代替! InSet(w, ss)来判别是否需要检测该条边，后发现，如此只能求出第一对顶点之间的最短路径。在继续求其他对顶点的最短路径时，必须恢复所有边的访问标志为 FALSE，则需要耗费 $O(e)$ 的时间，并不比现在的算法优越，故舍去之。

2. 考虑道路网多是稀疏网，故采用邻接多重表作存储结构，其空间复杂度为 $O(e)$，此时的时间复杂度也为 $O(e)$。构建邻接多重表的时间复杂度为 $O(n+e)$，输出路径的时间复杂度为 $O(n)$。由此，本导游程序的时间复杂度为 $O(n+e)$。

3. 由于导游程序在实际执行时，需要根据用户的临时输入求最短路径。因此，虽然迪杰斯特拉算法的时间复杂度比弗洛伊德算法低，但每求一条最短路径都必须重新搜索一遍，在频繁查询时会导致查询效率降低，而弗洛伊德算法只要计算一次，即可求得每一对顶点之间的最短路径，虽然时间复杂度为 $O(n^3)$，但以后每次查询都只要查表即可，极大地提高了查询效率，而且，弗洛伊德算法还支持带负权的图的最短路径的计算。由此可见，在选用算法时，不能单纯地只考虑算法的渐近时间复杂度，有时还必须综合考虑各种因素。

## 五、用户手册

1. 本程序的运行环境为 DOS 操作系统，执行文件为：GraphTest.exe；

2. 进入演示程序后首先提示以串的形式输入数据文件名，随即从文件读入道路网的数据并建立图的多重邻接表；

3. 之后即显示文本方式的用户界面：

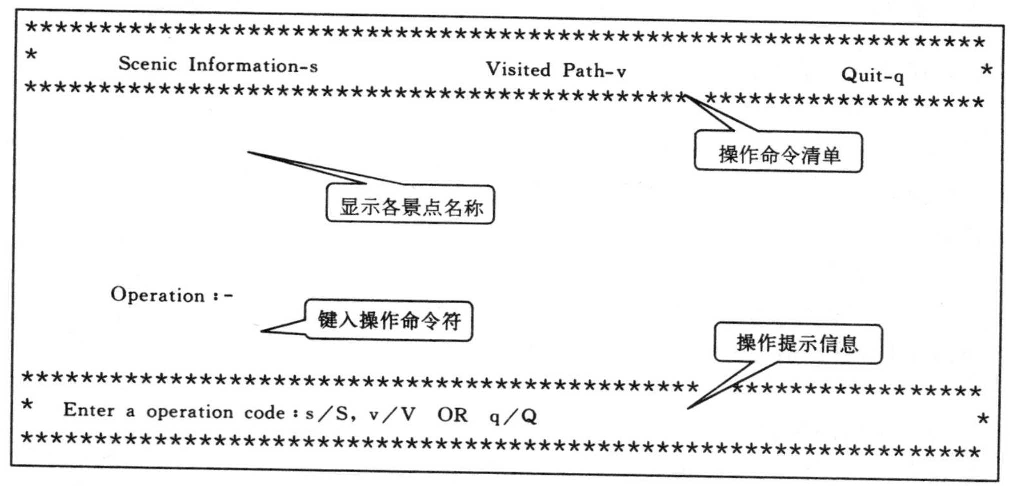


4. 进入“查询景点信息(s/S)”的命令后，即提示以串的形式输入景点的名称，接受输入之后即显示该景点的信息；

5. 进入“查询路径信息(v/V)”的命令后，即提示以串的形式输入起始点和终点的名称，在接受用户的输入之后即显示两点之间的一条最短路径。

## 六、测试结果

1. 操作命令符为 v，

Source (始点)：NorthGate(北门)；Destination (终点)：SouthGate(南门)；

Shortest Path(最短路径)：NorthGate(北门)——28＃Building(二十八号楼)——10thRestaurant(第十食堂)——3rdTeachBuilding(三教)——TrafficTower(交通岗)——SouthGate(南门)

Shortest Distance(最短路径长度)：250

2. 操作命令符为 v，

Source (始点)：JinChuanYuan (近春园)；Destination (终点)：30＃Building(三十号楼)；

Shortest Path(最短路径)：JinChuanYuan (近春园)——WestPlayground(西大操场)——Library (图书馆)——10 thRestaurant(第十食堂)——30＃Building(三十号楼)

Shortest Distance(最短路径长度)：95

3. 操作命令符为 v，

Source (始点)：Hospital(校医院)；Destination (终点)：MainBuilding(主楼)；

Shortest Path(最短路径)：Hospital(校医院)——JinChuanYuan (近春园)——WestPlayground(西大操场)——Library (图书馆)——10 thRestaurant(第十食堂)——30＃Building(三十号楼)——EestPlayground(东大操场)——MainBuilding(主楼)

Shortest Distance(最短路径长度)：195

## 七、附录

源程序文件名清单：

```
GraphUnit.H     // 图类型
GraphTest.C     // 主程序
Graph.dat       //清华园数据文件
```

注解：

校园数据文件的格式：

图中顶点的数目,图中边的数目

景点名称,景点信息

…

// 以下是边的信息

始点号,终点号,路径长度

…

// 顶点号由景点的输入顺序自然形成

# 实习 6　存储管理、查找和排序

与前五个实习单元不同，本实习单元旨在集中对几个专门的问题作较为深入的探讨和理解，不强调对某些特定的编程技术的训练。

动态存储管理问题的实习遇到高级语言限制方面的困难。6.1 题绕过了这个限制。尽管与实际情况有差距，例如，求得伙伴地址以后不能用它寻址得到伙伴的头，但还是较完整地体现了伙伴系统的主要框架和意图。希望选择此题的读者认真思考：如何修改自己的程序才能得到实用的系统。

6.2 题和 6.5 题集中地探讨了不同的索引技术。散列技术是索引技术中的一种非常重要和有效的技术，但与实际问题（主要是关键字集的形态和特点）关系甚密。哈希函数的选择和冲突解决方法的选用都带有较强的技巧性和经验性，自己动手试一试是非常有益的；平衡树和键树有其一定的实用范围；B 树是动态索引文件的一种极好的组织方式，也是物理数据库实现的基本技术。尽管此题难度大了一些，但给读者带来的提高也相应地大些，其中所含的程序设计技巧也比较多。

6.6 题除了使读者对各种内部排序方法及效率获得深入理解之外，还可以给读者以启发：对于一个一般的问题而言，开发高效算法的可能性如何？应该如何寻找和构造高效算法？6.7 题是一个多关键字的排序问题。

### 6.1④　伙伴存储管理系统演示

【问题描述】

伙伴存储管理系统是一种巧妙而有效的方法。试写一个演示系统，演示分配和回收存储块前后的存储空间状态变化。

【基本要求】

程序应不断地从终端读取整数 $n$。每个整数是一个请求。如果 $n>0$，则表示用户申请大小为 $n$ 的空间；如果 $n<0$，则表示归还起始地址（即下标）为 $-n$ 的块；如果 $n=0$，则表示结束运行。每读入一个数，就处理相应的请求，并显示处理之后的系统状态。

系统状态由占用表和空闲表构成。显示系统状态意味着显示占用表中各块的始址和长度，以及空闲表中各种大小的空闲块的始址和长度。

【测试数据】

1，－＜①1＞，3，4，4，4，－＜①4＞，－＜①3＞，2，2，2，2，－＜②4＞，－＜①2＞，－＜②2＞，－＜③2＞，－＜④2＞，－＜③4＞，40，0。其中，＜③，2＞表示第③次申请大小为 2 的空间使得块的始址。其余类推。

【实现提示】

可以取 $m=5$，即 SpaceSize$=2^5$，数据结构如下：

```
typedef struct BlkHeader {
```

```
    BlkHeader   * llink, * rlink;
    int         tag;
    int         kvalue;
    int         blkstart;  // 块起始地址
  } BlkHeader, * Link;
typedef struct {
    int     blksize;
    Link    first;
  } ListHeader;
typedef char cell;          // cell 也可以是其他单位
```

主要变量是:

```
cell        space[SpaceSize];       // 被管理的空间
ListHeader  avail[m+1];             // 可用空间表
Link        allocated;              // 占用表的表头指针
```

在这里,我们把每块的块头分离出来,通过 blkstart 域与相应的块建立联系。每个块一旦被分配,其块头就进入占用表,其中的各块头由 rlink 域链接在一起。tag 域实际上不起作用,但为了与实际伙伴管理系统更接近,没有把它去掉。显然,在这种模拟实现方法中,不对数组 space 作任何引用或赋值。

【选作内容】

(1) 同时还用直观的图示方式显示状态。

(2) 写一个随机地申请和归还各种规格的存储块的函数考验你的伙伴系统。

### 6.2② 哈希表设计

【问题描述】

针对某个集体(比如你所在的班级)中的"人名"设计一个哈希表,使得平均查找长度不超过 $R$,完成相应的建表和查表程序。

【基本要求】

假设人名为中国人姓名的汉语拼音形式。待填入哈希表的人名共有 30 个,取平均查找长度的上限为 2。哈希函数用除留余数法构造,用伪随机探测再散列法处理冲突。

【测试数据】

取读者周围较熟悉的 30 个人的姓名。

【实现提示】

如果随机函数自行构造,则应首先调整好随机函数,使其分布均匀。人名的长度均不超过 19 个字符(最长的人名如:庄双双(Zhang Shuangshuang)。字符的取码方法可直接利用 C 语言中的 toascii 函数,并可对过长的人名先作折叠处理。

【选作内容】

(1) 从教科书上介绍的几种哈希函数构造方法中选出适用者并设计几个不同的哈希

函数，比较它们的地址冲突率(可以用更大的名字集合作试验)。

(2) 研究这 30 个人名的特点，努力找一个哈希函数，使得对于不同的拼音名一定不发生地址冲突。

(3) 在哈希函数确定的前提下尝试各种不同处理冲突的方法，考查平均查找长度的变化和造好的哈希表中关键字的聚簇性。

### 6.3⑤ 图书管理

【问题描述】

图书管理基本业务活动包括：对一本书的采编入库、清除库存、借阅和归还等等。试设计一个图书管理系统，将上述业务活动借助于计算机系统完成。

【基本要求】

(1) 每种书的登记内容至少包括书号、书名、著者、现存量和总库存量等五项。

(2) 作为演示系统，不必使用文件，全部数据可以都在内存存放。但是由于上述四项基本业务活动都是通过书号(即关键字)进行的，所以要用 B 树(2-3 树)对书号建立索引，以获得高效率。

(3) 系统应实现的操作及其功能定义如下：

① 采编入库：新购入一种书，经分类和确定书号之后登记到图书账目中去。如果这种书在账中已有，则只将总库存量增加。

② 清除库存：某种书已无保留价值，将它从图书账目中注销。

③ 借阅：如果一种书的现存量大于零，则借出一本，登记借阅者的图书证号和归还期限。

④ 归还：注销对借阅者的登记，改变该书的现存量。

⑤ 显示：以凹入表的形式显示 B 树。这个操作是为了调试和维护的目的而设置的。下列 B 树的打印格式如下所示：

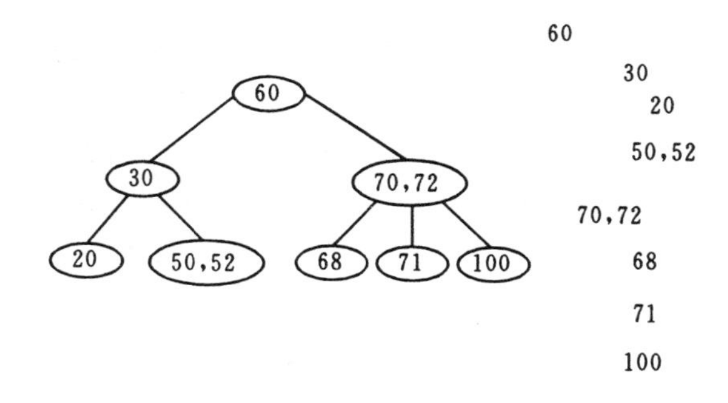


【测试数据】

入库书号：35，16，18，70，5，50，22，60，13，17，12 ，45，25，42，15，90，30，7

然后清除：45，90，50，22，42

其余数据自行设计。由空树开始，每插入删除一个关键字后就显示 B 树的状态。

【实现提示】

(1) 2-3 树的查找算法是基础，入库和清除操作都要调用。难点在于删除关键字的算法,因而只要算法对2-3树适用就可以了,暂时不必追求高阶B树也适用的删除算法。

(2) 每种书的记录可以用动(或静)态链式结构。

借阅登记信息可以链接在相应的那种书的记录之后。

【选作内容】

(1) 将一次会话过程(即程序一次运行)中的全部人机对话记入一个日志文件"log"中去。

(2) 增加列出某著者全部著作名的操作。思考如何提高这一操作的效率,参阅教科书12.6.2节。

(3) 增加列出某种书状态的操作。状态信息除了包括这种书记录的全部信息外还包括最早到期(包括已逾期)的借阅者证号,日期可用整数实现,以求简化。

(4) 增加预约借书功能。

### 6.4⑤ 平衡二叉树操作的演示

【问题描述】

利用平衡二叉树实现一个动态查找表。

【基本要求】

实现动态查找表的三种基本功能:查找、插入和删除。

【测试数据】

由读者自行设定。

【实现提示】

(1) 初始,平衡二叉树为空树,操作界面给出查找、插入和删除三种操作供选择。每种操作均要提示输入关键字。每次插入或删除一个结点后,应更新平衡二叉树的显示。

(2) 平衡二叉树的显示可采用如6.69题要求的凹入表形式,也可以采用图形界面画出树形。

(3) 教科书已给出查找和插入算法,本题重点在于对删除算法的设计和实现。假设要删除关键字为x的结点。如果x不在叶子结点上,则用它左子树中的最大值或右子树中的最小值取代x。如此反复取代,直到删除动作传递到某个叶子结点。删除叶子结点时,若需要进行平衡变换,可采用插入的平衡变换的反变换(如,左子树变矮对应于右子树长高)。

【选作内容】

(1) 合并两棵平衡二叉树。

(2) 把一棵平衡二叉树分裂为两棵平衡二叉树,使得在一棵树中的所有关键字都小于或等于$x$,另一棵树中的任一关键字都大于$x$。

### 6.5③ 英语词典的维护和识别

【问题描述】

Trie树通常作为一种索引树,这种结构对于大小变化很大的关键字特别有用。利用Trie树实现一个英语单词辅助记忆系统,完成相应的建表和查表程序。

【基本要求】

不限定 Trie 树的层次，每个叶子结点只含一个关键字，采用单字符逐层分割的策略，实现 Trie 树的插入、删除和查询的算法，查询可以有两种方式：查询一个完整的单词或者查询以某几个字母开头的单词。

【测试数据】

自行设定。

【实现提示】

以实习三中已实现的串类型或 C 语言中提供的长度不限的串类型表示关键字，叶子结点内应包括英语单词及其注音、释义等信息。

【选作内容】

限定 Trie 树的层次，每个叶子结点可以包含多个关键字。

### 6.6③ 内部排序算法比较

【问题描述】

在教科书中，各种内部排序算法的时间复杂度分析结果只给出了算法执行时间的阶，或大概执行时间。试通过随机数据比较各算法的关键字比较次数和关键字移动次数，以取得直观感受。

【基本要求】

(1) 对以下 6 种常用的内部排序算法进行比较：起泡排序、直接插入排序、简单选择排序、快速排序、希尔排序、堆排序。

(2) 待排序表的表长不小于 100；其中的数据要用伪随机数产生程序产生；至少要用 5 组不同的输入数据作比较；比较的指标为有关键字参加的比较次数和关键字的移动次数(关键字交换计为 3 次移动)。

(3) 最后要对结果作出简单分析，包括对各组数据得出结果波动大小的解释。

【测试数据】

由随机数产生器生成。

【实现提示】

主要工作是设法在已知算法中的适当位置插入对关键字的比较次数和移动次数的计数操作。程序还可以考虑几组数据的典型性，如，正序、逆序和不同程度的乱序。注意采用分块调试的方法。

【选作内容】

(1) 增加折半插入排序、二路插入排序、归并排序、基数排序等。

(2) 对不同的输入表长作试验，观察检查两个指标相对于表长的变化关系。还可以对稳定性作验证。

### 6.7③ 多关键字排序

【问题描述】

多关键字的排序有其一定的实用范围。例如：在进行高考分数处理时，除了需对总分进行排序外，不同的专业对单科分数的要求不同，因此尚需在总分相同的情况下，按用户提出的单科分数的次序要求排出考生录取的次序。

【基本要求】

(1) 假设待排序的记录数不超过 10 000，表中记录的关键字数不超过 5，各个关键字的范围均为 0 至 100。按用户给定的进行排序的关键字的优先关系，输出排序结果。

(2) 约定按 LSD 法进行多关键字的排序。在对各个关键字进行排序时采用两种策略：其一是利用稳定的内部排序法，其二是利用“分配”和“收集”的方法。并综合比较这两种策略。

【测试数据】

由随机数产生器生成。

【实现提示】

用 5 至 8 组数据比较不同排序策略所需时间。

由于是按 LSD 方法进行排序，则对每个关键字均可进行整个序列的排序，但在利用通常的内部排序方法进行排序时，必须选用稳定的排序方法。借助“分配”和“收集”策略进行的排序，如同一趟“基数排序”，由于关键字的取值范围为 0 至 100，则分配时将得到 101 个链表。

【选作内容】

增添按 MSD 策略进行排序，并和上述两种排序策略进行综合比较。

## 实习报告示例：6.6 题　内部排序算法比较

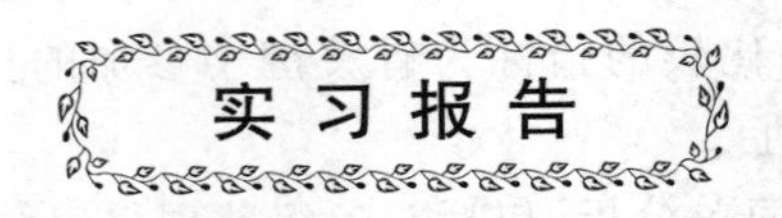


题目：编制一个演示内部排序算法比较的程序

班级：计算机 95(1)　姓名：丁一　学号：954211　完成日期：1997.12.28

### 一、需求分析

1. 本演示程序对以下 6 种常用的内部排序算法进行实测比较：起泡排序、直接插入排序、简单选择排序、快速排序、希尔排序、堆排序。

2. 待排序表的元素的关键字为整数。用正序、逆序和不同乱序程度的不同数据作测试比较。比较的指标为有关键字参加的比较次数和关键字的移动次数(关键字交换计为 3 次移动)。

3. 演示程序以用户和计算机的对话方式执行，即在计算机终端上显示“提示信息”下，用户可由键盘输入待排序表的表长(100 至 1000)和不同测试数据的组数(8 至 18)。每次测试完毕，列表显示各种比较指标值。

4. 最后对结果作出简单分析，包括对各组数据得出结果波动大小给予解释。

## 二、概要设计

1. 可排序表的抽象数据类型定义：

**ADT** OrderableList {

数据对象：$D=\{a_i \mid a_i \in \text{IntegerSet},\ i=1,2,\cdots,n,\ n\geqslant 0\}$

数据关系：$R1=\{<a_{i-1}, a_i> \mid a_{i-1}, a_i \in D,\ i=2,\cdots,n\}$

基本操作：

InitList( n )

操作结果：构造一个长度为 n,元素值依次为 1,2,…,n 的有序表。

RandomizeList( d, isInverseOrder )

操作结果：首先根据 isInverseOrder 为 True 或 False,将表置为逆序或正序,然后将表进行 d(0≤d≤8)级随机打乱。d 为 0 时表不打乱，d 越大,打乱程度越高。

RecallList( )

操作结果：恢复最后一次用 RandomizeList 随机打乱得到的可排序表。

ListLength( )

操作结果：返回可排序表的长度。

ListEmpty( )

操作结果：若可排序表为空表,则返回 True,否则返回 False 。

BubbleSort (&c, &s)

操作结果：进行起泡排序,返回关键字比较次数 c 和移动次数 s。

InsertSort (&c, &s)

操作结果：进行插入排序,返回关键字比较次数 c 和移动次数 s。

SelectSort (&c, &s)

操作结果：进行选择排序,返回关键字比较次数 c 和移动次数 s。

QuickSort (&c, &s)

操作结果：进行快速排序,返回关键字比较次数 c 和移动次数 s。

ShellSort (&c, &s)

操作结果：进行希尔排序,返回关键字比较次数 c 和移动次数 s。

HeapSort (&c, &s)

操作结果：进行堆排序,返回关键字比较次数 c 和移动次数 s。

ListTraverse(visit())

操作结果：依次对 L 中的每个元素调用函数 visit()。

} **ADT** OrderableList

2. 本程序包含两个模块：

1）主程序模块：

**void** main( ) {

```
初始化;
do {
    接受命令;
    处理命令;
} while ("命令"!= "退出");
}
```

2) 可排序表单元模块——实现可排序表的抽象数据类型;

各模块之间的调用关系如下:

## 三、详细设计

1. 根据题目要求和可排序表的基本操作的特点,可排序表采用整数顺序表存储结构,并实现在头文件 OAList.H。

```
//-------- 基本操作的函数原型(略) --------
#define MAXSIZE 1000        // 可排序表的最大长度
#define SORTNUM 6           // 测试 6 种排序方法
typedef void ( * Func)(long c, long s);  // 6 种排序方法的函数类型 Func
static Func Sorts[SORTNUM] =           // 便于依次测试 6 种排序算法
            { BubbleSort, InsertSort, SelectSort,
              QuickSort, ShellSort, HeapSort };
static char * SortNames[SORTNUM] =  // 用于显示测试结果比较表
        { "Bubbl", "Inser", "Selec", "Quick", "Shell ", "Heap"};
static int Mix[ ] = {0,1, 4, 16, 64, 128, 256, 512, 4096};
                          // 构造各级乱序表时随机交换元素个数
typedef int DataType[MAXSIZE+2];
                          // data[-1]和 data[MAXSIZE+1]为辅助单元
DataType  data;           // 可排序表的顺序存储空间
DataType  data2;          // 辅助空间,保留最新打乱的数据
int       size;           // 表的当前长度
long      compCount;      // 关键字比较计数
long      shiftCount;     // 关键字移动计数
// -------- 内部操作 --------
void BeforeSort( ) {      // 每个排序算法在入口处调用
  compCount = shiftCount = 0;
} // BeforeSort
```

```
status Less (int i, int j) {
    // 若表中第 i 个元素小于第 j 个元素,则返回 True,否则 False
    compCount++;  // 关键字比较次数加 1
    return data[i] < data[j];
} // Less

void Swap (int i, int j) {  // 交换表中第 i 和第 j 个数据元素。
    data[i]←→data[j];
    shiftCount = shiftCount+3;  // 关键字移动次数加 3
} //Swap

void Shift (int i, int j ) {  // 将表中第 i 个元素的值赋给第 j 个元素
  data[j] = data[i];
    shiftCount++;  // 关键字移动次数加 1
} //Shift

void CopyData (DataType list1, DataType &list2) {  // 复制数据
  for (i = 1; i<=size; i++)     list2[i] = list1[i];
} // CopyData

void InverseOrder( ) {     // 将可排序表置为逆序
    for (i = 1; i<=size; i++) data[i] = data2[i] = size-i+1;
} // InverseOrder

// -------- 部分操作的伪码算法 --------
void InitList(int n) {
  if (n<1) size = 0;
  else {
    if (n>MAXSIZE) n = MAXSIZE;
    for (i = 1; i<=n; i++) data[i] = data2[i] = i;
    size = n;
  }
  compCount = shiftCount = 0;
} // InitList

void RandomizeList(int d, int isInverse ) {
  // 对可排序表进行 d 次随机打乱。0≤d≤8,d 为 0 时表不变
  if (isInverse) InverseOrder( );      // 逆序
  else InitList(size);                 // 正序
  for (i = 1; i<=Mix[d]; i++)    // d 级打乱,随机交换若干元素
    data[random(size)+1]←→data[random(size)+1];
  CopyData(data, data2);  // 保留,以便对各种排序算法测试相同数据
```

```
} // RandomizeList

void RecallList( ) {
  // 恢复最后一次用 RandomizeList 随机打乱后的可排序表
  CopyData(data2, data);
} // RecallList

void BubbleSort (long &c, long &s) {
  // 进行起泡排序,返回关键字比较次数 c 和移动次数 s
    BeforeSort( );
    do {
        swapped = FALSE;
        for (i = 1; i<=size-1; i++)
          if (Less(i+1, i)) {Swap(i+1, i); swapped = TRUE;}
    } while (swapped);
    c = compCount; s = shiftCount;
} // BubbleSort

void InsertSort (long &c, long &s ) {
  // 进行插入排序,返回关键字比较次数 c 和移动次数 s
    BeforeSort( );
    for (i = 2; i<=size; i++) {
      Shift(i, 0); j = i-1;
      while (Less(0, j)) {Shift(j, j+1); j--;}
      Shift(0, j+1);
    }
    c = compCount; s = shiftCount;
} // InsertSort

void SelectSort (long &c, long &s) {
  // 进行选择排序,返回关键字比较次数 c 和移动次数 s
    BeforeSort( );
    for (i = 1; i<=size-1; i++) {
      min = i;
      for (j = i+1; j<=size; j++)
        if (Less(j, min)) min = j;
      if (i != min) Swap(i, min);
    }
    c = compCount; s = shiftCount;
} // SelectSort
```

```
void QSort (int lo, int hi) { // QuickSort 的辅助函数
    if (lo<hi) {
        i = lo; j = hi; m = (lo+hi) / 2;
        do {
            while (Less(i, m)) i++;   // 中间元素作“枢轴”
            while (Less(m, j)) j--;
              if (i<=j) {
                if (m == i) m = j;
                else if (m == j) m = i;
                Swap(i, j);  i++;  j--;
              }
        } while (i <= j);
        QSort(lo, j); QSort(i, hi);
    }
} // QSort

void QuickSort (long &c, long &s ) {
  // 进行快速排序,返回关键字比较次数 c 和移动次数 s
    BeforeSort( );
    QSort(1, size);
    c = compCount; s = shiftCount;
} // QuickSort

void ShellSort (long &c, long &s ) {
  // 进行希尔排序,返回关键字比较次数 c 和移动次数 s
    BeforeSort( );
    i = 4;          h = 1;
    while ( i<=size ) { i = i * 2; h = 2 * h+1; }
    While ( h != 0 ) {
      i = h;
      while ( i<=size ) {
        j = i-h;
        while (j>0 && Less(j+h, j)) {Swap(j, j+h); j = j-h; }
        i++;
      }
      h = (h-1) / 2;
    }
    c = compCount; s = shiftCount;
} // ShellSort
```

```
void Sift (int left, int right) { // 堆排序的调堆函数
  i = left;  j = 2 * i;  Shift(left, 0);  finished = FALSE;
  Shift(left, MAXSIZE+1);
  while (j<=right && !finished) {
    if (j<right && Less(j+1, j)) j = j+1;
    if (!Less(j, 0)) finished = TRUE;
    else {Shift(j, i); i = j; j = 2 * i;}
  }
  Shift(MAXSIZE+1, i);
} // Sift

void HeapSort (long &c, long s& ) {
  // 进行堆排序,返回关键字比较次数 c 和移动次数 s
    BeforeSort( );
    for (left = size / 2; left>=1; left-- ) Sift(left, size);
    for (right = size; right>=2; right-- )
      {Swap(1, right); Sift(1, right-1);}
    c = compCount; s = shiftCount;
} // HeapSort

// ……其余略……
```

2. 主函数 main 和其他辅助函数的伪码算法

```
#define  minGroup   8
#define  maxGroup   18
void Initialization( ) {  // 系统初始化
  randomize( );
  clrscr( ); // 清屏
在屏幕上方显示操作命令清单和缺省值:

****  SortTest--1  Size(100-1000--2  Groups(8-18)--3  Quit--q  ****
                      size=400        groups=18
} //Initialization

void ReadCommand( char &cmd ) {   // 读入操作命令符
  显示键入操作命令符的提示信息;
  do {cmd = getche( );} while (cmd 不属于['1', '2', '3', 'q', 'Q']);
}

void Interpret(char cmd ) {  // 解释执行操作命令 cmd
  switch (cmd) {
```

```
    case '1'：显示测试结果比较表的表头；  // 以下略去表格符号显示
            for (i = 0; i<=groups-1; i++) {   // 逐组测试
              if (i<groups/2)
                RandomizeList(i, FALSE);   // 对正序表作第 i 级打乱
              else
                RandomizeList(groups-i-1, TRUE);   // 作逆序 i 级打乱
              for (j = 0; j<SORTNUM; j++) {   // 对每种排序方法测试
                RecallList( );          // 还原数据
                ( * Sorts[j])(c, s);   // 测试第 j 种排序算法
                //显示关键字比较次数 c 和移动次数 s：
                GotoXY( 6+(j-1) * 6,i+7); printf("%6ld", c);
                GotoXY(44+(j-1) * 6,i+7); printf("%6ld", s);
              } // for j
            } // for i
            显示测试结果比较表的相应部分表格符；
            break;
  case '2'：显示键入可排序表的长度的提示信息；
            scanf("%d", n);   // 读入表的长度值到整数变量 n
            if (n<100) n = 100;
            if (n>1000) n = 1000;
            InitList(n);   // 构造元素依次为 1,2,…,n 的有序表
            break;
  case '3'：显示键入测试的组数的提示信息；
            scanf("%d", groups);
            if (groups<minGroup) groups = minGroup;
            if (groups> maxGroup) groups = maxGroup;
}
} //Interpret

void main( ) { // 主函数
  Initialization( );              // 初始化
  do {
    ReadCommand(cmd);         // 读入一个操作命令符
    Interpret(cmd);           // 解释执行操作命令符
  } while ( cmd != 'q' && cmd != 'Q' );
} // main
```

3. 函数的调用关系图反映了演示程序的层次结构：

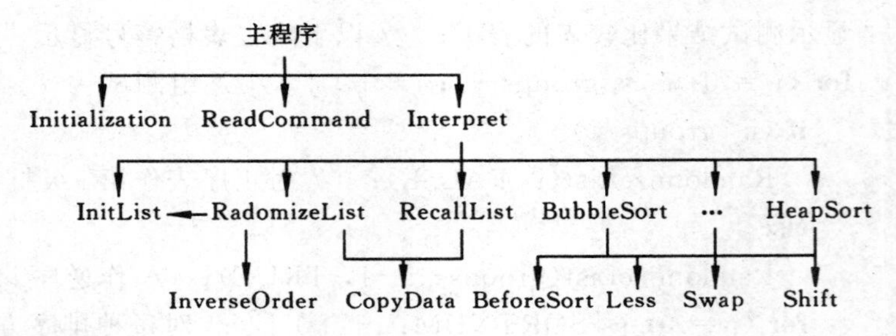


## 四、调试分析

1. 对正序、逆序和若干不同程度随机打乱的可排序表，进行各种排序方法的比较测试，得到的测试数据具有较好的典型性和可比较性。通过设计和实现指定程度的随机乱序算法，对伪随机数序列的产生有了具体的认识和实践。

2. 将排序算法中的关键字比较、赋值(移动)和交换分别由 Less，Shift 和 Swap 三个内部操作实现，较好地解决了排序算法的关键字比较次数和移动次数的统计问题。

3. 各种排序算法的时间和空间复杂度在教科书中已有讨论，实测的情况请参见第六部分：测试结果。测试数据的生成和对测试的控制等算法则比较简单，主要工作是对数据的"打乱"。现在的打乱算法的优点在于可控制打乱程度，但也有不足：随着打乱程度的提高，有的元素反复交换，使得时间复杂度无谓增大。

4. 本实习作业采用循序渐进的策略。首先设计和实现可排序表的建立和打乱操作，然后用插入排序验证各种内部辅助操作的正确性，进而逐个加入其他排序算法，最后完成对测试结果比较表的显示。调试能力有了提高。

## 五、用户手册

1. 本程序的运行环境为 DOS 操作系统，执行文件为：SortDemo.exe。

2. 进入演示程序后，即显示文本方式的用户界面(见下页图中前两行)。有 3 种操作供选择。可排序表长度和测试分组数目的缺省值分别为：400 和 18。

3. 选择操作 1(SortTest)：程序根据当前设定的表长和测试组数，对 6 种排序算法进行实际测试，并显示关键字比较次数和移动次数的比较表(见下图)。表格的每行对应一组测试。第一列(Mix)的值是该组数据的乱序程度，0 为完全正序，-0 为完全逆序；正数表示对正序打乱，负数表示对逆序打乱；绝对值越大，打乱程度越高。每行数值分为两部分：比较次数和移动次数。

4. 选择操作 2(Size)：程序提示键入可排序表的长度(100～1000)。如果小于 100，则置为 100。如果大于 1000，则置为 1000。

5. 选择操作 3(Groups)：程序提示键入测试的组数(8～18)。如果小于 8，则置为 8。如果大于 18，则置为 18。

6. 选择操作 q(Quit)：程序结束。

键入操作命令符

操作命令清单

```
*********  SortTest--1    Size(100～1000)--2    Groups(8～18)--3    Quit--q    ************
Command?1                 size=400               groups=18
```

| Mix | comparisonCount | | | | | | shiftCount | | | | | |
|---|---|---|---|---|---|---|---|---|---|---|---|---|
| | Bubbl | Inser | Selec | Quick | Shell | Heap | Bubbl | Inser | Selec | Quick | Shell | Heap |
| 0 | 399 | 399 | 79800 | 3208 | 2698 | 5352 | 0 | 798 | 0 | 765 | 0 | 5417 |
| 1 | 27531 | 534 | 79800 | 3208 | 2800 | 5360 | 405 | 933 | 3 | 768 | 309 | 5426 |
| 2 | 42294 | 665 | 79800 | 3208 | 2894 | 5352 | 798 | 1064 | 6 | 771 | 588 | 5415 |
| 3 | 152418 | 1425 | 79800 | 3208 | 3358 | 5375 | 3078 | 1824 | 12 | 783 | 1998 | 5421 |
| 4 | 144438 | 4325 | 79800 | 3229 | 3679 | 5382 | 11778 | 4724 | 48 | 840 | 3000 | 5431 |
| 5 | 141645 | 13609 | 79800 | 3397 | 4165 | 5454 | 39630 | 14008 | 192 | 1203 | 4566 | 5495 |
| 6 | 140049 | 21376 | 79800 | 3629 | 4447 | 5579 | 62931 | 21775 | 381 | 1569 | 5643 | 5590 |
| 7 | 147630 | 32158 | 79800 | 4021 | 4582 | 5640 | 95277 | 32557 | 753 | 2199 | 6141 | 5638 |
| 8 | 152418 | 40108 | 79800 | 4404 | 4654 | 5701 | 119127 | 40507 | 1167 | 2790 | 6513 | 5712 |
| −8 | 145236 | 39580 | 79800 | 4906 | 4646 | 5701 | 117543 | 39979 | 1185 | 2757 | 6417 | 5720 |
| −7 | 156408 | 50410 | 79800 | 4844 | 4439 | 5782 | 150033 | 50809 | 1149 | 2658 | 5931 | 5782 |
| −6 | 159600 | 59915 | 79800 | 4753 | 4582 | 5847 | 178548 | 60314 | 960 | 2694 | 6318 | 5847 |
| −5 | 157206 | 67979 | 79800 | 4033 | 4171 | 5915 | 202740 | 68378 | 792 | 2223 | 5148 | 5911 |
| −4 | 159600 | 76613 | 79800 | 3722 | 3948 | 5951 | 228642 | 77012 | 648 | 1734 | 4422 | 5941 |
| −3 | 159600 | 79141 | 79800 | 3807 | 3619 | 5978 | 236226 | 79540 | 612 | 1515 | 3456 | 5961 |
| −2 | 158802 | 79703 | 79800 | 3660 | 3529 | 5988 | 237912 | 80102 | 606 | 1701 | 3186 | 5965 |
| −1 | 159600 | 80042 | 79800 | 3387 | 3509 | 5990 | 238929 | 80441 | 603 | 1494 | 3123 | 5978 |
| −0 | 159600 | 80199 | 79800 | 3214 | 3496 | 5984 | 239400 | 80598 | 600 | 1362 | 3084 | 5967 |

## 六、测试结果

对各种表长和测试组数进行了测试，程序运行正常。分析实测得到的数值，6 种排序算法（快速排序采用“比中法”）的特点小结如下：

| 测试 | 起泡排序 | 插入排序 | 选择排序 | 快速排序 | 希尔排序 | 堆排序 |
|---|---|---|---|---|---|---|
| 比较次数 | 最多<br>越乱（逆）越多 | 第三多<br>越乱（逆）越多 | 第二多<br>与乱否无关 | 少<br>乱否差异小 | 少<br>乱否差异小 | 稍多<br>乱否差异很小 |
| 移动次数 | 最多<br>越乱（逆）越多 | 第二多<br>越乱（逆）越多 | 最少<br>正或逆序少 | 第二少<br>乱否差异较小 | 约为快速排序的两倍 | 稍多<br>乱否差异很小 |

## 七、附录

源程序文件名清单：

OAList.H　　// 可排序表的实现

SortDemo.C　// 主程序

# 第三篇　部分习题的解答或提示

## 概　述

数据结构常常被人们认为是一门较难的课程，主要困难可能来自解答习题。

数据结构习题的要求和侧重，与它的先修课“C语言程序设计”有很大的不同：C语言程序设计侧重于通过编写不太复杂的程序来理解掌握语言的特性和语言的运用；而数据结构则侧重于解决问题的策略和方法，即研究算法。它不但要求给出问题的一种算法，还要求算法的时空效率高、算法结构清晰、可读性好以及容易验证等。对问题的数据表示和解法所采取的观点也大大提高了一步，通过定义数据结构及其上的操作以解决问题。这样，过去写的解决某个问题的程序，如果是用“就事论事”的策略写成的，在先修课程中可能是合格的，而现在解决同样的问题，过去的算法就不再合格了。这就是不少初学者总不能入门的原因所在。

数据结构课程教学中的一种常见现象：理解授课内容并不困难，但一接触习题，往往不是无从下手，就是解答中出错很多。实际上，在理解课程内容与能够较好地完成习题之间存在着明显的差距，而算法题完成的质量与基本的程序设计的素质培养是密切相关的。为了帮助读者更快地入门，引导读者高效益地进行时间和精力的投资，同时也考虑到部分习题过难，作者在这一部分中，对某些精心选择的习题作了完整的解答；对部分算法习题作了提示；对多数有确定答案的习题给出了答案。提示的方法又有多种，有些陈述解法的大体思想；有些给出解决这一类问题的一般模式；也有些只对易犯的错误作了提醒。前几章习题的解答相对地详细一些，以便把初学者的思路引上正轨，而后几章的解答就少一些，提示也更笼统一些。

本书这一部分的使用得当与否，直接影响读者获益的程度。正确的用法是：首先研究原题，尽可能地往下做，待做完或做不下去时再看提示。如果解答或提示对读者有启发，则应考虑一下从中吸取到了什么，或自己的思路为什么没有纳入较好的思路轨道，以后应该如何改进思考方法和算法设计方法等。如果总是想着这一部分中有“救命稻草”，就不能深入独立思考，水平就提高不快。切忌还未认真理解和思考原题，就先翻阅本部分的解答和提示。

能力较强的读者应该努力培养自己的“挑战意识”，努力写出比这里给出或提示的方法更好的算法来，即使不能频频得手，也要坚持下去。

## 第　1　章

**1.2**　简单地说，数据结构定义了一组按某些关系结合在一起的数组元素。数据类型不仅定义了一组带结构的数据元素，而且还在其上定义了一组操作。

**1.7** 在正规的软件设计中，要求各模块之间以恰当的方式进行调用，以便使各模块中出现的错误局部化。

**1.8** 注意：(1)、(2)和(3)三个程序段中任何两段都不等效；程序段(8)取自著名的 McCarthy91 函数

$$M(x)=\begin{cases}x-10 & x>100\\ M(M(x+1)) & x\leqslant 100\end{cases}$$

对任何 $x\leqslant 100$，$M(x)=91$。此程序实质上是一个双重循环，对每个 $y(>0)$值，@语句执行 11 次，其中 10 次是执行 $x++$。

**1.10** 各函数的排列次序如下：

$(2/3)^n$，$2^{100}$，$\log_2(\log_2 n)$，$\log_2 n$，$(\log_2 n)^2$，$\sqrt{n}$，$n^{2/3}$，$n/\log_2 n$，$n$，$n\log_2 n$，$n^{3/2}$，$(4/3)^n$，$(3/2)^n$，$n^{\log_2 n}$，$n!$，$n^n$。

**1.11** 结论是第一个算法较适宜。由此可见，虽然一般情况下多项式阶的算法优于指数阶的算法，但高次多项式的算法在 $n$ 的很大范围内不如某些指数阶的算法。

**1.12** (2) 错　　(4)对

**1.13** 大约在 $n>450$ 时，函数 $n^2$ 的值才大于函数 $50n\log_2 n$ 的值。

**1.16** 假设我们仍依 $X$，$Y$ 和 $Z$ 的次序输入这 3 个整数，则此题的目标是做到 $X\geqslant Y\geqslant Z$。在算法中应考虑对这 3 个元素作尽可能少的比较和移动，如下述算法在最坏的情况下只需进行 3 次比较和 7 次移动。

```
void Descending( ) {
   scanf (x, y, z);
   if (x<y)
     {temp = x; x = y; y = temp; }   // 使 x≥y
   if (y<z) {
     temp = z; z = y;                // 使 temp>z
     if (x≥temp) y = temp;
     else  {y = x; x = temp;}
   }
   printf (x, y, z);
} // Descending
```

**1.17** 在编写此题的函数的过程中，首先应根据参量 $m$ 和 $k$ 区分下列 4 种情况：1) $m<0$；2) $0\leqslant m<k-1$；3) $m=k-1$；4)$m\geqslant k$。其次在计算 $m\geqslant k$ 的 $f_m$ 值时，可先对计算公式作数学处理，将 $f_{i+1}$表示为 $f_i$ 和 $f_{i-k}$的简单函数；最后考虑计算 $f_n$ 所需的辅助空间。

**1.18** 设置此题目的在于复习结构型变量的使用方法，在此题中可设

```
typedef enum {A, B, C, D, E} SchoolName;
typedef enum {FEMALE, MALE} SexType;
typedef struct
```

```
    char        event[3];     //项目
    SexType     sex ;         // 性别
    SchoolName school;        // 校名
    int         score;        // 得分
  } Component;
  typedef struct
    int malesum;           // 男团总分
    int femalesum;         // 女团总分
    int totalsum;          // 团体总分
  } Sum;
  Component   report[n];
  Sum         result[5];
```

算法过程体中主要结构：

```
for ( i = 0; i < n; i++) {
   对 result[report[i].school] 进行处理;
}
for (s = A; s <= E; s++)
    printf(……);
```

**1.19** 注意 MAXINT 为计算机中允许出现的最大值，则在过程体中不能以计算所得结果大于 MAXINT 作为判断出错的依据。

**1.20** 注意计算过程中，不要对多项式中的每一项独立计算 $x$ 的幂。

# 第 2 章

**2.1** 首元结点是指链表中存储线性表中第一个数据元素 $a_1$ 的结点。为了操作方便，通常在链表的首元结点之前附设一个结点，称为头结点，该结点的数据域中不存储线性表的数据元素，其作用是为了对链表进行操作时，可以对空表、非空表的情况以及对首元结点进行统一处理。头指针是指向链表中第一个结点(或为头结点或为首元结点)的指针。若链表中附设头结点，则不管线性表是否为空表，头指针均不为空，否则表示空表的链表的头指针为空。这三个概念对单链表、双向链表和循环链表均适用。是否设置头结点，是不同的存储结构表示同一逻辑结构的问题。

**2.2** (1) 表中一半，表长和该元素在表中的位置。

(2) 必定，不一定。

(3) 其直接前驱结点的链域的值。

(4) 插入和删除首元素时不必进行特殊处理。

**2.6** b. (7)(11)(8)(4)(1)　　　c. (5)(12)

**2.7** c. (10)(12)(7)(3)(14)　　e. (9)(11)(3)(14)

**2.9** (1) 如果 L 的长度不小于 2，则将首元结点删去并插入到表尾。

**2.10** 错误有两处：

(1) 参数不合法的判别条件不完整。合法的入口参数条件为

$$(0<i\leqslant a.length) \wedge (0\leqslant k\leqslant a.length - i)$$

(2) 第二个 **for** 语句中，元素前移的次序错误。

低效之处是每次删除一个元素的策略。

**2.11** 此题的算法思想：

(1) 查找 x 在顺序表 a.elem[a.length]中的插入位置，即求满足 a.elem[i]≤x< a.elem[i+1]的 i 值(i 的初值为 a.length−1)；

(2) 将顺序表中的 a.length−i−1 个元素 a.elem[i+1 .. a.length−1]后移一个位置；

(3) 将 x 插入到 a.elem [i+1]中且将表长 a.length 加 1。

上述算法正确执行的参数条件为：0≤a.length<a.listsize。

算法如下：

```
Status InsertOrderList (SqList &a, ElemType x)
{
  // 顺序表 a 中的元素依值递增有序，本算法将 x 插入其中适当位置
  // 以保持其有序性。入口断言：0≤a.length<a.listsize
    if (a.length == a.listsize) return (OVERFLOW);
    else {
      i= a.length-1;
      while (i≥0 && x< a.elem [i] ) i--;   //查找 x 的插入位置
      // i<0 ∨ x≥va.elem[i]
      for(j=a.length-1; j>=i+1; j--)
        a.elem[j+1]= a.elem[j];   // 元素后移
      a.elem [i+1]=x;             // 插入 x
      a.length++;                 // 表长加 1
      return OK;
    }
} // InsertOrderList
```

注：(1) 算法中设置的断言表明以下程序代码正确执行时所要求满足的参数条件，或表明以上程序代码执行后所达到的变量状态；

(2) 在 while 循环中，条件与&& 采用类 C 的定义，其作用是避免当 i<0 时发生数组 a.elem 越界的错误；

(3) 注意上述算法在 a.length=0 时也能正确执行；

(4) 可以将上述算法中元素后移的动作并入查找的 **while** 循环中一起完成。即删去上述算法中的 **for** 循环语句，且将 **while** 循环语句改为下列形式：

```
while ( i≥0 && x< a.elem [i] )
```

```
{ a.elem [i+1]= va.elem [i]; i--; }
```

**2.12** 用同一个下标变量控制两个线性表。注意你的算法对空表也应能正确执行。

**2.15** 根据给定的两个链表的长度选择较短的链表并找到其尾结点。注意释放较长链表的头结点。

**2.16** 注意此题中的条件是,采用的存储结构(单链表)中无头结点,因此在写算法时,特别要注意空表和第一个结点的处理。算法中尚有其他类型的错误,如结点的计数,修改指针的次序等。此题的正确算法如下:

```
Status DeleteAndInsertSub (LinkedList &la, LinkedList &lb, int i, int j, int len )
{
  // la 和 lb 分别指向两个单链表中第一个结点,本算法是从 la 表中删去自第 i 个
  // 元素起共 len 个元素,并将它们插入到 lb 表中第 j 个元素之前,若 lb 表中只
  // 有 j-1 个元素,则插在表尾。
  // 入口断言:(i>0)∧(j>0)∧(len>0)
    if (i<0 || j<0 || len<0 ) return INFEASIBLE;
    p =la; k =1; prev=NULL;
    while (p && k<i )          // 在 la 表中查找第 i 个结点
      { prev=p; p =p->next; k++; }
    if (!p ) return INFEASIBLE;
    q =p; k=1;            // p 指向 la 表中第 i 个结点
    while (q && k<len )
      { q =q->next; k++; }  // 查找 la 表中第 i+len-1 个结点
    if (!q ) return INFEASIBLE;
    if (!prep )    la=q->next;       // i=1 的情况
    else   prep->next=q->next;      // 完成删除
    // 将从 la 中删除的结点插入到 lb 中
    if (j==1) {q->next=lb; lb=p; }
    else {   // j≥2
      s =lb; k =1;
      while (s && k<j-1 ) { s =s->next; k++; }
                  // 查找 lb 表中第 j-1 个元素
      if (!s ) return INFEASIBLE;
      q->next =s->next; s->next =p; // 完成插入
      return OK;
    }
}//DeleteAndInsertSub
```

**2.17,2.18** 参见 2.16 题,注意涉及空表和首元结点的操作。

**2.19** 合法的入口条件只要求线性表不空。若 mink>maxk,则表明待删元素集为空

集。注意题中要求的“高效”算法指的是，应利用“元素以值递增有序排列”的已知条件，被删元素集必定是线性表中连续的一个元素序列。则在找到第一个被删元素时，应保存指向其前驱结点的指针。注意在删除结点的同时注意释放它的空间。

**2.22** 以单链表作存储结构进行就地逆置的正确做法应该是：将原链表中的头结点和第一个元素结点断开（令其指针域为空），先构成一个新的空表，然后将原链表中各结点，从第一个结点起，依次插入这个新表的头部（即令每个插入的结点成为新的第一个元素结点）。

**2.23** 假设以表 $A$ 的头结点作为表 $C$ 的头结点，则自 $a_1$ 和 $b_1$ 起，交替将表 $A$ 和表 $B$ 中的结点链接到表 $C$ 上去。假设指针 pc 指向新的表 $C$ 中当前最后一个结点，pa 和 pb 分别指向表 $A$ 和表 $B$ 中当前尚未链接到表 $C$ 去的（剩余部分）第一个结点，则 pc－>next 域或者指向 pa 所指结点，或者指向 pb 所指结点，使每次循环在表 $C$ 中只增加 1 个结点。注意循环进行的条件是什么？跳出循环后还应进行什么操作？还应注意最后释放表 $B$ 的头结点。

**2.24** 对两个或两个以上，结点按元素值递增/减排列的单链表进行操作时，应采用“指针平行移动、一次扫描完成”的策略。

**2.27，2.28** 实现这两题操作不应先分别删除表 $A$ 和表 $B$ 中多余的值相同的元素，应同样采用和 2.24 题相同的策略，只要进一步考虑，和表 $B$ 中结点值相同的表 $A$ 的结点值，是否和表 $C$ 中当前最后一个结点的值相同。

**2.29，2.30** 这两题相当于作多重集的集合运算 $A=A-(B\cap C)$。（“－”表示求集合差的运算：$X-Y=X\cap\sim Y$）。

**2.33** 先设置 3 个空的循环链表，然后将单链表中的结点分别插入这 3 个链表。注意 3 个结果表的头指针在参数表中应设置为变参。

**2.34** 设指针 p 指向当前结点，left 指向它的左邻结点，right 指向它的右邻结点，则有

$$\text{right} == \text{left} \oplus \text{p->LRPtr} \text{ 和 } \text{left} == \text{p->LRPtr} \oplus \text{right}$$

一般而言，设指针 r 的初值为 NULL。若从左到右遍历，则 p 的初值为链表的左端指针 L.Left；若从右到左遍历，p 的初值为链表的右端指针 L.Right。访问 p 结点后，下一个结点的指针

$$\text{q} = \text{r} \oplus \text{p->LRPtr} \text{ 或 } \text{q}=\text{p→LRP}_{\text{tr}} \oplus \text{r}$$

**2.39** 只存储 $c_i$ 和 $e_i(i=1,2,\cdots,m)$，则无论顺序结构或链表结构，都符合题目的要求。注意你的算法时间复杂度应是 $O(e_m)$，而不是 $O\left(\sum_{i=1}^{m} e_i\right)$。

**2.42** 和 2.33 题类似。由于此题只拆成两个表，则也可只设一个奇次项链表的头结点，并构成一个空的循环链表，然后将原表中所有的奇次项结点从原表中删去并插入至新链表中。

```
void Separation( LinkedPoly &plyn,   LinkedPoly &odd )
{
  // plyn 为指向表示稀疏多项式的循环链表头结点的指针，
```

```
// odd 为新产生的仅含奇次项链表的头指针,运算后 plyn 链表中仅含偶次项。
    odd = (LinkedPoly) malloc (sizeof (PolyNode));
    odd->next=odd;              // 建立奇次项空表
    q=plyn; p=plyn->next; s=odd;    // s 指向奇次项链表的尾结点
    while (p!= plyn) {
      if ( p->exp % 2 == 0 ) { q=p; p=p->next; }
      else {
        q->next=p->next;   // 从原表中删去奇次项结点
        p->next=s->next; s->next=p;     // 插入至新表中
        p=q->next; s=s->next;
      } //else
    } // while
} // split
```

## 第 3 章

**3.1** (1) 123,132,213,231,321。

(2) 可以得到 135426,不可能得到 435612, 因为 '4356' 出栈说明 12 已在栈中,则 1 不可能在 2 之前出栈。

**3.3** 输出结果:stack

**3.4** (2) 利用栈 T 辅助将栈 S 中所有值为 e 的数据元素删除之。

**3.5** 判别给定序列 $T$ 是否合法的充分必要条件是

$$[N_{sl}(T)+N_{xl}(T)=l]\wedge[N_{sl}(T)=N_{xl}(T)]\wedge(\forall i)(1\leqslant i\leqslant l\rightarrow N_{si}(T)\geqslant N_{xi}(T))$$

其中:

$N_{si}(T)$表示序列 $T$ 中前 $i$ 个字符构成的子序列中'$S$'的数目;

$N_{xi}(T)$表示序列 $T$ 中前 $i$ 个字符构成的子序列中'$X$'的数目;

$l$ 为序列的长度。

**3.6** 可用反证法证明之。

**3.7** 见下表

| 序号 | OPTR 栈 | OPND 栈 | 当前字符 | | | | | | | | | | | | 备注(操作) |
|---|---|---|---|---|---|---|---|---|---|---|---|---|---|---|---|
| | | | A | − | B | * | C | / | D | + | E | ^ | F | # | |
| 1 | # | | • | | | | | | | | | | | | push(OPND,'A') |
| 2 | # | A | | • | | | | | | | | | | | push(OPTR,'−') |
| 3 | #− | A | | | • | | | | | | | | | | push(OPND,'B') |
| 4 | #− | AB | | | | • | | | | | | | | | push(OPTR,'*') |
| 5 | #−* | AB | | | | | • | | | | | | | | push(OPND,'C') |
| 6 | #−* | ABC | | | | | | • | | | | | | | 归约,令 $T_1=B*C$ |

| 序号 | OPTR 栈 | OPND 栈 | 当前字符 | | | | | | | | | | | | 备注（操作） |
|---|---|---|---|---|---|---|---|---|---|---|---|---|---|---|---|
| | | | A | - | B | * | C | / | D | + | E | ^ | F | # | |
| 7 | #- | $AT_1$ | | | | | | • | | | | | | | push(OPTR,'/') |
| 8 | #- | $AT_1$ | | | | | | | • | | | | | | push(OPND,'D') |
| 9 | #-/ | $AT_1D$ | | | | | | | | • | | | | | 归约，令 $T_2=T_1/D$ |
| 10 | #-/ | $AT_2$ | | | | | | | | • | | | | | 归约，令 $T_3=A-T_2$ |
| 11 | # | $T_2$ | | | | | | | | • | | | | | push(OPTR,'+') |
| 12 | #+ | $T_3$ | | | | | | | | | • | | | | push(OPND,'E') |
| 13 | #+ | $T_3E$ | | | | | | | | | | • | | | push(OPTR,'$\uparrow$') |
| 14 | #+$\uparrow$ | $T_3E$ | | | | | | | | | | | • | | push(OPND,'F') |
| 15 | #+$\uparrow$ | $T_3EF$ | | | | | | | | | | | | • | 归约，令 $T_4=E\uparrow F$ |
| 16 | #+ | $T_3T_4$ | | | | | | | | | | | | • | 归约，令 $T_5=T_3+T_4$ |
| 17 | # | $T_5$ | | | | | | | | | | | | • | **return**($T_5$) |

**3.8** 设至少要执行 $M(n)$ 次 move 操作，则

$$M(n)=\begin{cases}1 & n=1\\ 2M(n-1)+1 & n>1\end{cases}$$

解此差分方程可求得解为 $M(n)=2^n-1$。

**3.9** 该递推过程可改写为下列递归过程：

```
void digui(int j)
{
  if (j>1) {
    printf(j);
    digui(j-1);
  }
} // digui
```

由于该递归过程中的递归调用语句出现在过程结束之前，俗称"尾递归"，因此可以不设栈，而通过直接改变过程中的参数值，利用循环结构代替递归调用。

**3.10** 该递归过程不能改写成一个简单的递推形式的过程，从它的执行过程可见，其输出的顺序恰好和输入相逆，则必须用一个辅助结构保存其输入值，然后逆向取之，显然用栈最为恰当。

```
void test (int &sum)
{
  Stack S;
```

```
    int x ;
    scanf(x);
    InitStack(S);
    while (x) {
      Push(S,x);
      scanf(x);
    }
    sum=0;
    printf(sum);
    while (Pop(S, x)) {
      sum += x;
      printf(sum);
    }
  }
```

**3.12** 该程序段的输出结果:char。

**3.13** 算法的功能:利用"栈"作辅助,将"队列"中的数据元素进行逆置。

**3.14** (1) 4132;　　(2) 4213;　　(3) 4231。

**3.15** 注意在入栈和出栈的算法中,i(=0 或 1)作为值参出现,因此在算法中应分清两种情况。注意避免易犯的错误,如

```
if (top[0]+top[1] == m) return OVERFLOW;
else {top[i]=top[i]+1; … }
```

**3.16** 注意两侧的铁道均为单向行驶道,且两侧不相通。所有车辆都必须通过"栈道"进行调度。

**3.17** 在写算法之前,应先分析清楚不符合给定模式的几种情况。注意题中给出的条件:模式串中应含字符'&',则不含字符'&'的字符序列与模式串也不匹配。

**3.18** 由于表达式中只含一种括弧,只有两种错误情况,即:在没有左括弧的情况下,出现右括弧或者整个表达式中的左括弧数目多于右括弧。因此只需要附设一个计数器,记录已经出现的、且尚未有右括弧与之配对的左括弧的个数。

**3.19** 和题 3.18 不同,这是一个需要借助于栈来处理的典型问题,它具有天然的后进先出特性。可按"期待匹配消解"的思想来设计算法,对表达式中每一个左括弧都"期待"一个相应的右括弧与之匹配,且自左至右按表达式中出现的先后论,越迟的左括弧期待匹配的渴望程度越高。反之,不是期待出现的右括弧则是非法的。

**3.21** 注意所有的变量在逆波兰式中出现的先后顺序和在原表达式中出现的相同,因此只需要设立一个"栈",根据操作符的"优先数"调整它们在逆波兰式中出现的顺序。

**3.23** 若以顺序表表示后缀表达式,即以每个分量为一个字符的一维数组存储表达式,则设一个数据元素为字符串的栈,以存放在分析后缀表达式过程中得到的子前缀表达式;若以单链表(每个结点的数据域存放一个字符)表示表达式,则每个栈元素为指示构成

子前缀表达式的第一个结点和最后一个结点的一对指针。在以顺序表表示表达式时，也可以设一个数据元素为字符的栈，则在转化过程中得到的子表达式可表示为栈中的一个字符序列，并在两个子表达式之间加一分隔符。顺序扫描表达式，若当前字符是变量，则该字符就是一个子前缀表达式；若当前字符是运算符 O，则它和栈顶元素 $S_2$、次栈顶元素 $S_1$ 构成一个新的子前缀表达式（$OS_1S_2$）。子前缀表达式可用 C 语言中的串表示。正确性的判断可在转换过程中进行。

**3.27** （1）递归算法如下：

```
int akm(int m, int n)
{
  if (m == 0) akm=n+1;
  else if ( n == 0)
    akm=akm(m-1,1);
  else {
    g=akm(m,n-1);
    akm=akm(m-1,g) ;
  }
} // akm
```

（2）非递归算法如下：

```
int akm1(int m, int n)
{
  // S[MAX]为附设栈，top 为栈顶指针
  top=0; S[top].mval=m; S[top].nval=n;
  do {
  while (S[top].mval) {
    while (S[top].nval) {
      top++; S[top].mval=S[top-1].mval;
      S[top].nval=S[top-1].nval-1;
    }
    S[top].mval--; S[top].nval=1;
  }
  if (top>0) {
     top--;
     S[top].mval--;
     S[top].nval=S[top+1].nval+1;
  }
  } while( top! =0 || S[top].mval!= 0);
  akm1=S[top].nval+1; top--;
} // akm1
```

**3.28** 此题注意出队列操作在队列中只有一个元素时的特殊情形需单独处理。

**3.29** 标志位 tag 的初值置"0"。一旦元素入队列使 rear==front 时,需置 tag 为"1";反之,一旦元素出队列使 front==rear 时,需置 tag 为"0",以便使下一次进行入队列或出队列操作时(此时 front==rear),可由标志位 tag 的值来区别队列当时的状态是"满",还是"空"。

**3.30** 设 head 指示循环队列中队头元素的位置,则有

head=((q.rear+MAXLEN)-q.length+1) % MAXLEN

其中 MAXLEN 为队列可用的最大空间。

**3.31** 由于依次输入的字符序列中不含特殊的分隔符,则在判别是否是"回文"时,一种比较合适的做法是,同时利用"栈"和"队列"两种结构。

**3.32** 由于循环队列中只有 $k$ 个元素空间,则在计算 $f_i(i \geqslant k)$时,队列总是处在头尾相接的状态,故仅需一个指针 rear 指示当前队尾的位置。每次求得一个 $f_i$ 之后即送入(rear+1)%k 的位置上,冲掉原队头元素。若将题目条件减弱为允许含 $k+1$ 个分量的数组,则在计算时可利用简化公式。

## 第 4 章

**4.2** 所述操作中的前 5 种都不能由其他基本操作构造而得。如教科书 4.1.2 节所述,可由 StrLength,SubString 和 StrCompare 实现 Index,Replace 也可由 StrLength,StrAssign,Concat,SubString 和 Index 等实现,其算法如下所示:

```
void repl(String &s, String t, String v)
{
  k=Index(s,t);
  if (k) {
    StrAssign(temp,'');    // temp 为置换后得到的新串
    n=StrLength(t);      m=StrLength(s);
    while (k) {
      StrAssign(temp, Concat(temp, SubString(s, 1, k-1), v);
      m -= (k-1)-n;
      StrAssign(s, SubString(s, k+n, m));   // s 为每次置换后的剩余串
      k=Index(s, t);
    }
    StrAssign(s, Concat(temp, s));
  }
} // repl
```

**4.3** 14,4,'STUDENT','O',3,0,'I AM A WORKER','A GOOD STUDENT'

**4.4** $v$ = 'THIS SAMPLE IS A GOOD ONE';

INDXE(v,g) = 3; INDEX(u,g) = 0。

**4.5** $t$='THESE ARE BOOKS', $v$='YXY', $u$='XWXWXW'。

**4.7**

| j | 1 | 2 | 3 | 4 |
|---|---|---|---|---|
| 串 $s$ | a | a | a | b |
| next[j] | 0 | 1 | 2 | 3 |
| nextval[j] | 0 | 0 | 0 | 3 |

| j | 1 | 2 | 3 | 4 | 5 | 6 | 7 |
|---|---|---|---|---|---|---|---|
| 串 $t$ | a | b | c | a | b | a | a |
| next[j] | 0 | 1 | 1 | 1 | 2 | 3 | 2 |
| nextval[j] | 0 | 1 | 1 | 0 | 1 | 3 | 2 |

| j | 1 | 2 | 3 | 4 | 5 | 6 | 7 | 8 | 9 | 10 | 11 | 12 | 13 | 14 | 15 | 16 | 17 | 18 | 19 | 20 |
|---|---|---|---|---|---|---|---|---|---|---|---|---|---|---|---|---|---|---|---|---|
| 串 $u$ | a | b | c | a | a | b | b | a | b | c | a | b | a | a | c | b | a | c | b | a |
| Next[j] | 0 | 1 | 1 | 1 | 2 | 2 | 3 | 1 | 2 | 3 | 4 | 5 | 3 | 2 | 2 | 1 | 1 | 2 | 1 | 1 |
| Nextval[j] | 0 | 1 | 1 | 0 | 2 | 1 | 3 | 0 | 1 | 1 | 0 | 5 | 3 | 2 | 2 | 1 | 0 | 2 | 1 | 0 |

**4.9** $d(4k,l)=\dfrac{l}{4(k+1)\cdot\left\lfloor\dfrac{l}{4k}\right\rfloor}$

**4.11** 用数组 Loc[StrLength(s)](初值为 0)依次存放新串 $r$ 中每个字符在 $s$ 中第一次出现的位置,假设用 rlen 对 $r$ 的当前长度计数。当扫描到串 $s$ 中第 $i$ 个字符 SubString(s,i,1)时,仅当该字符不在 $r$ 和 $t$ 中时,才将其接到 $r$ 的末尾,rlen 加 1,Loc[rlen−1]置为 $i$。

**4.12** 算法思想同 4.2 题的提示中所述,但不允许调用串操作 Index。

**4.17** 置换过程中应注意避免数组越界,可将算法设计成函数,若置换过程中引起数组越界,则置函数值为 FALSE。算法思想同 4.2 题和 4.12 题。在题目要求的存储结构上可将 4.2 题的算法求精如下:

```
bool repl(SString &NewS, SString S, SString T, SString V)
{
  // 以串 V 置换串 S 中所有和 T 相同的子串后构成一个新串 NewS。
  // 若因置换引起数组越界,则返回 FALSE,否则返回 TRUE。
   m=S[0]; n=T[0]; overflow=FALSE;
   i=k=1; l=0;
   // i 指示串 S 中当前待进行置换的剩余串的起始位置,
   // l 指示串 NewS 的当前长度。
   while (!overflow && m-k+1>=n) {
```

```
      j=1;
      while(j≤n && S[k+j-1]==T[j]) j++;
      if (j≤n) k++;
      else    // 匹配成功
        if ( l+k-i+V[0] > MAXSTRLEN ) overflow=TRUE;
        else {
            copy( NewS, S, l+1, i, k-i );
            copy( NewS, V, l+k-i,1,V[0] );
            i=k+n; k=i; l=l+k-i+V[0];
        }
    }
    if (!overflow && i≤m && l+(m-i+1)≤MAXSTRLEN)
      copy(NewS, S, l+1, i, m-i+1);
    else overflow=TRUE;
    return (! overflow);
  } // repl
```

注：上述算法中过程 copy(a, b, x, y, len)的功能，是将串 b 中自第 y 个字符起共 len 个字符，复制到串 a 中第 x 个字符起的位置上。

**4.18** 设置一个类似 4.11 题的串 *r*(初始为空串)，rlen 对 *r* 的当前长度计数，数组 Count[length(s)](初值为 0)依次对工作串 *r* 中每个字符在 *s* 中出现的次数计数。当扫描到串 *s* 的字符 s[i]时：如果 s[i]不在 *r* 中，则将其接到 *r* 的末尾，rlen 加 1，Count[rlen−1]置为 1。如果 s[i]已在 *r* 中，假设 s[i]=r[k]，则 Count[k−1]加 1。

**4.21** 若设串类型为：

```
typedef struct strNode {
  char      chdata;
  strNode   * next;
} strNode, * strPtr;
```

则可如下定义基本操作：

```
赋值 strPtr crtstr(char * sval);
复制 strPtr newstr(strPtr t);
联结 strPtr concat(strPtr s, strPtr t);
求子串 strPtr substr(strPtr s, int start, int len);
        // start 和 len 的合法性需动态检查
判等 MYBOOL eql(strPtr s, strPtr t);
      // MYBOOL 定义为纯量类型(TT, FF, INVALID)
求长 int strlen(strPtr s);
```

按照题目的要求(各函数之间可以自由地嵌套)，在实现上述操作时必须做到：(1) 结果串与自变量串不共享空间；(2) 操作不破坏自变量串；(3) 基本操作要求高效执行，彼此之间不能调用。同时为了便于区分合法串与非法串，建议合法串一律用带头结点的单链表表示，以空指针表示非法串，当自变量中有一个非法串时，函数值可为 −1 或 INVALID 或 NULL。

**4.22** 为了节省插入或删除的运算时间，应避免字符在结点间大量移动，而应利用非串字符(如@)来填补结点中多余空间。

**4.23** 注意利用题目给的条件(已知串长)。为在 $O(n)$时间内实现此算法，必须附设栈，从串的中间开始判其对称否。

**4.27** 当 $k \leqslant n$ 时，原算法的比较次数为$(k+1)(n-k+1)$，改进算法的比较次数为$2(n-k)+(k+1)$。

**4.28，4.29** 注意 KMP 算法在顺序存储结构和链表存储结构两种不同情况下的类似之处和不同之处。

**4.30** 此题可有多种解法，但时间复杂度不同，较好的做法能达到的时间复杂度为 $O(LENGTH^2(s))$。

**4.31** 类似上题但有所不同，好的解的时间复杂度为 $O(LENGTH(s) \cdot LENGTH(t))$。

## 第 5 章

**5.2**(3) $A_{3125}$的存储地址：1784。

**5.3** (0,0,0,0)，(1,0,0,0)，(0,1,0,0)，(1,1,0,0)，…，(0,1,2,2)，(1,1,2,2)。

**5.4** $k=\frac{a\times(a-1)}{2}+b-1$，其中 $a=\text{Max}\{i,j\}$，$b=\text{Min}\{i,j\}$

**5.5** $k=ni-(n-j)-\frac{i(i-1)}{2}-1$，$(i\leqslant j)$

则得 $f_1(i)=\left(n+\frac{1}{2}\right)i-\frac{1}{2}i^2$，$f_2(j)=j$，$c=-(n+1)$。

**5.6** 一种答案是：$u=i-j+1$，$v=j-1$。

**5.7** (1) $k=2(i-1)+j-1$，$(|i-j|\leqslant 1)$

(2) $i=(k+1)\ \text{DIV}\ 3+1$，$(0\leqslant k\leqslant 3n-1)$

$j=k+1-2(i-1)=k+1-2(k\ \text{DIV}\ 3)$

**5.8** $i$ 为奇数时 $k=i+j-2$

$i$ 为偶数时 $k=i+j-1$

合并成一个公式，可写成

$k=i+j-(i\%2)-1$

或 $k=2(i\ \text{div}\ 2)+j-1$

**5.10** (1) $p$； (2) $(k,p,h)$； (3) $(a,b)$； (4) $((c,d))$；

(5) $(c,d)$； (6) $(b)$； (7) $b$； (8) $(d)$。

**5.11**

(1) GetHead【GetTail【GetTail【$L1$】】】；

(2) GetHead【GetHead【GetTail【$L2$】】】；

(3) GetHead【GetHead【GetTail【GetTail【GetHead【$L3$】】】】】；

(4) GetHead【GetHead【GetHead【GetTail【GetTail【$L4$】】】】】；

(5) GetHead【GetHead【GetTail【GetTail【$L5$】】】】；

(6) GetHead【GetTail【GetHead【$L6$】】】；

(7) GetHead【GetHead【GetTail【GetHead【GetTail【$L7$】】】】】。

**5.12**

(1)

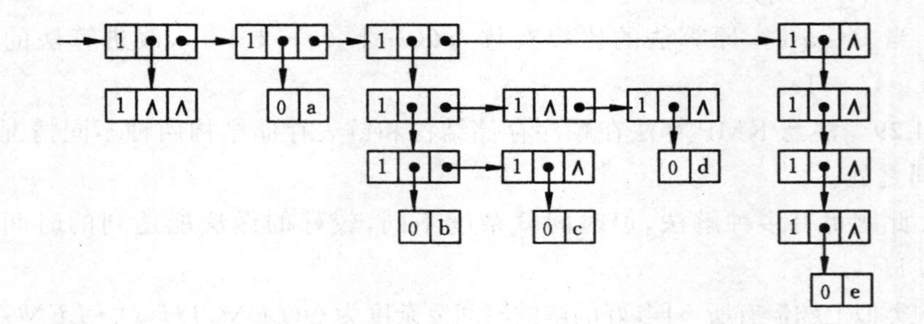


(2)

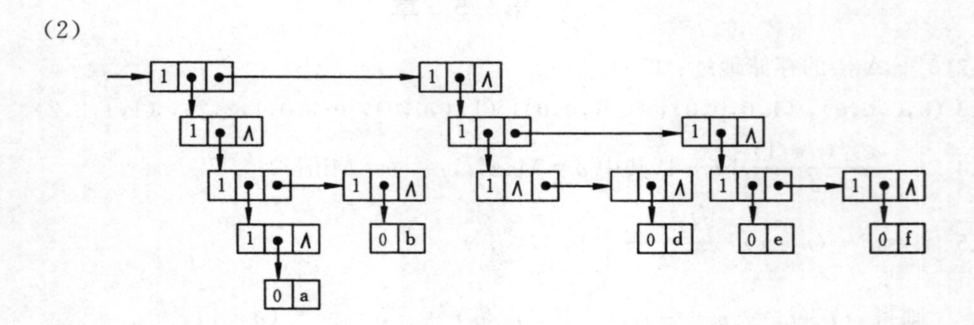


**5.13** (1) $((x, (y)), (((()))), (), (z)))$

(2) $(((a, b, ()), ()), (a, (b)), ())$

**5.15** 用 $P(A)$ 表示 $A$ 的幂集，定义谓词 beset$(X)$ 表示 $X$ 是一个集合。则

$$P(A)=\begin{cases}\{\Phi\} & \text{当 } |A|=0 \text{ 时}\\ P(A-\{a\})\cup I(P(A-\{a\}),a) & \text{当 } |A|\neq 0 \text{ 时}\end{cases}$$

其中，$a\in A$ 且 $I(X,y)=\{x\mid(\exists x_0)(x_0\in X\wedge \text{beset}(x_0)\wedge x=x_0\cup\{y\})\}$

**5.16** 记 $a+b$ 为 add$(a, b)$，一种写法为

$$\text{add}(a,b)=\begin{cases}a & \text{当 } b=0 \text{ 时}\\ (\text{add}(++a, --b)) & \text{当 } b>0 \text{ 时}\end{cases}$$

**5.17** (5) 注意：$\frac{1}{n}\sum_{i=1}^{n}a_i\neq\frac{1}{2}\left(\frac{1}{n-1}\sum_{i=1}^{n-1}a_i+a_n\right)$

**5.18** 本题难点在于找到 $O(n)$ 的算法。注意分析研究此问题的数学性质，以寻求好的算法。本题有多种解法，但要注意不要将在特殊条件下出现的现象当作一般规律。例如，

本题易犯的错误是，从第 $i$ 个分量中的元素起，循环右移 $k$ 位，顶掉第 $(j+k)\%n$ 的元素，依次类推。这似乎是个漂亮的算法，但只是在某些情况下可得正确结果。

**5.19** 注意矩阵中若存在多个马鞍点，则必定相等，但反之，值相等的点不一定都是马鞍点。本题可有多种解法，最坏情况下的时间复杂度可达 $O(m\times n)$。

**5.20** 此题中 $m$ 是算法的参量，$m$ 维数组只能由一维数组自行构造：用一个函数和一个过程分别实现分量引用和分量赋值，诸下标也只能通过数组传递。此题的另一个难点在于，若按降幂顺序扫描，必须确定这样的 $m$ 维"对角"超平面，其上所有系数对应的项等幂。

**5.22** 先将 A.data[1..A.tu]搬到 A.data[MAXSIZE－A.tu＋1..MAXSIZE]再进行处理，可以得到 $O(m+n)$ 算法。当然也可以从后向前处理，最后上移。

**5.23** 假设 rpos[maxmn]为附设的行起始向量，则 rpos[i－1]指示第 $i$ 行的第一个非零元在二元组顺序表中的位置。由此对应一组下标值 $(i,j)$，只需要从 rpos[i－1]起搜索二元组表，检查每个非零元的列号是否等于 $j$，若相等，则找到和下标值 $(i,j)$ 对应的矩阵元素；若直到 rpos[i]都没有搜索到其列号和 $j$ 相等的非零元，则下标值为 $(i,j)$ 的矩阵元素为零。这种表示方法的优点是，可以随机存取稀疏矩阵中任意一行的非零元，而三元组顺序表只能按行进行顺序存取。

**5.30** 广义表的深度 $DEPTH(LS)$ 也可定义：

$$DEPTH(LS)=\begin{cases}1 & \text{当 } LS \text{ 为空表}\\ 0 & \text{当 } LS \text{ 为单原子}\\ \mathrm{MAX}\{DEPTH(GetHead(LS))+1, & \text{其他情况}\\ \qquad DEPTH(GetTail(LS))\} & \end{cases}$$

**5.31** 按教科书 5.5 节图 5.10 的结点结构定义，原子结点也有表尾域，则不管 ls－>tag是否为零，都要执行第二个递归调用语句。教科书中图 5.8 和图 5.10 这两种结点结构的差别在复制操作意义下的差别是非本质的。

**5.32** 可以在参数表中加一个值参，以表示当前递归的层次。

**5.34** 一个简单的分析方法是：将广义表看成是一个"线性链表"，则其逆转的过程和线性链表的逆转类似。

**5.35** 若广义表为空表，则其输入形式为'( )'，其特点是在左括弧之后输入的是空格字符' '；若广义表非空，则在左括弧之后输入的必为表头，它或是表示原子的单字母，或是子表的首字符'('，其他均为非法字符。对非空的广义表，在表头之后输入的合法字符或为')'，或为','，'前者表明表尾为空表，后者表明表尾为非空表。由此分析可得下列概要算法。

```
Status CrtLtBU(GList &Ls) {
  // 本算法识别一个待输入的广义表字符串，单字母表示原子，按教科书图 5.8 所
  // 示结构形式建立相应存储结构。调用本算法之前应先执行 scanf(ch)语句，以
  // 滤去输入串中的字符'('或','，算法执行结束时，ch 中含所识别的广义表字符
  // 串中最后的字符')'。
    scanf(ch);
```

```
        if (ch=='')
        { 建空表; scanf(ch);
          if (ch!=')') return ERROR;
          else return OK;
        }
        if(!( Ls = (GList) malloc (sizeof (GLNode)))) return OVERFLOW;
        else Ls->tag=1;    // 建非空广义表
        if (ch 是字母) {   建原子结点 *ls->ptr.hp; }
        else
          if (ch == '(')  CrtLtBU(Ls->ptr.hp);  // 建子表
        else return ERROR;
        scanf(ch);                     // 输入表头之后的字符
        if (ch ==')') ls->ptr.tp=NULL;      // 表尾为空表
        else
        if (ch==',') CrtLtBU(ls->ptr.tp);   // 建表尾
      else return ERROR;
      return OK;
    } //CrtLtBU
```

**5.36** 注意以下形式的递归算法是典型的错误:设过程名为 P,存储结构如教科书图 5.8 所示结构形式:

```
if ( Ls ) {
  printf('(');
  if (!Ls->tag) printf(Ls->atom);
  else {
    P(Ls->ptr.hp);
    printf( ',' );
    P(Ls->ptr.tp);
  }
  printf(')');
}
```

**5.37** 注意删除原子项并不仅仅是删除该原子结点。

## 第 6 章

**6.1** (1) A　(2) D,M,N,F,J,K,L

(3) C　(4) A,C　(5) J,K

(6) I,M,N　(7) E 的兄弟是 D,F 的兄弟是 G 和 H

(8) 2,5　(9)5

(10) 3

**6.3** 含三个结点的树只有两种形态:(1)和(2);而含 3 个结点的二叉树可能有下列 5 种形态:(一),(二),(三),(四),(五)。

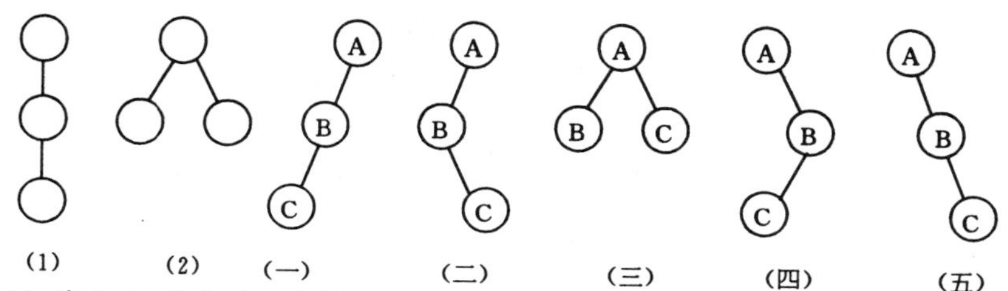


注意,(2)和(三)是完全不同的结构。

**6.4** (1) 第 $i$ 层有 $k^{i-1}$ 个结点;

(2) $p=1$ 时,该结点为根,无父结点;

否则其父结点编号为 $\left[\dfrac{p+(k-2)}{k}\right]$ $(k\geqslant 2)$ 。

(3) 其第 $k-1$ 个儿子的编号为 $p\cdot k$。所以,如果它有儿子,则其第 $i$ 个儿子的编号为 $p\cdot k+(i-(k-1))$;

(4) $(p-1)\%k\neq 0$ 时,该结点有右兄弟,其右兄弟的编号为 $p+1$。

**6.5** $n_0=1+\sum_{i=1}^{k}(i-1)n_i$。

**6.7** 显然,能达到最大深度的是单支树,其深度为 $n$;深度最小的是完全 $k$ 叉树。

**6.11** 这个条件是 $k<\dfrac{12n}{m-n}$。思考:一棵一般的二叉树存于顺序结构上时,应如何判别某个结点是否为叶子结点和如何判别非结点分量。

**6.12**

| | (一) | (二) | (三) | (四) | (五) |
|---|---|---|---|---|---|
| 前序 | ABC | ABC | ABC | ABC | ABC |
| 中序 | CBA | BCA | BAC | ACB | ABC |
| 后序 | CBA | CBA | BCA | CBA | CBA |

**6.13** 解此类题应画图帮助思考。

| | | |
|---|---|---|
| 1 | 1 | 1 |
| 0 | 0 | 0 |
| 1 | ∅ | 0 |
| 0 | ∅ | 1 |

**6.15**

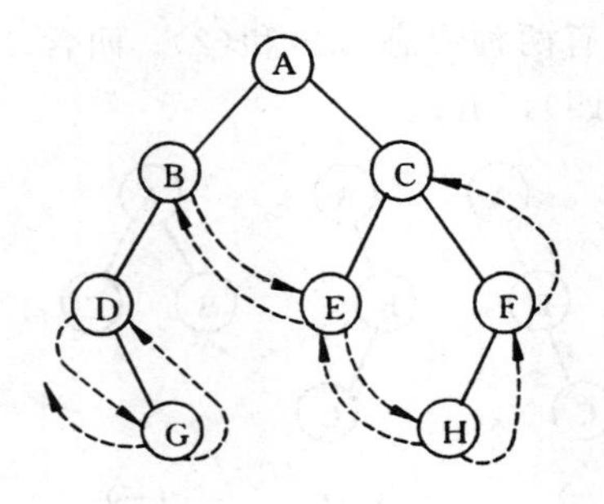


**6.16**

| | 1 | 2 | 3 | 4 | 5 | 6 | 7 | 8 | 9 | 10 | 11 | 12 | 13 | 14 |
|---|---|---|---|---|---|---|---|---|---|---|---|---|---|---|
| Info | A | B | C | D | E | F | G | H | I | J | K | L | M | N |
| Ltag | 0 | 0 | 0 | 1 | 0 | 1 | 0 | 1 | 0 | 0 | 1 | 1 | 1 | 1 |
| Lchild | 2 | 4 | 6 | 2 | 7 | 3 | 10 | 14 | 12 | 13 | 13 | 9 | 10 | 11 |
| Rtag | 0 | 0 | 1 | 1 | 0 | 0 | 0 | 1 | 1 | 1 | 0 | 1 | 1 | 1 |
| Rchild | 3 | 5 | 6 | 5 | 8 | 9 | 11 | 3 | 12 | 13 | 14 | 0 | 11 | 8 |

**6.17** 算法中有 3 个错需改正。

**6.18** 本题难点在于找当前结点 * p 的双亲结点，由于二叉树以中序全线索链表表示，则以结点 * p 为根的子树中必存在这样一个结点：其前驱或后继线索指向 * p 的双亲结点。

**6.19**

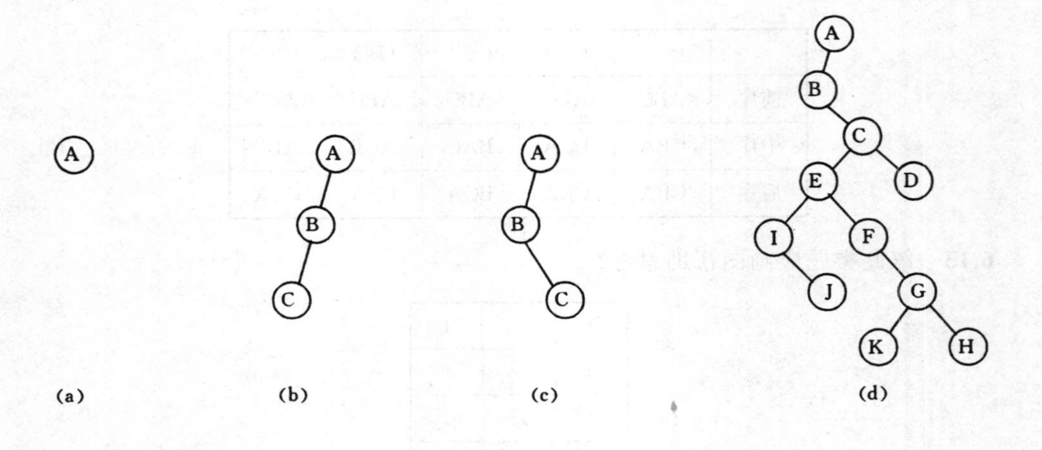


(a) (b) (c) (d)

**6.20**

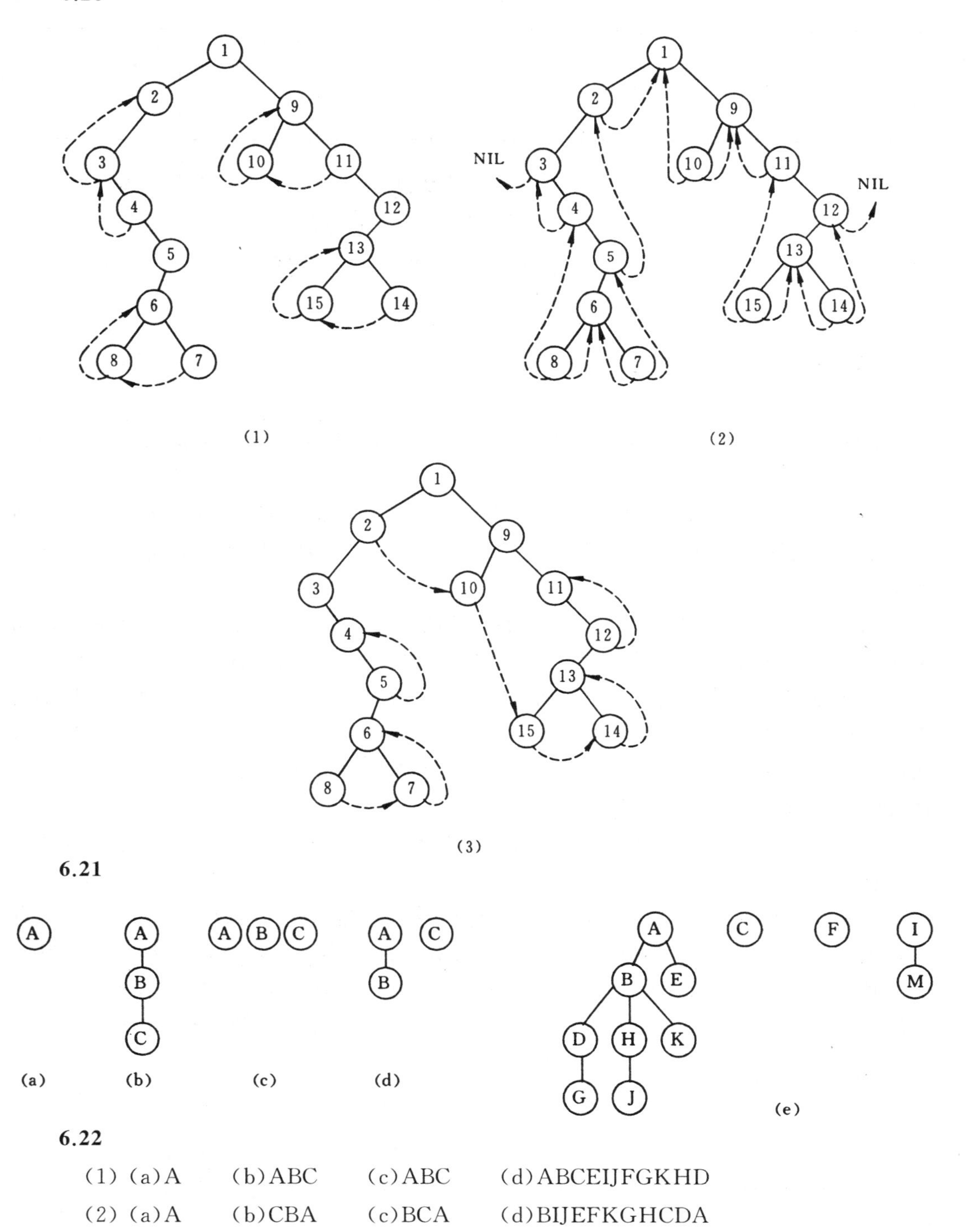


**6.21**

**6.22**

(1) (a)A　　(b)ABC　　(c)ABC　　(d)ABCEIJFGKHD

(2) (a)A　　(b)CBA　　(c)BCA　　(d)BIJEFKGHCDA

**6.26**　哈夫曼编码方案的带权路径长度为 $WPL_{HF}=2.61$，而等长编码的路径长度为 $WPL_{EQ}=3$。显然前者可大大提高通信信道的利用率，提高报文发送速度或/和节省存储空间。下面给出两种编码的对照表及哈夫曼树的逻辑结构。

| 频数 | 7 | 19 | 2 | 6 | 32 | 3 | 21 | 10 |
|---|---|---|---|---|---|---|---|---|
| 哈夫曼编码 | 0010 | 10 | 00000 | 0001 | 01 | 00001 | 11 | 0011 |
| 等长编码 | 000 | 001 | 010 | 011 | 100 | 101 | 110 | 111 |

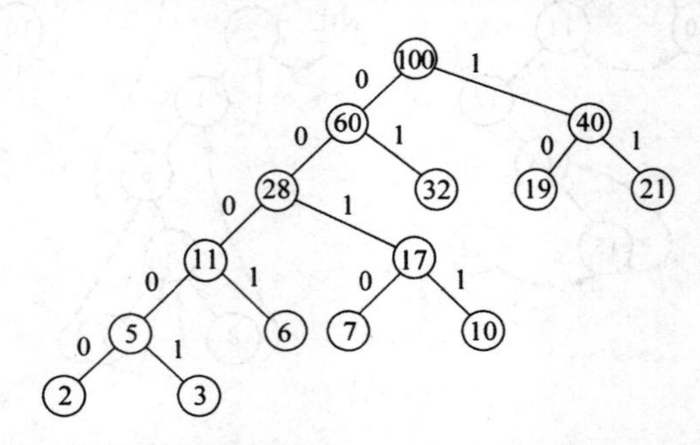


**6.31** 设前序序列和中序序列分别为 $u_1,u_2,\cdots,u_n$ 和 $u_{p1},u_{p2},\cdots,u_{pn}$，其中 $p_1,p_2,\cdots,p_n$ 是 $1,2,\cdots,n$ 的一个排列。

**6.32** 两个方向的证明都利用数学归纳法。前一个结论的证明要着重研究前序序列和中序序列的性质，参见 6.31 题提示；后一个结论的证明应研究序列进出栈的特点，结合考虑 6.31 题的提示。

**6.33,6.34** 存储结构可以认为是静态二叉链表。$u$ 是 $v$ 的子孙⇔$v$ 是 $u$ 的祖先。如果在一棵给定的二叉树上判别两个结点之间的这种关系是经常性操作，则第一次建立 $T$ 后，以后的操作可大大节省时间。进而推广为更一般的结论：如果一个给定数据结构不适于所要求的某种操作，而此数据结构已经在一个软件系统中使用，则不改数据结构，而采取这种“向上兼容”的扩充策略是一种可以考虑的方法，当然要注意维护数据结构的一致性，例如，插/删操作。

**6.35** 本题设了一个圈套，其实所求整数就是 $i$。反过来，本题说明了元素下标的逻辑含意，它唯一地对应了二叉树逻辑结构中的一个位置。

**6.39** 建立一个当前结点所处状态的概念，结点的标志域正是起一个区分当前结点正处在什么状态的作用。当前结点的状态可能为：(1) 由其双亲结点转换来；(2) 由其左子树遍历结束转换来；(3) 由其右子树遍历结束转换来。则算法主要循环体的每一次执行都按当前点的状态进行处理，或切换当前结点，或切换当前结点的状态。算法如下：

```
void PostOrder( BiTree root )
{
  // 设二叉树的结点中含有四个域：mark，parent，lchild，rchild。其中，
  // mark 域的初值均为零，指针 root 指向根结点，后序遍历此二叉树。
    p=root;
    while (p)
      switch (p->mark) {
```

```
        case 0:
          p->mark=1;
          if (p->lchild) p=p->lchild ;
          break;
        case 1:
          p->mark=2;
          if (p->rchild) p=p->rchild ;
          break;
        case 2:
          p->mark=0;
          visit( * p);
          p=p->parent;
          break;
        default: ;
      }
} // PostOrder
```

通过修改条件可以使本题继续增加难度:(1) mark 的值只取 0 或 1;(2) 去掉双亲指针域,用逆转链的方法维持双亲结点指针。其算法类似于教科书 8.5 节中的标志算法。

**6.45** 建议由两个算法实现,即释放被删子树上所有结点空间可单独写一个算法。注意易犯的错误是参数的设置不适当。

**6.47** 按层次遍历是基于另一种搜索策略的遍历,它的原则是先被访问的结点的左、右孩子结点先被访问,因此在遍历过程中需利用具有先进先出特性的队列。

**6.48** 此题不宜写成递归算法。注意考察非递归遍历算法中栈的状态。

**6.49** 基于按层次顺序遍历的搜索策略较为适宜。也可利用 6.35 题的结论,另设一个布尔数组记录访问过的结点,最后检查数组中是否只有一个 TRUE 平台,但这样做的时空效率低一些。若读者希望写一个递归算法,则先要给出完全二叉树的与原定义等价的递归定义。然后设计一个判别给定二叉树是满二叉树、不满的完全二叉树还是非完全二叉树的递归函数。

**6.50** 按层次顺序遍历一棵逻辑上的二叉树,“访问当前结点”的操作为建立该结点和给对应域赋值。

**6.51** 由于从表达式建二叉树的过程是后序遍历的过程,因此建成的二叉树唯一确定了表达式的求值过程,即其左、右子树根的运算先于根的运算进行。若左子树根运算符的优先数小于根运算符的优先数,或右子树根运算符的优先数不大于根运算符的优先数时,则在原表达式中必存在括弧。

**6.54** 由于此题目给的条件是完全二叉树的顺序存储结构,则可按层序遍历建二叉链表,注意空表的处理和根指针必须是变参。

**6.59** 有一种算法:修改二叉树遍历的递归算法,使其参数表增加参数 father,它指向被访问的当前结点在树中的双亲结点。

**6.60** 注意树的叶子结点的特征是什么。

**6.62** 与计算二叉树深度的算法在概念上根本不同。

**6.65** 注意：写好此题递归形式算法的要点在于设置合适的参数。

**6.66** 设一个辅助指针数组 p，初始时使每个指针指向一个结点，且置结点数据域的值为双亲表中相应结点的数据元素。以后的工作只是建立这些结点的链域。

**6.70** 不妨称这种字符序列为“二叉广义表”，参考教科书 5.7.3 节。自顶向下的识别策略通常导致结构良好的算法。

**6.73** 根据语法图，在此只讨论非空森林，且假设输入的字符序列符合语法图，即不讨论输入出错的情况。建森林和建树的间接递归算法分别如下所示：

```
Status CreateF( CSTree &FS )
{
    // 本算法识别一个待输入的带标号的广义表形式的字符序列，建立森林的
    // 孩子-兄弟链表存储结构，全局量 ch 中含当前读入的字符，FS 为指向根
    // 结点的指针。算法结束时，ch 内含森林广义表串之后的字符。
    if (CreateT(FS)==OVERFLOW) return ERROR;
                                              // 建森林中第一棵树
    p=FS;
    while (ch==',') {      // 建森林中其余各棵树
        CreateT(p->nextsibling);
        p=p->nextsibling ;
    }
    p->nextsibling=NULL;
    return OK;
} // CreateF

Status CreateT(CSTree &T) {
    // 本算法识别待输入的树广义表串，建立树的孩子-兄弟链表，T 指向根结点。
    // 算法结束时，ch 内含该串闭括号之后的字符。
    scanf(ch);
    if (!( T=(CSTree) malloc (sizeof(CSNode)))) return OVERFLOW;
    T->data=ch;                      // 建立根结点
    scanf(ch);                       // 识别大写字母之后的一个字符
    if (ch!= '(' ) T->firstchild=NULL;   // 叶子结点
    else {
        CreateF(T->firstchild);      // 建子树森林
        scanf(ch);                   // 读取该树广义表串的闭括号
    }
```

```
        return OK;
} // CreateT
```

# 第 7 章

**7.1** (1)

| 顶点 | 1 | 2 | 3 | 4 | 5 | 6 |
|---|---|---|---|---|---|---|
| 入度 | 3 | 2 | 1 | 1 | 2 | 2 |
| 出度 | 0 | 2 | 2 | 3 | 1 | 3 |

(2) 邻接矩阵

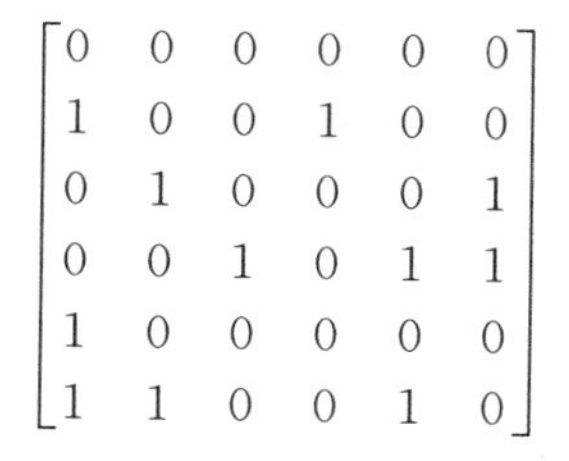

$$\begin{bmatrix} 0 & 0 & 0 & 0 & 0 & 0 \\ 1 & 0 & 0 & 1 & 0 & 0 \\ 0 & 1 & 0 & 0 & 0 & 1 \\ 0 & 0 & 1 & 0 & 1 & 1 \\ 1 & 0 & 0 & 0 & 0 & 0 \\ 1 & 1 & 0 & 0 & 1 & 0 \end{bmatrix}$$

(3) 邻接表

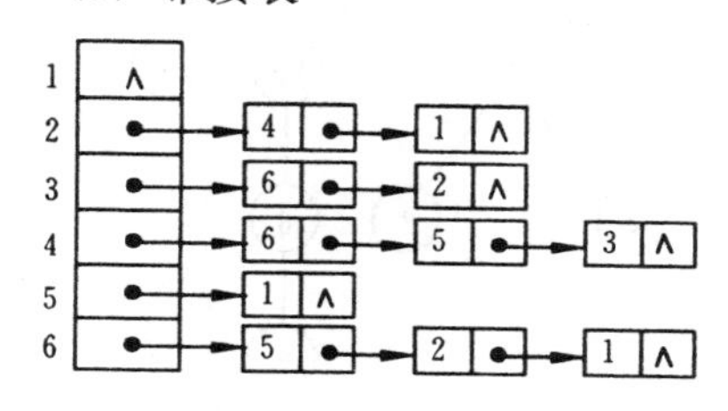

(4) 逆邻接表

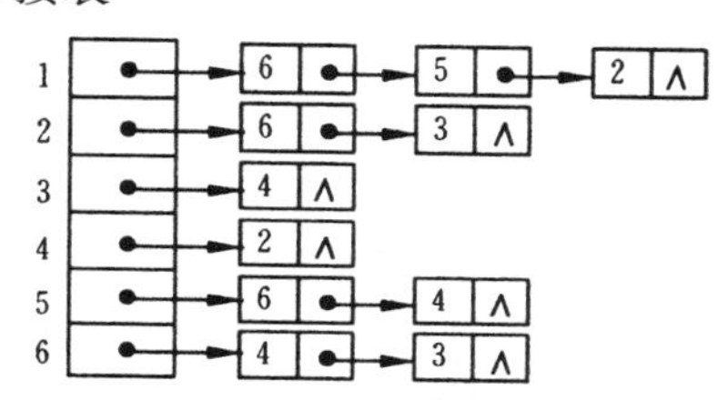

(5) 有 3 个强连通分量

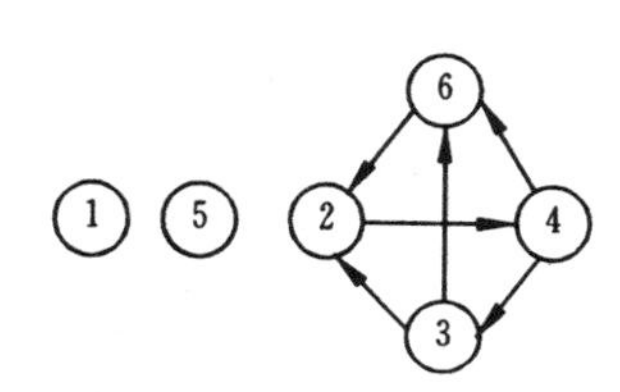

**7.2** 记$(a_{ij}^{(k)})=A_{n\times n}^{k}$,则 $a_{ij}^{(k)}$ 为由 $i$ 到 $j$ 的长度为 $k$ 的路径数。注意,不能理解为简单路径。

**7.3**

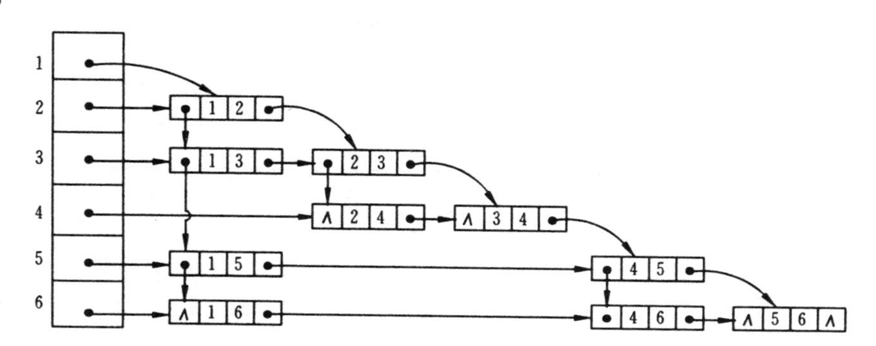

**7.4** 从顶点 A 出发进行广度优先遍历所得广度优先生成森林为

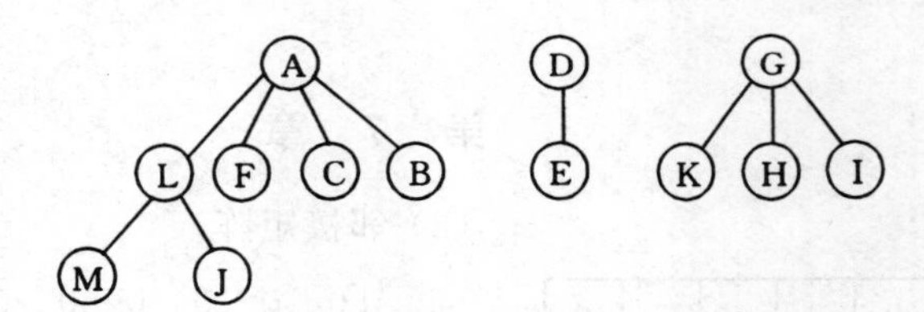


**7.5** 深度优先生成树　　　　　　　　　　　　　　　　　　　广度优先生成树

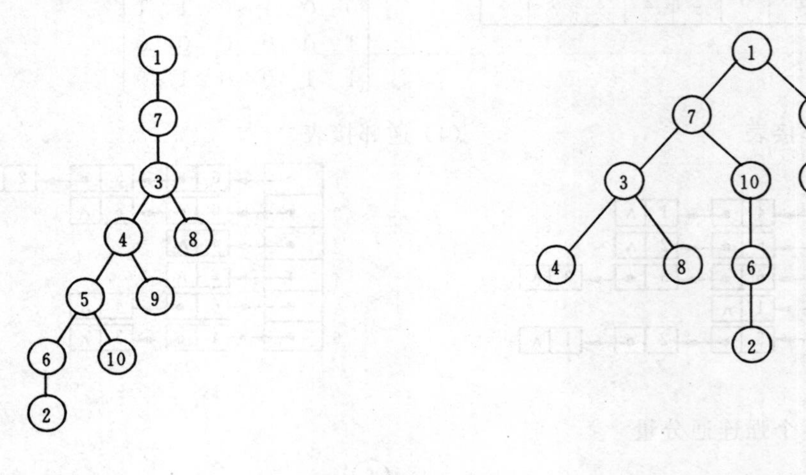


**7.7**

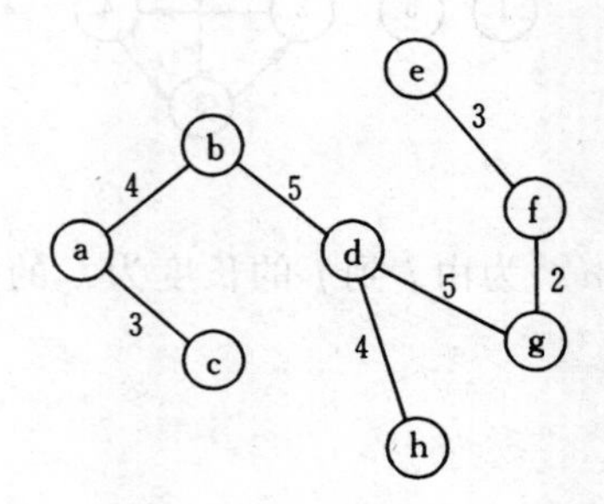


**7.8**

| G.vertices[I].data | $V_1$ | $V_2$ | $V_3$ | $V_4$ | $V_5$ | $V_6$ | $V_7$ | $V_8$ |
|---|---|---|---|---|---|---|---|---|
| Visited[i] | 1 | 2 | 6 | 3 | 5 | 7 | 8 | 4 |
| Low[i]的产生序号 | 1 | 4 | 7 | 3 | 1 | 6 | 5 | 2 |
| Low[i] | 1 | 1 | 1 | 2 | 2 | 6 | 6 | 2 |

**7.9** 注意养成系统化思维方法：

| | | | | | | | | | | | |
|---|---|---|---|---|---|---|---|---|---|---|---|
| 5 | 6 | 1 | | | 2 | | | 3 | | | 4 |
| 5 | | 1 | 6 | | 2 | | | 3 | | | 4 |
| 5 | | 1 | | | 2 | 6 | | 3 | | | 4 |
| 5 | | 1 | | | 2 | | | 3 | 6 | | 4 |
| | | 1 | 5 | 6 | 2 | | | 3 | | | 4 |
| | | 1 | 5 | | 2 | 6 | | 3 | | | 4 |
| | | 1 | 5 | | 2 | | | 3 | 6 | | 4 |

其中，第一个序列为算法 topsort 所求得的序列。

**7.10**

| 顶点 | ve | vi |
|---|---|---|
| α | 0 | 0 |
| A | 1 | 20 |
| B | 6 | 24 |
| C | 17 | 26 |
| D | 3 | 19 |
| E | 34 | 34 |
| F | 4 | 8 |
| G | 3 | 3 |
| H | 13 | 13 |
| I | 1 | 7 |
| J | 31 | 31 |
| K | 22 | 22 |
| ω | 44 | 44 |

| 边 | e | j | j－e |
|---|---|---|---|
| (α,A) | 0 | 19 | 19 |
| (α,B) | 0 | 18 | 18 |
| (α,D) | 0 | 16 | 16 |
| (α,F) | 0 | 4 | 4 |
| (α,G) | 0 | 0 | 0 |
| (α,I) | 0 | 6 | 6 |
| (A,C) | 1 | 20 | 19 |
| (B,C) | 6 | 24 | 18 |
| (D,C) | 3 | 19 | 16 |
| (D, E) | 3 | 26 | 23 |
| (D,J) | 3 | 25 | 22 |
| (F,E) | 4 | 23 | 19 |
| (F, H) | 4 | 8 | 4 |
| (G,ω) | 3 | 23 | 20 |
| (G,H) | 3 | 3 | 0 |
| (I, H) | 1 | 7 | 6 |
| (C, E) | 17 | 26 | 9 |
| (H, C) | 13 | 22 | 9 |
| (H,J) | 13 | 27 | 14 |
| (H,K) | 13 | 13 | 0 |
| (K,J) | 22 | 22 | 0 |
| (J,E) | 31 | 31 | 0 |
| (J,ω) | 31 | 32 | 1 |
| (E,ω) | 34 | 34 | 0 |

关键路径只有一条：(α,G,H,K,J,E,ω)

**7.11** 从顶点 a 到其他各点的最短路径的求解过程如下：

| 终点 / Dist | b | c | d | e | f | g | S (终点集) |
|---|---|---|---|---|---|---|---|
| K=1 | 15 (a,b) | **2** **(a,c)** | 12 (a,d) | | | | {a,c} |
| K=2 | 15 (a,b) | | 12 (a,d) | 10 (a,c,e) | **6** **(a,c,f)** | | {a,c,f} |
| K=3 | 15 (a,b) | | 11 (a,c,f,d) | **10** **(a,c,e)** | | 16 (a,c,f,g) | {a,c,f,e} |
| K=4 | 15 (a,b) | | **11** **(a,c,f,d)** | | | 16 (a,c,f,g) | {a,c,f,e,d } |
| K=5 | 15 (a,b) | | | | | **14** **(a,c,f,d,g)** | {a,c,f,e,d,g} |
| K=6 | **15** **(a,b)** | | | | | | {a,c,f,e,d,g,b} |

**7.12** dist[i]定义为从源点 V 到其他各点 $V_i$ 的仅经 S 中顶点的最短路径长度。证其初态满足定义，且往 S 中每加入一个顶点，调整 dist 各分量值之后仍满足定义。

**7.13**

| A | $A^{(0)}$ | | | | $A^{(1)}$ | | | |
|---|---|---|---|---|---|---|---|---|
| | 1 | 2 | 3 | 4 | 1 | 2 | 3 | 4 |
| 1 | 0 | 1 | ∞ | 3 | 0 | 1 | ∞ | 3 |
| 2 | ∞ | 0 | 1 | ∞ | ∞ | 0 | 1 | ∞ |
| 3 | 5 | ∞ | 0 | 2 | 5 | **6** | 0 | 2 |
| 4 | ∞ | 4 | ∞ | 0 | ∞ | **4** | ∞ | 0 |

| PATH | $PATH^{(0)}$ | | | | $PATH^{(1)}$ | | | |
|---|---|---|---|---|---|---|---|---|
| | 1 | 2 | 3 | 4 | 1 | 2 | 3 | 4 |
| 1 | | AB | | AD | | AB | | AD |
| 2 | | | BC | | | | BC | |
| 3 | CA | | | CD | CA | **CAB** | | CD |
| 4 | | DB | | | | DB | | |

| A | $A^{(2)}$ | | | | $A^{(3)}$ | | | |
|---|---|---|---|---|---|---|---|---|
| | 1 | 2 | 3 | 4 | 1 | 2 | 3 | 4 |
| 1 | 0 | 1 | **2** | 3 | 0 | 1 | 2 | 3 |
| 2 | ∞ | 0 | 1 | ∞ | **6** | 0 | 1 | **3** |
| 3 | 5 | 6 | 0 | 2 | 5 | 6 | 0 | 2 |
| 4 | ∞ | 4 | **5** | 0 | **10** | 4 | 5 | 0 |

续表

| PATH | PATH(2) | | | | PATH(3) | | | |
|---|---|---|---|---|---|---|---|---|
| | 1 | 2 | 3 | 4 | 1 | 2 | 3 | 4 |
| 1 | | AB | **ABC** | AD | | AB | ABC | AD |
| 2 | | | BC | | **BCA** | | BC | **BCD** |
| 3 | CA | CAB | | CD | CA | CAB | | CD |
| 4 | | DB | **DBC** | | **DBCA** | DB | DBC | |

$A^{(4)}$ 和 $A^{(3)}$ 相同；$PATH^{(4)}$ 和 $PATH^{(3)}$ 相同。

**7.25**　认真研究过 7.2 题并且熟悉图论知识的读者自然会想到：图中存在经过 $V_i$ 的回路的充分必要条件是 $a_{i,i}^{(n)} \neq 0$（图论知识：若一个图中有回路，则必存在长度不超过 $n$ 的（简单）回路）。这种方法在理论上显得简洁，但算法的时间复杂度高达 $O(n^4)$，又不适用于本题中给出的存储结构，因而是不足取的。

必须看到，遍历一个图不过是按一种特定的方式搜索一个图：每个结点被访问且只访问一次。它能够解决的问题类型是这样的：寻找满足给定条件 P 的第一个（或一些，或所有）结点；或者判别从某个给定结点到达其他结点的可达性（如 7.22 和 7.23 题），其中，P 是一个命题，例如“从给定结点到达它的最短路径为 4”。也可以就是“真”。然而，比上述问题类大得多的一类问题，即人工智能中所讨论的问题求解的一般提法是：在给定图（甚至不限于有穷图）中寻找从给定初始结点到满足给定条件 P 的第一个（或一些或所有）满足条件 Q 的简单路径。由路径的定义（相邻顶点之间存在边或弧的顶点序列）可知，“求”路径即为在遍历的过程中记录属于“当前所求路径”的顶点。此时，教科书上的遍历算法就不适用了，原因是没有记录路径（由 traver 算法所得顶点序列不一定是“路径”），特别是没有行遍所有简单路径。下面给出按深度优先策略进行“路径”遍历的算法的基本框架：

```
void PathDFS( Graph &G; vexindex v)
{
  // 在 G 中找以当前路径为前缀的、到达满足条件 P 的结点的、所有
  // 满足条件 Q 的简单路径，并印出它们。v 为当前考察的顶点
    if (!OnCurrentPath[v]) {
      OnCurrentPath[v]=TRUE;
      EnCurrentPath(v, CurrentPath);
        // 将当前访问的结点 v 置为当前路径上的一个新的结点。
        // 初始时，数组 OnCurrentPath[vexindex]为全“假”。
        // EnCurrentPath 表示往路径中添加结点。
      if (P(v) && Q(CurrentPath)) print(CurrentPath);
      else {
        w=FirstAdjVex(G, v);
```

```
        while (w) {   PathDFS(G, w);   w=NextAdjVex(G, v, w); }
      } // visit(v)
      OnCurrentPath[v]=FALSE;
      DeCurrentPath(v, Current);           // 把当前结点 v 从当前路径上删除
    }
  } // pathdfs
```

如果只要求作出一条路径,问题要简单得多,因为递归调用的各层局部参量(注意,在某一层中不能存取它们)恰好是当前路径的结点序列！所以只要设全程布尔量 successful (初值为假),将"print(CurrentPath)"改为 Successful=TRUE;以(! Successful)为条件执行 visit 之后的两条语句,并且在后一条(即 while)之后插入"if (Successful) printf(v)"。打印操作的位置不变,而只设布尔量也是可以的,但很多问题较简单,不涉及条件 Q。这时数据结构 CurrentPath 以及涉及它的操作就可被求精掉了,使程序大大简化。这个模式尚不适于最优解问题,但只要稍加改变就成为求最优路径问题的模式,如"最短路径"。

回路不是简单路径。求回路的模式可以通过对上述模式稍加修改而得到。

有兴趣的读者可以继续研究路径遍历的广度优先算法,参阅《人工智能原理》(N.J.Nilson著,石纯一译)。

**7.26** 充分性稍难证一些,参阅拓扑排序一节。

**7.27** 应采用(限制深度的)深度优先策略,必须使用路径遍历算法,而不能简单套用教科书上的遍历算法。读者可以以图 $\{(v_1,v_2),(v_2,v_3),(v_3,v_4)\}$ $k=2$,为例进行验证:判断 $v_1$ 到 $v_4$ 之间是否存在长度为 2 的简单路径。参阅 7.25 题的提示。

**7.28** 最典型的路径遍历问题,参见 7.25 题的提示。本题实际上是一般化的走迷宫问题,和实习 2 的实习报告范例中给出的算法本质上一样,只要将那里迷宫中的通道方格视为结点,"相邻"关系视为无向边。数据结构"CurrentPath"必须维护。

**7.33** 设计一个数据结构及其之上的操作表示等价类。运算包括初始化、判等价、合并两个类等。数据结构的选取可以参考教科书的 6.5 节,也可以组织为静态循环链表。后者要先考虑怎样把两个循环链表合并为一个循环链表。数据结构的选取原则:使以上所述的操作易于高效地实现。

用以下 3 个图作为测试数据,看看你的算法能否正确执行。$G_1:V=\{v_1,v_2\},E=\Phi$; $G_2:|V|=3,E=\{(v_1,v_2),(v_2,v_3),(v_3,v_1)\}$,数值分别为 10, 20, 30;$G_3:|V|=4,E=\{(v_1,v_2),(v_2,v_3),(v_3,v_4)\}$,数值分别为 10, 30, 20。$G_1,G_2,G_3$ 均为无向图。

**7.35** 考察 DAG 图的逆邻接表可知,从每个结点出发的深度优先路径遍历(不是结点遍历)中所有回溯点相同的充要条件为 DAG 有根。但是,路径遍历时间复杂度较高,读者应考虑按结点遍历时,DAG 有根的充要条件是什么。

**7.37** 考察以任一个特定结点为起点的最长路径,若无所邻接到的结点,则它的长度为 0;否则为其诸邻接点的最长路径中的最大值。最后思考:上述思想方法在非 DAG 图中会怎样。

# 第 8 章

**8.1** 注意块头中“size”域的含义和申请大小的含意。

(1) 只要将原图中的 604 和 122 分别改为 559 和 167。

(2) 三块合并为一大块。将原图中第二块的始址和大小分别改为 330 和 17；再将后两块合为一块，始址和大小分别为 462 和 264。

**8.2** 空闲块按由小到大的顺序有序，且头指针恒指最小的空闲块。

**8.3** 可以举出多种实例序列。如下为其中一例。

(1) 110,80,100

(2) 110,80,90,20

**8.5**

(1) 最佳适配策略下空闲块要按由小到大的顺序链接，可以不作成循环表。空闲块表头指针恒指最小空闲块。首次分配则力求使各种大小的块在循环表中均匀分布，所以经常移动头指针；

(2) 无本质区别；

(3) 最佳适配策略下(合并后)插入链表时必须保持表的有序性。

**8.6** 011011110100； 011011100000。

**8.7** 下面指出各种情形下空闲表中的块：

(1) 只有一个大小为 $2^9$ 的块；

(2) 有大小为 $2^4$,$2^5$ 和 $2^7$ 的块各一块；

| 申请量 | 分配量 | 占用块始址 |
|---|---|---|
| 23 | $2^5$ | 0 |
| 45 | $2^6$ | 64 |
| 52 | $2^6$ | 128 |
| 100 | $2^7$ | 256 |
| 11 | $2^4$ | 32 |
| 19 | $2^5$ | 192 |

(3) 有大小为 $2^5$ 和 $2^6$ 的块各两块，$2^7$ 的块 1 块。

**8.8** $(2^{5-1}+1,1)$ 或 $(1,2^{5-1}+1)$

**8.9** 数据结构的设计必须综合考虑操作的实现。

(1) 如下图所示：

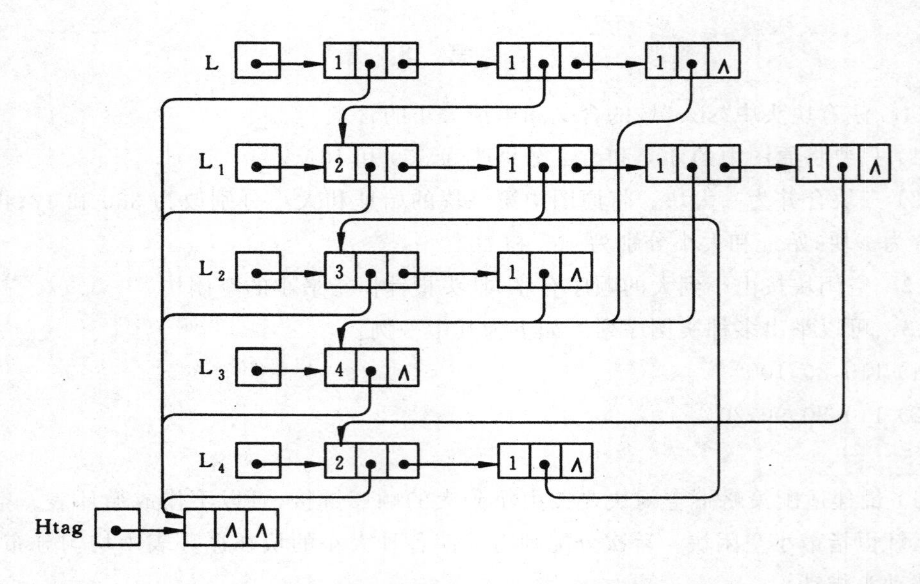


(2) 表 $L$ 中首元结点可以释放，即将它从链表中删除。将表 $L_1$ 的头结点计数域减 1。

(3) 形成间接递归。若不在实现时进行特殊处理，当删除 $L_2$ 时会出现空间不能回收的不一致现象。

**8.13** 被管理的存储空间无论大小，都是有界的。忘记处理边界情况是易犯的错误。利用下面的函数，可以使回收算法简洁清晰，关键在于利用适当的数据结构以简化情况判断。

```
cases dealloctype( blockptr p) {
  // cases 取值 1..4，分别表示 4 种情形。
    对 casenum[0..1,0..1]赋初值如下图所示：
```

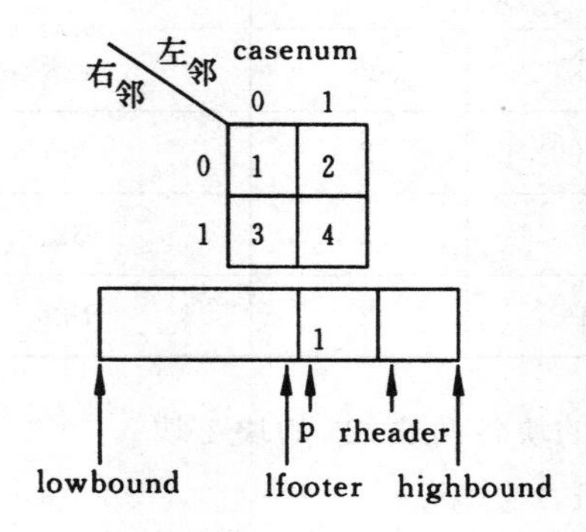


```
    lfooter＝p－1； rheader＝p＋[p].size；
    // l 表示左邻；r 表示右邻；[p].size 包括头部和底部
```

```
if (lfooter<lowbound) l=1;
    else l=[lfooter].tag;
    if (rheader>highbound) r=1;
    else r=[rheader].tag;
    return casenum[r][l];
} // dealloctype
```

**8.14** 对于以下情形，检查你的算法是否正确：

① 连续合并

② [buddvaddr].tag==0 && [buddyaddr].kval!= k

③ [buddyaddr].tag==0 && [buddyaddr].rlink==buddyaddr

分析问题时要注意以下事实：伙伴块被占用的充要条件：伙伴块一定不在 AVAIL 表中，故不必查该表，但伙伴地址中标志为 0 并不一定意味着伙伴块空闲。下面给出算法的核心框架：

```
k=[p].kval; newblock=p; ready=FALSE;
while (k!= m && !ready) {
  计算伙伴地址 buddyaddr;
    // buddyaddr 和可能是待插入新块始址的 newblock 已经准备好。
  if (不能同伙伴合并)
    ready=TRUE;  // newblock 即待插入新块始址
  else {      // 与伙伴合并
    从空闲表中删除伙伴;
    newblock = min ( newblock, buddyaddr );
    k++;
  }
}
```

将 K 值为 k，始址为 newblock 的块插入 AVAIL 表。

**8.15** 赋初值：avail=**NULL**；p=highbound−cellsize+1； 从高地址端向低地址端扫描，**while** 循环的终止条件为(!(p≥lowbound))(在此，假设(highbound−lowbound+1)%cellsize==0)。

## 第 9 章

**9.3** 等概率查找时查找成功的平均查找长度为

$$ASL_{succ}=\frac{1}{10}(1\times1+2\times2+3\times4+4\times3)$$
$$=2.9$$

**9.4**

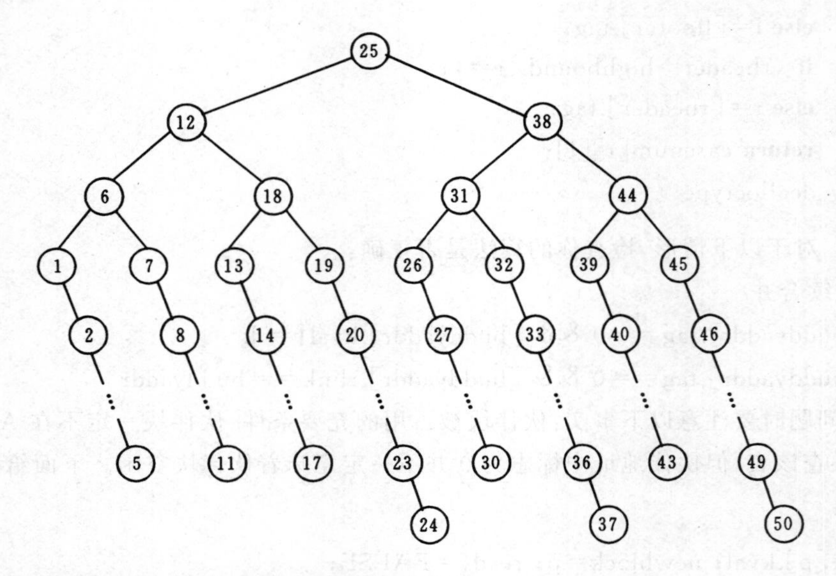


其等概率查找时查找成功的平均查找长度为

$$ASL_{succ}=\frac{1}{50}(1\times 1+2\times 2+3\times 4+(4+5+6+7+8)\times 8+9\times 3)$$
$$=5.68$$

**9.5**

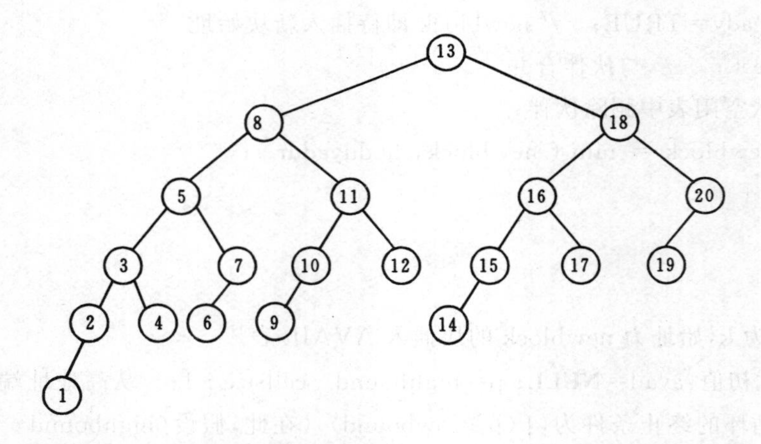


其等概率查找时查找成功的平均查找长度为

$$ASL_{succ}=\frac{1}{20}(1\times 1+2\times 2+3\times 4+4\times 7+5\times 5+6\times 1)=3.8$$

**9.6** 应该先列出该语句执行时间的期望值。

假设语句 S 的执行时间为 $T$,则该语句执行时间的期望值为

$$T=(1-p(1))t(1)+p(1)(1-p(2))(t(1)+t(2))+\cdots+ p(1)p(2)\cdots p(n-1)(1-p(n))(t(1)+t(2)+\cdots+ z(n))+p(1)p(2)\cdots p(n)(t(1)+t(2)\cdots+t(n)+t)$$

令 $p(0)=1$，则上式可写为

$$T=\left(\prod_{j=1}^{n}p(j)\right)t+\sum_{j=1}^{n}t(j)\left(\sum_{i=1}^{n}\left(\prod_{j=0}^{i-1}p(j)\right)(1-p(i))+\prod_{j=1}^{n}p(j)\right)$$

$$=\left(\prod_{j=1}^{n}p(j)\right)t+\sum_{i=1}^{n}\left(\prod_{j=0}^{i-1}p(j)\right)t(i)$$

可以证明：当这 $n$ 个布尔表达式 $C_i$ 的排列满足

$$\frac{t(1)}{1-p(1)}<\frac{t(2)}{1-p(2)}<\cdots<\frac{t(n)}{1-p(n)}$$

时将使 $T$ 达极小值，则若依

$$\frac{t(i)}{1-p(i)}$$

从小至大的次序来排列，将使该语句的执行最有效。

**9.7** 平均查找长度为 $\frac{N+1}{2}+\frac{17}{8}$

**9.8** (1) 次优查找树如下所示，其 $PH$ 值为 133；

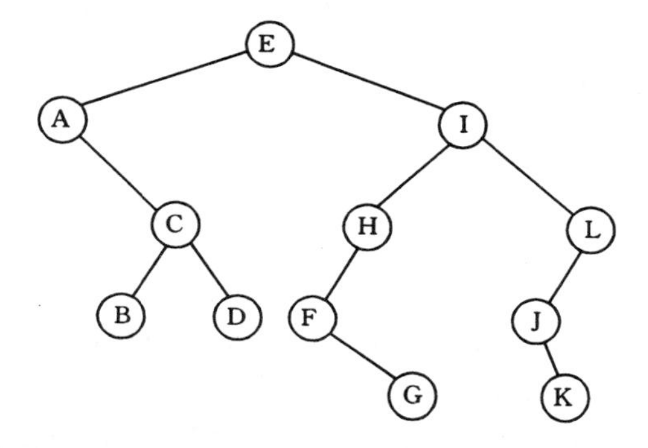


(2) 折半查找的判定树的 $PH$ 值为 156。

**9.9**

(1) 求得的二叉排序树如下图所示，在等概率情况下查找成功的平均查找长度为

$$ASL_{succ}=\frac{1}{12}(1\times1+2\times2+3\times3+4\times3+5\times2+6\times1)=\frac{42}{12}$$

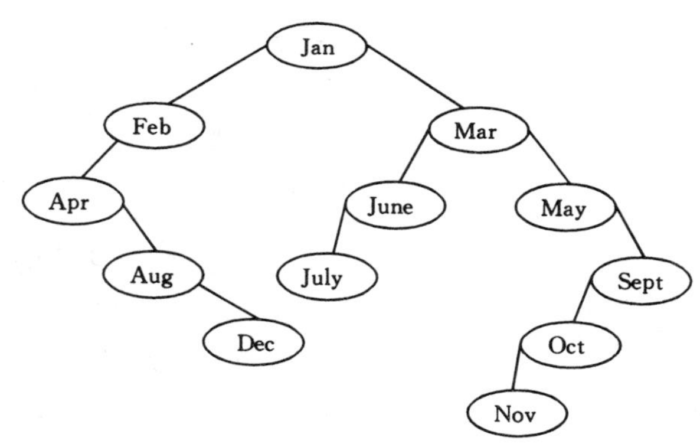

(2) 经排序后的表及在折半查找时找到表中元素所经比较的次数对照如下：

| Apr | Aug | Dec | Feb | Jan | July | June | Mar | May | Nov | Oct | Sept |
|---|---|---|---|---|---|---|---|---|---|---|---|
| 3 | 4 | 2 | 3 | 4 | 1 | 3 | 4 | 2 | 4 | 3 | 4 |

等概率情况下查找成功时的平均查找长度为

$$ASL_{succ}=\frac{1}{12}(1\times1+2\times2+3\times4+4\times5)=\frac{37}{12}$$

(3) 按教科书 9.2.1 节所述求得的平衡二叉树为

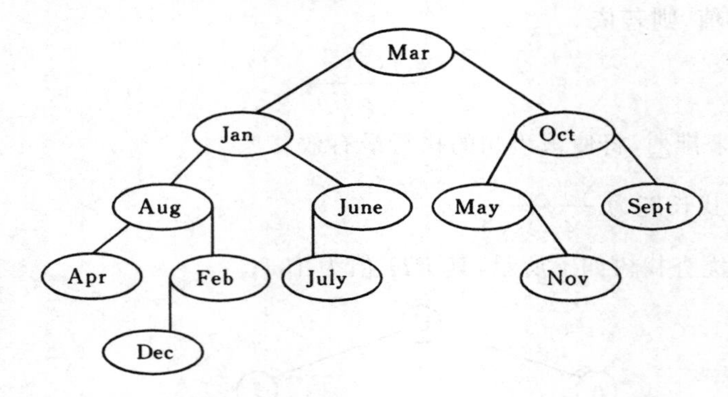


它在等概率情况下的平均查找长度为

$$ASL=\frac{1}{12}(1\times1+2\times2+3\times4+4\times4+5\times1)=\frac{38}{12}$$

**9.10** 30 种。

**9.11** 教科书 9.2.1 节已指出：深度为 $h$ 的二叉平衡树中含有的最少结点数为 $N_h=N_{h-1}+N_{h-2}+1$，由此可推出含 12 个结点的平衡树的最大深度为 5。

**9.12** 特性(3)的意图在于保证 B-树中结点空间的利用率不低于某个下限。改为[2m/3]是不行的，因为当某结点因插入关键字而使其中关键字数目为 $m$ 时，无法分裂成两个子树个数均大于[2m/3]的结点；改为[m/3]是可行的，但它的结点空间利用率较低，不过分裂不如 B-树那样频繁。

**9.13** 至少含 4 个非叶结点；至多含 8 个非叶结点。

**9.14** 建成的树为

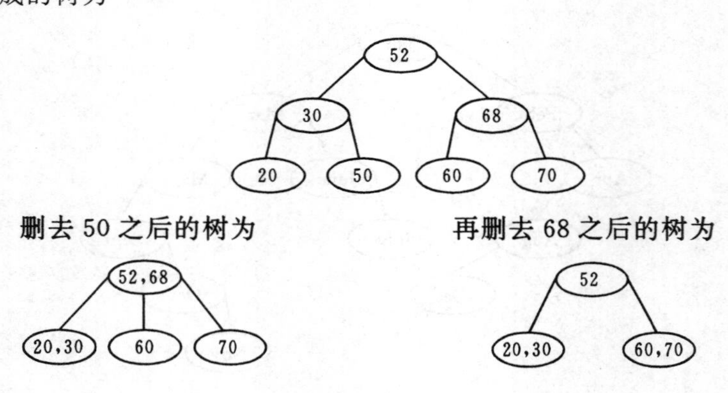

**9.19** 查找成功时的平均查找长度

$$ASL_{succ}=\frac{1}{8}(1+1+1+1+2+2+6+3)=\frac{17}{8}$$

**9.21**

(1) $ASL_{succ}=\frac{31}{12}$，$ASL_{unsucc}=\frac{60}{14}$

(2) $ASL_{succ}=\frac{18}{12}$，$ASL_{unsucc}=\frac{12}{14}$

按照平均查找长度的定义，公式中的"$C_I$"指的是："关键字和给定值比较的个数"，则在用链地址处理冲突时，和"空指针"的比较不计在内。

**9.22** 设计哈希表的步骤为：

(1) 根据所选择的处理冲突的方法求出装载因子 $\alpha$ 的上界；

(2) 由 $\alpha$ 值设计哈希表的长度 $m$；

(3) 根据关键字的特性和表长 $m$ 选定合适的哈希函数。

**9.23** 两种策略都不可行。前者切断了探测链；后者可能移动了非同义词。一种可行的做法是将待删表项的关键字置为 0，以区别于空表项。查找和插入算法都应相应地进行调整。

**9.24** 设计哈希表时，若有可能利用直接定址找到关键字和地址一一对应的映象函数，则是大好事。本题旨在使读者认识到，复杂关键字集合或要求的装载因子 $\alpha$ 接近 1 时，未必一定找不到一一对应的映象函数。

(1) $\alpha=1$；

(2) 这样的哈希函数不唯一，一种方案是

$$H_1(C)=C_{678}+C_5\times 200+C_{34}\times(200+50)+(C_{12}-96)\times((200+50)\times 25)$$

其中 $C=C_1C_2C_3C_4C_5C_6C_7C_8$

$C_{678}=C_6\times 100+C_7\times 10+C_8$

$C_{34}=C_3\times 10+C_4$

$C_{12}=C_1\times 10+C_2$

此哈希函数在无冲突的前提下非常集聚。

(3) 不能(虽然 $\alpha<1$)。哈希函数可设计为

$$H_2(C)=(1-2C_5)C_{678}+C_5(l-1)+C_{34}l+(C_{12}-96)\times 25l$$

其中，$C_{678}=C_6\times 100+C_7\times 10+C_8$，其余类推。

方案一：$l=150$，最后 5000 个表项作为公共溢出区；

方案二：$l=200$，用开放定址处理冲突。也可有其他折衷方案。

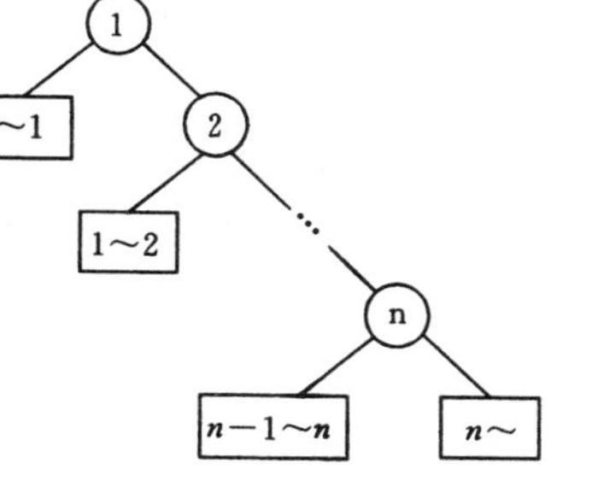


**9.25** 查找成功时的平均查找长度为

$$ASL_{succ}=\frac{1}{n}\sum_{i=1}^{n}i=\frac{n+1}{2},$$

查找不成功时的平均查找长度为

$$ASL_{succ}=\frac{1}{n+1}\left(\sum_{i=1}^{n}i+(n+1)\right)=\frac{n+2}{2}$$

**9.26** 折半查找递归调用的算法如下：

```
int BinSearch(SSTable s; int low, int high; keyType K)
{
  // 在顺序表 s 的 s.elem[low..high]上进行折半查找,K 为给定值,查找成功
  // 时,返回的函数值为关键字等于给定值的记录在顺序表中的位置(序号)。
    if (low>high) return 0;      // 查找不成功
    else {
      mid=(low+high) / 2;
      switch {
        case s.elem [mid].key<K:
          return BinSearch(s,mid+1, high, K);
          break;
        case s.elem [mid].key==K:
          return mid;
          break;
        case s.elem[mid].key>K:
          return BinSearch(s,low, mid-1, K);
          break;
        default: ;
      }
  } // BinSearch
```

**9.27** 只要将教科书 9.1.2 节的折半查找算法,在查找不成功时改为 **return** hig 即可。

**9.28** 本题所用的存储结构,除了顺序表 data[DataNum]外,还建有索引表 idxtab[MaxIndex],其中 idxtab[MaxBlk]内含有各块索引。

```
typedef struct { // 索引项定义
    KeyType max key;        // 各块中最大关键字
    indexType idx;          // 各块的初始序号
                            // 若每块大小不等,则还要加一个 keynum 域
} IndexItem;
typedef struct { // 索引顺序表定义
    ElemType *data;
    IndexItem *idxtab;
    int MaxBlk;
    int BlockSize;
```

```
} IndexSqList;
```

设每块大小相同，都为 BlockSize，且除最后一块外的每块都装满。

在索引表上进行折半查找的策略是找一个“缝隙”。即求 i 满足 idxtab[0..i－1].key<K≤idxtab[i..MaxBlk－1].key (0≤i≤MaxBlk)。

在块中进行顺序查找时，监视哨可设在本块的表尾，即将下一块的第一个记录暂时移走(若本块内记录没有填满，则监视哨的位置仍在本块的尾部)，待块内顺序查找完成以后再移回来。此时增加了赋值运算，但免去了判断下标变量是否出界的比较。注意最后一块尚需进行特殊处理。

注意你的算法在边界条件下执行的正确性：

① K>idxtab[MaxBlk－1].key；

② K＝data[DataNum－1].key。

**9.31** 注意仔细研究二叉排序树的定义。易犯的典型错误是按下述思路进行判别："若一棵非空的二叉树其左、右子树均为二叉排序树，且左子树的根的值小于根结点的值，又根结点的值不大于右子树的根的值，则是二叉排序树。"

假如你准备写递归形式的算法，则建议你采用如下所述的函数首部：

```
bool BiSortTree( BiTree T, BiTree &PRE )
```

其中 PRE 为指向当前访问结点的前驱的指针。

**9.33** 进行"先右后左"的遍历，并且一旦访问到关键字小于 $x$ 的结点，立即结束遍历。

**9.35** 虽然在题目中没有指出本题的存储结构是哪一种"序"的线索链表，但很明显，对于二叉排序树而言，只能是"中序"线索链表。

**9.40** 容易看出，结点中增设的 lsize 域的值即为该结点在排序树上的"次序"。

**9.41** $B^+$ 树的查找算法与分块查找算法十分类似。实际上，$B^+$ 树就是更发达的分块索引数据结构。

$B^+$ 树的结点类型可设计为

```
typedef enum {LEAF, NONLEAF } NodeType;
typedef struct BplusNode {
    NodeType      tag;
    int           keynum;
    BPlusLink     parent;
    KeyType       * key;
    union {
        BPlusLink   son[m];       // tag == NONLEAF
        struct {  BplusNode   * next;
                  reclink      info[m];    // reclink 为指向记录的指针
        } leaf;              // tag == LEAF
```

```
    }
  } BplusNode, * BPlusLink ;
  typedef struct
    bool        found;
    BPlusLink leafptr;
    int         position;
  }Result, * ResultPtr ;

  ResultPtr search( BplusLink root; KeyType K)
  {
    // 若查找成功,found=TRUE,p->info[i]指信息,否则 found=FALSE,
    // K 应在的位置为 p->key[i-1]与 p->key[i]之间,其中 p 指 K 所在或应
    // 在的叶结点。
  }
```

**9.44** 注意此题给出的条件:装载因子 $\alpha<1$,则哈希表未填满。由此可写出下列形式简明的算法:

```
void PrintWord(HashTable ht)
{
  // 按第一个字母的顺序输出哈希表 ht 中的标识符。哈希函数为标识符的
  // 第一个字母在字母表中的序号,处理冲突的方法是线性探测开放定址。
   for (i=1; i<=26; i++){
     j=i;
     while (ht.elem[j].key) {
       if (Hash(ht.elem [j].key) == i) printf(ht.elem [j].key);
       j=(j+1) % m;
     }
   }
} // PrintWord
```

## 第 10 章

**10.2**

三次调用过程 qkpass 的结果分别为

(Amy, Kay, Eva, Roy, Dot, Jon, Kim, Ann, Guy, Jim) Tim (Tom);

Amy (Kay, Eva, Roy, Dot, Jon, Kim, Ann, Guy, Jim) Tim (Tom);

Amy (Jim, Eva, Guy, Dot, Jon, Ann) Kay (Kim , Roy) Tim (Tom);

三次调用过程 merge 的结果分别为

(Kay, Tim, Eva, Roy, Dot, Jon, Kim, Ann, Tom, Jim, Guy, Amy)

(Eva, Kay, Tim, Roy, Dot, Jon, Kim, Ann, Tom, Jim, Guy, Amy)

(Eva, Kay, Tim, Dot, Roy, Jon, Kim, Ann, Tom, Jim, Guy, Amy)

**10.3** 希尔排序、快速排序和堆排序是不稳定的排序方法。

**10.4** (3) $n-1+\sum_{i=1}^{\left[\frac{n}{2}\right]} i$

(4) $\left[\frac{n}{2}\right]-1+\sum_{i=\left[\frac{n}{2}\right]+1}^{n} i$

**10.5** 只要考虑序列中位于 $a_i$ 和 $a_j$ 之间的元素 $a_k(i<k<j)$ 的几种情况即可，当 $a_k>a_i>a_j$ 时，有可能使 $a_i$ 由非逆序元素变为逆序元素，但整个序列的"逆序对"不变。

**10.7** 快速排序的最好情况是指，排序所需的"关键字间的比较次数"和"记录的移动次数"最少的情况，在 $n=7$ 时，至少需进行 2 趟排序。

**10.11** 至少需编排 17 场比赛。

**10.13** 对近似有序的序列可用直接插入排序法，其时间复杂度为 $O(k \cdot n)$，当 $k<<n$ 且 $n$ 很大时，将比快速排序更有效。而起泡排序和简单选择排序的时间复杂度均为 $O(n^2)$，和 $k$ 无关。本题旨在提醒读者注意算法效率讨论的前提条件。

**10.14** 注意：要想不经排序而选出前 $k$ 个关键字最大记录，不能利用插入排序和快速排序法。

**10.19** 这是一个多关键字的排序问题。请思考对这个文件进行排序用哪一种方法更合适，是 MSD 法？还是 LSD 法？

**10.24** 算法的核心语句为

```
if (r[i].key<d[1].key) {
   if (first==1) { d[n]=r[i]; first=n; }
   else {
        binpass(d, first, n, r[i].key, k);       {查找插入位置}
        d[first-1..k-1]=d[first..k];
        d[k]=r[i]; first--;
        } // else
} // if
else ...

void binpass(RcdType d[ ], int l, int h, keytype x, int &m)
{
     // 在 d[l..h]中折半查找 x 的插入位置 m,
     // 要求 d[m].key≤x<d[m+1].key。
        while (l≤h) {
          m=(l+h) / 2;
          if (x<d[m].key) h=m-1 ;
          else l=m+1;
        }
```

```
    m=h;
} // binpass
```

**10.28** 这是一个技巧性很强的程序设计练习，旨在培养综合能力。但这样的代码可读性较差，故在实际应用中并不鼓励这样做。

```
void BiBubbleSort(SqList L)
{
  // L 存待排序文件，返回时它有序。
  d=1;     // d 为增量，正向和反向起泡时值分别为 1 和 -1，初值为 1(正向)
  pos[0]=1;  pos[2]=n;          // pos[d+1]为本趟扫描的终止下标
  i=1;  exchanged=TRUE;         // 记录一趟扫描中有否交换
  while (exchenged) {           // 扫描一趟
    exchanged=FALSE;            // 本趟初始无交换
    while (i!=pos[d+1]) {
      if ((L.r[i].key-L.r[i+d].key) * d>0) {
        L.r[i]<-->L.r[i+d]; exchanged=TRUE;
      }
      i+=d;
    }
    pos[d+1] -= d; i=pos[d+1]; d=-d; // 转向
  }
} // BiBubbleSort
```

**10.32** 请研究快速排序算法，修改一趟快速排序的算法。

**10.36** 一趟归并排序和归并排序这两个过程的功能说明如下：

```
void MergePass(RcdType r1, RcdType &r2, int len, int n)
  // 存于 r1[1..n]序列中的记录逐段有序，除最后一段外，每段长度为 len，
  // 多次调用过程 Merge 对这些有序段进行两两归并之后存入 r2。
void MergeSort(SqList L)
  // 存于 L.r[1..L.length]的待排序序列，可看成是由 L.length 个长度为 1 的有序
  // 段组成，反复调用过程 MergePass 使有序段长度成倍增加，直至整个序列
  // L.r[1..L.length]为有序序列止。排序过程中设 r1[1..L.length]为暂存空间。
```

**10.38** 可附设循环队列，将一遍所得各有序子列的头指针存入队列，然后令队头的两个指针出列，且将这两个链序列归并后的新链序列的头指针入列，如此重复直至队列中只有一个链序列的头指针为止。

**10.39** 如果第一个序列的记录个数少于 $s$，则确定其第一个记录在归并后的序列中的位置 $k$，并从该位置开始进行 $k-1$ 个位置的循环移位(参见 5.18 题及其提示)。这次循环移位仅涉及第一个序列中的记录和第二个序列中的前 $k-1$ 个记录，使得前 $k$ 个记录就

位于其归并后的最终位置。如此继续下去，依次对原来第一个序列的第二个及随后的每个记录重复上述过程。

**10.40** 把第一个序列划分为两个子序列，使其中的第一个子序列含有 $s_1$ 个记录，$0 \leqslant s_1 < s$，第二个子序列有 $s$ 个记录。第二个序列也划分为两个子序列，使其中第二个子序列有 $s_2$ 个记录，$0 \leqslant s_2 < s$。如果 $s_1 \neq 0$，则对两个序列的第一个子序列进行比较，找出具有最小关键字的 $s_1$ 个记录，并把这 $s_1$ 个记录交换到第一个序列中最左边的位置。如果 $s_2 \neq 0$，则用类似步骤得到 $s_2$ 个具有最大关键字的记录，并交换到第二个序列中最右边的位置。然后对最左边的长度为 $s_1$ 的子序列以及最右边的长度为 $s_2$ 的子序列进行排序。接着用 10.39 题编写的归并算法对两个序列中剩余的子序列分别进行排序。最后对两个序列进行归并。

**10.41** 利用哈希表进行排序。

**10.43** 计数排序分两步实现。第一步对每个记录统计(关键字)比它小的记录个数时，注意任意两个记录之间应该只进行一次比较；第二步移动记录时顺记录移动方向扫描，如将 a[i]移至位置 c[i]+1 上，再将 a[c[i]+1]移至位置 c[c[i]+1]+1 上……移动记录的同时还应修改数组 c 中的相应值。用以下数据检验算法：(28, 37, 15, 40, 62, 51)。

**10.44** 这种排序方法实际上也是一种计数排序。值得注意的是，计数排序和三元组表表示稀疏矩阵时的运算方法有相似之处。

**10.46** 可另设一个序列 d[1..n]，每个分量含两个域：关键字域存放每个记录的关键字，即 d[i].key=b[i].key；地址域指示记录在排序过程中应处的相对位置，其初值应为 d[i].pos=i。调用任何一种排序方法调整 d[i].pos 的值(i=1,2,…,n)。排序结束时表明，序列 a 中记录应按 d[i].pos 的值进行排列，即 a[i]应调整为 b[d[i].pos]。

## 第 11 章

**11.1** (1) 至少取 5 路进行归并；

(2) 每次可取 12 路进行归并，则至少需 2 趟完成排序。然而对总数为 100 的初始归并段，要在 2 趟内完成归并，进行 10 路归并即可。

**11.2** 150000 个记录(1000 个物理块)经内部排序后得到 200 个初始归并段，需进行 $\lceil \log_4 200 \rceil = 4$ 趟 4 路平衡归并排序。所以，总的 I/O 次数为：$1000 \times 2 + 1000 \times 2 \times 4 = 10000$。

**11.3** $b$ 是败者。败者树与堆的最大差别在于：败者树是由参加比较的 $n$ 个元素作为叶子结点而得到的完全二叉树，而“堆”则是 $n$ 个元素 $R_i (i=1,2,\cdots,n)$ 的序列，它满足下列性质：$R_i \leqslant R_{2i}$ 且 $R_i \leqslant R_{2i+1} (1 \leqslant i \leqslant \lfloor n/2 \rfloor)$。由于这个性质中下标 $i$ 和 $2i, 2i+1$ 的关系恰好和完全二叉树中第 $i$ 个结点和它的孩子结点的序号之间的关系一致，则堆可看成是含 $n$ 个结点的完全二叉树。

**11.11** 总的读写外存次数为 550。

**11.12** 总的读写外存次数为 800。

# 附　录

## 数据结构算法演示系统 DSDEMO
## （类C描述语言　3.1 中文版）
## 使 用 手 册

### 一、功能简介

现在叙述的是一个动态演示数据结构算法执行过程的辅助教学系统，它可适应用户对算法的输入数据和过程执行的控制方式的不同需求，在计算机的屏幕上显示算法执行过程中数据的逻辑结构或存储结构的变化状况或递归算法执行过程中栈的变化状况。整个系统使用菜单驱动方式，每个菜单包括若干菜单项。每个菜单项对应一个动作或一个子菜单。系统一直处于选择菜单项或执行动作状态，直到选择了退出动作为止。

### 二、系统内容

本系统内含 80 个算法，分属 11 部分内容，由主菜单显示，和教科书《数据结构》（C 语言版）中自第 2 章至第 11 章的内容相对应。各部分演示的算法有：

1. 链表（**Linked List**）
   1.1 在单链表中插入一个结点（**Ins_ LinkList**）
   1.2 删除单链表中的一个结点（**Del_ LinkList**）
   1.3 生成一个单链表（**Crt_ LinkList**）
   1.4 两个有序链表的操作（每个操作都用两个算法实现，其差别是：结果链表是利用原链表中的结点，还是重新生成新的结点）
      1.4.1 求并（**Union**）
      1.4.2 求交（**Intersect**）
      1.4.3 求余（**Complement**）
2. 栈（**Stack**）
   2.1 递归算法的演示
      2.1.1 汉诺塔（**Hanoi**）
      2.1.2 迷宫（**Maze**）
      2.1.3 皇后问题（**Queen**）
      2.1.4 背包问题
         2.1.4.1 求一组解（**Knap**）
         2.1.4.1 求全部解（**Bag**）

2.2 计算阿克曼函数(**Ack**)

2.3 利用栈进行车辆调度,求得出站车厢序列(**Gen,Perform**)

2.4 表达式求值(**Exp_reduced**)

2.5 离散事件模拟(**Bank_Simulation**)

3. 串的模式匹配(**String**)

3.1 古典算法(**Index_BF**)

3.2 KMP 算法

3.2.1 求 next 函数值(**Get_next**)

3.2.2 按 next 函数值进行匹配(**Index_KMP(next)**)

3.2.3 求 next 修正值(**Get_nextval**)

3.2.4 按 Next 修正值进行匹配(**Index_KMP(nextval)**)

4. 广义表(**List**)

4.1 求广义表的深度(**Ls_Depth**)

4.2 复制广义表(**Ls_Copy**)

4.3 遍历广义表(**Ls_Mark**)

4.4 建立广义表的存储结构(**Crt_Lists**)

5. 二叉树(**Binary tree**)

5.1 遍历二叉树

5.1.1 先序遍历(**Pre_order**)

5.1.2 中序遍历(**In_order**)

5.1.3 后序遍历(**Post_order**)

5.2 线索二叉树

5.2.1 二叉树的线索化

5.2.1.1 生成先序线索(前驱或后继)(**Pre_thre**)

5.2.1.2 中序线索(前驱或后继)(**In_thre**)

5.2.1.3 后序线索(前驱或后继)(**Post_thre**)

5.2.2 线索树插入/删除

5.2.2.1 插入一棵左子树(**Ins_lchild**)

5.2.2.2 删除一棵左子树(**Del_lchild**)

5.3 应用

5.3.1 建表达式树(**Crt_exptree**)

5.3.2 按先序序列和后序序列生成一棵二叉树(**BT_PreIn**)

5.3.3 森林与二叉树相互转换

5.3.4 哈夫曼树

5.3.4.1 生成哈夫曼树(**Get_HTree**)

5.3.4.2 求哈夫曼编码(**Get_HCode**)

6. 图(**Graph**)

6.1 图的遍历

6.1.1 深度优先搜索(**Travel_DFS**)

6.1.2 广度优先搜索(**Travel_BFS**)

6.2 有向图相关算法

6.2.1 最短路径

6.2.1.1 弗洛伊德算法(**Floyd**)

6.2.1.2 迪杰斯特拉算法(**DIJ**)

6.2.2 求有向图的强连通分量(**Strong_comp**)

6.2.3 有向无环图

6.2.3.1 拓扑排序(**Toposort**)

6.2.3.2 关键路径(**Critical_path**)

6.3 无向图相关算法

6.3.1 最小生成树

6.3.1.1 普里姆算法(**Prim**)

6.3.1.2 克鲁斯卡尔算法(**Kruscal**)

6.3.2 求关节点和重连通分量(**Get_articular**)

7. 存储管理 (**Storage**)

7.1 边界标识法 (**Boundary_tag_method**)

7.2 伙伴系统 (**Buddy_system**)

7.3 紧缩无用单元 (**Storage_compaction**)

8. 查找 (**Searching**)

8.1 二叉排序树

8.1.1 插入一个结点(**Ins_BST**)

8.1.2 删除一个结点(**Del_BST**)

8.2 二叉平衡树

8.2.1 插入一个结点(**Ins_AVL**)

8.2.2 删除一个结点(**Del_AVL**)

8.3 B-树

8.3.1 插入一个结点(**Ins_BTree**)

8.3.2 删除一个结点(**Del_BTree**)

8.4 $B^+$ 树

8.4.1 插入一个结点(**Ins_PBTree**)

8.4.2 删除一个结点(**Del_PBTree**)

9. 内部排序 (**Internal Sorting**)

9.1 简单排序法

9.1.1 直接插入排序(**InsertSort**)

9.1.2 表插入排序

9.1.2.1 插入(**Ins_TSort**)

9.1.2.2 重排(**Arrange**)

9.1.3 冒泡排序(**BubbleSort**)

9.1.4 简单选择排序(**SelectSort**)

9.2 高效排序法

9.2.1 希尔排序(**ShellSort**)

9.2.2 快速排序(**QuickSort**)

9.2.3 堆排序(**HeapSort**)

9.2.4 锦标赛排序(**Tournament**)

9.2.5 归并排序(**MergeSort**)的两种形式(递归和递推)的算法

9.3 基数排序法 (**RadixSort**)

9.4 其他

9.4.1 地址快速排序(**QkAddrSort**)

9.4.2 归并插入排序(**MergeInsSort**)

9.4.3 算法时间复杂度的讨论

10. 外部排序 (**External Sorting**)

10.1 败者树的调整

10.1.1 用于多路归并的败者树

10.1.1.1 生成(**Crt_loser_tree**)

10.1.1.2 调整(**Adjest**)

10.1.2 用于置换-选择排序用的败者树

10.1.2.1 生成(**Construct_loser**)

10.1.2.2 调整(**Sele_minimax**)

10.2 多路归并(**K_Merge**)

10.3 置换选择排序(**Repl_Selection**)

## 三、运行环境

1. 硬件:带 EGA 或 VGA(或兼容的) 图形显示卡的 IBM-PC 及其兼容机。
2. 软件:PC-DOS/MS-DOS 3.X 及以上版本的操作系统。

## 四、安装和运行

整个系统放在一张软盘上,用户可以直接在软盘上执行 DSDEMO.EXE,也可安装在硬盘上执行,同时将软盘作为钥匙盘。

## 五、如何使用本系统

读者可以通过选择菜单项或所提示的操作,控制系统的运行过程。在运行过程的任一时刻,屏幕的下窗口均为操作提示窗口,任何非当前提示窗口的操作均为非法操作。

1. 本系统的菜单由主菜单和各级子菜单构成。主菜单中除“系统”外的各项均与《数据结构》(C 语言版)教材中的各章相对应,每一项的一级或二级子菜单列出该章演示的算法标题;“系统”为系统命令项,包含“版本说明”和“退出”两个子项。

读者启动 DSDEMO 后，屏幕即显示标题画面并暂停几秒后进入主菜单画面，此时可通过向左（或向右）的移位键，选中当前光标覆盖项时，即弹出当前项的一级子菜单，此时可移动向上（或向下）的移位键对子菜单进行选择，之后或弹出二级子菜单（如图一所示）或进入算法演示的执行状态（如图二所示）。

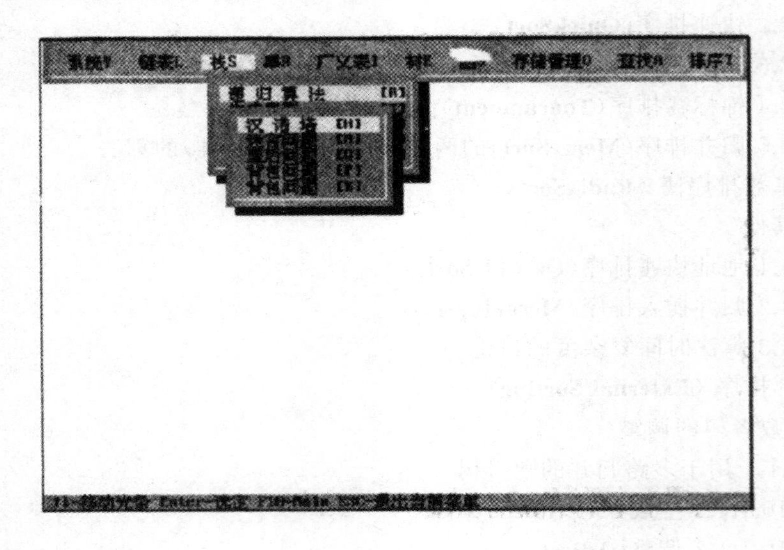


图　一

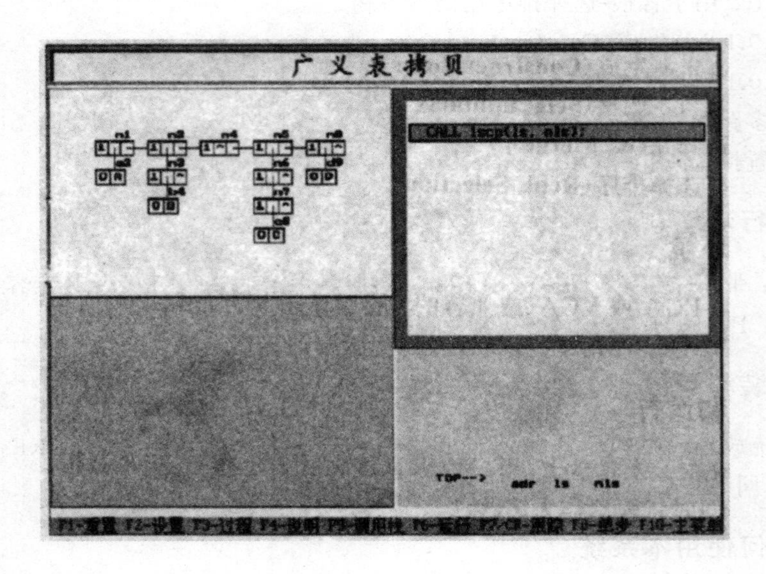


图　二

2. 多数算法在执行之前必须先生成数据结构，否则不予执行。例如，在遍历二叉树之前应首先生成一棵二叉树。因此，在选中一级子菜单中的“遍历”选项后，在未“建树”之前，二级菜单中的“先序”、“中序”和“后序”项均为不可选项，即此时的二级菜单的初始状态（如图三所示）中，只有“建树”是显式菜单项，其他三项“先序”、“中序”和“后序”均为隐式菜单项。数据结构可由系统自动生成，也可由读者输入数据元素后自动生成，此时系统提示足够多的信息帮助读者进行操作，读者输入数据的操作详见(七)中所述。

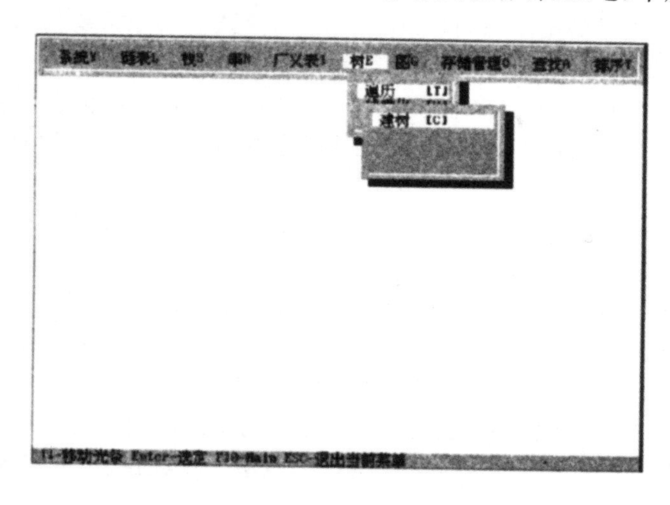

图　三

3. 算法演示执行状态下的屏幕分为上、中、下三部分：上部为标题行；中部为算法演示屏；底部为操作提示行。除了存储管理和B-树的算法外，大多数算法演示时提示行内各操作键的功能为

F1：重置屏幕为当前算法执行前的初始状态。

F2：设置系统参数，在屏幕的左下方弹出一个菜单，其中包括两个子项：

(1) 设置速度：用户可以自行调节连续演示的速度。当屏幕上出现速度调节器时，用户可利用移位键调节速度，向右为加速，向左为减速，Crtl-R 键将速度调至正中；

(2) 同步开关：只有开或关两种状态，可控制算法文本窗口同步改变或不变。

F3：察看算法文本。按下此键后，弹出一个当前演示涉及的算法菜单，由用户选择后显示在算法文本窗口。

F4：察看算法说明。

F5：察看当前过程嵌套或递归的历程。

F6：启动算法连续演示直到执行完毕。

F7/Enter：单步跟踪。

F8：单个语句跟踪。

F10：返回主菜单。

4. 其他常用操作键：

〈Enter〉(回车键)：确认当前的输入值或输入结束或选中当前光条覆盖的菜单项。

〈Esc〉：中断演示过程或退出当前菜单返回至上一层菜单或取消刚执行的操作。

I：插入。

D：删除。

R 或 Ctrl-R：随机产生一个数据结构。

## 六、算法演示屏的详细说明

本系统对屏幕设计的基本原则是集数据结构、算法和其他重要信息(如栈等)于同一屏幕,屏幕上窗口的个数和内容取决于需演示的内容,窗口多数情况下为 3 个,少数情况下为 2 个或 4 个。一般情况下,以左侧窗口显示数据结构,以右侧上方窗口显示算法文本,以右侧下方窗口显示递归工作栈的状况或其它参数。但图和 B-树等复杂结构的算法演示情形除外。

一般情况下,一个算法的文本显示在一个画面上,并以光条覆盖将要执行的语句。若算法文本太长,不能在一个画面上显示时,则将其中一部分构成一个子过程,并在原算法中以过程调用的形式出现;当光条覆盖到该过程调用语句时,随即隐去原算法文本而显示子过程的文本,而从此过程返回时再重新显示原算法文本。类似地,在演示递归算法执行过程时,每当执行递归调用本过程的语句时,随即隐去当前层次的算法文本而显示下一层的算法文本,并且以不同颜色的算法文本表示递归的不同层次。在本系统中,第一层的算法文本为红色,第二层为蓝色,第三层为黑色,第四层为玫红色,第五层为绿色,第六层又为红色……依此类推。

通常,递归算法文本显示在右侧上窗口,递归工作栈显示在右侧下窗口,递归工作栈的状态和算法文本窗口中相应语句执行后的结果相对应,栈顶记录为当前递归层的参量值。每进入一层递归时,就产生一个新的工作记录(包括调用语句行号、变量参数或全程变量、数值参数和局部变量)压入栈顶;每退出一层递归时,先根据栈顶的调用语句行号返回至上层,然后在传递完变量参数的值后退栈。

各个算法演示屏的详细说明如下所列。

1. 链表的插入、删除和生成

算法演示屏由显示链表的左窗口和显示算法文本的右窗口组成。在演示插入或删除算法之前,在右侧窗口下方分别弹出两个或一个小窗口,提示输入算法参数 $i$(插入或删除的位置)和 $b$(被插的数据元素)的值。在删除算法结束时,在小窗口 $b$ 显示被删元素值。

2. 有序链表的操作

算法演示屏的状态和 1. 中所述相同。这里共有 6 个算法,因此在演示算法之前,首先需要按照提示选择操作的种类(求并、求交或求余)和进行的方式(复制生成结点或利用原链表中的结点),然后在左侧窗口下方弹出的两个小窗口中输入链表中的数据元素的值,窗口中已有的值为默认值。

3. 汉诺塔问题

算法演示屏由 4 个窗口组成:右侧上方为算法文本,在算法中有 5 个形式参量,其中 i 为变参,指示移动操作的序号,值参 n 为圆盘个数,x,y,和 z 分别表示 3 个塔座;右侧下方为递归工作栈,栈中每个记录包含调用语句行号 adr,变参 i 及值参 n 和 x,y,z;左侧上方显示梵塔图形及移动操作结果;左侧下方显示记录移动操作的数组 s。

4. 迷宫问题

算法演示屏中 3 个窗口的状态:左侧上方显示迷宫的逻辑结构,由 $(N+1)\times(N+1)$ 个方格组成,最外一圈是围墙,墙内 $N\times N$ 个小方格表示迷宫,左上[1,1]为入口,右下

$[N,N]$为出口，并且以白色填充表示障碍，空白表示通路，灰色填充表示已游历过的路，箭头表示继续游历的方向，演示结束时显示一条通路或迷宫不通的信息；右侧上方显示算法文本；整个下窗口为递归工作栈，栈中每个记录含5个数据项，其中 $adr$ 指示调用语句行号，$k$ 指示步数，$(r,c)$ 表示当前坐标，$i$ 指示路径方向(起始方向为1，逆时针方向旋转搜索)。

5. 皇后问题

算法演示屏由3个窗口组成。右下窗口的递归栈中记录含3个数据项，其中 $adr$ 指示调用语句行号，$k$ 指示列号，$i$ 指示行号。此算法演示可求得所有可行结果，在求得每一组结果之后，在窗口的左下方都会出现“按任意键继续 ……”的提示。

6. 背包问题

演示屏包含3个窗口。左侧窗口显示背包、物件及其重量，若有解，则演示结束时显示一组装入背包的物件(它们的重量用红色字体表示)，否则显示无解信息(NO RESULT!)。右下窗口的递归栈中的记录含4个数据项，其中 $adr$ 指示调用语句所在行号，$f$ 为布尔变量，其值为 TRUE 表示求得一组解，$n$ 指示物件个数，$t$ 指示背包总体积。另一个背包问题的算法演示可求得所有可行结果，并在求得每一组结果之后，在窗口的左下方都会出现“按任意键继续 ……”的提示。

7. 阿克曼函数

整个演示屏只有显示算法文本和显示算法执行过程中栈的状态两个窗口。在执行算法之前，首先应按照提示输入参数 $m$ 和 $n$ 的值，并根据自己的习惯设定声音开关。

8. 栈的输出序列

演示屏中4个窗口：右侧上方显示算法文本；右侧下方显示由算法 Gen 生成的栈的操作序列；左侧上方演示执行算法 Perform 时栈的操作过程；左侧下方窗口则显示栈的输出序列，即算法 Perform 执行的结果。

9. 表达式求值

演示屏中两个主要窗口：右侧显示算法文本；左侧显示操作数栈和运算符栈在算法执行过程中的变化情况。在左侧上方有一个小窗口显示在算法演示之前设定的表达式，其中用红色标定当前读入的操作数或运算符，绿色标定已经处理完的部分。另有一个弹出的小窗口显示当前进行比较的两个操作数的“优先次序”。

10. 离散事件模拟

演示屏中有3个窗口。左下窗口为事件链表，其中以 A0 表示客户到达事件，D1，D2，D3 和 D4 分别表示从4个接待窗口离开的事件。左上窗口为银行的示意图，在表示客户的示意图上的两个数字分别表示“客户到达的时刻”和“客户办理事务所需时间”，在此窗口的上方从右到左分别显示当前所处理的事件发生的时刻、客户人数和客户逗留时间的总和。演示结束显示后显示的结果为“一天中客户逗留的平均时间”。

11. 串的模式匹配和求 next 函数

上窗口显示算法文本，下窗口显示串的匹配过程或求 next 函数的过程。

12. 求广义表的深度

左侧窗口显示广义表的存储结构，图中指针 ls 指向当前所求深度的广义表，值为空时不显示。演示结束时求得的深度显示在该窗口的右下角。

13. 复制广义表

左侧上窗口显示已知广义表的存储结构，左侧下窗口显示复制求得的广义表的存储结构。递归工作栈中含调用语句行号 adr、变参 newls 和值参 ls。

14. 遍历广义表

左侧窗口显示广义表的存储结构，图中黑色、蓝色、和绿色 3 个箭头分别表示指针 p，q 和 t。p 指向当前遍历的广义表，q 指向 p 结点的表头或表尾，t 指向 p 的父表结点。右侧窗口显示算法文本，整个算法分割为两部分：mark 为主过程，marktail 为遍历表尾的子过程。

注意：遍历广义表时不能中途退出。

15. 建立广义表的存储结构

演示屏上方的左、右两个窗口分别显示广义表存储结构的建立过程和算法文本，演示屏下方的 4 个小窗口分别显示算法执行过程中的四个参数：S(表示广义表的字符串)，Sub，Hsub 和 k 的值。

16. 遍历二叉树

左侧窗口显示二叉树的逻辑结构，用白色圆圈表示遍历之前的树结点，用绿色填充的圆圈表示已被访问的树结点。图中指针 t 指向当前遍历的二叉树的根结点。在左侧窗口下方列出遍历结果的输出结点序列。

17. 二叉树的线索化

左侧窗口显示二叉树的存储结构，但结点中只含标志域，而以结点间的蓝色连线表示指针，红色连线表示线索。图中指针 p 指向当前层二叉树的根结点，指针 pre 指向当前被访问的结点的前驱。

18. 线索树的插入和删除

演示屏的两个主要窗口：右侧的算法文本和左侧的线索树，左侧窗口中，指针 x 所指为待插入的子树。在演示算法之前，首先要求用户在左侧下方弹出的小窗口中输入子树的插入或删除位置。

19. 建表达式树

演示屏的设置和表达式求值基本相同，只是左侧窗口中的两个栈分别为运算符栈和指向已经建成的子树根的指针栈。

20. 由先序序列和中序序列生成二叉树

右侧窗口显示算法文本。该算法含 4 个形式参数，其中 pp 和 ip 指示生成该二叉树的先序和中序序列的下界，初值均为 1；n 为结点数；变参 t 指向生成后的二叉树的根结点。右侧下窗口为二叉树的先序序列 Pre 和中序序列 Ino 。初始状态背景色为红色。演示过程中以绿色覆盖表示根结点，生成根结点之后用黑色覆盖，并以红色覆盖它的左子树序列，白色覆盖它的右子树序列。左侧上窗口演示二叉树生成过程的逻辑状态。

21. 森林和二叉树的相互转换

演示屏上只有上下两个窗口，上窗口演示转换过程，下窗口显示当前进行的操作的提示信息。

22. 哈夫曼树和哈夫曼编码

演示屏上的两个主要窗口:右侧的算法文本和左侧的哈夫曼树,另有一些弹出的小窗口显示各种提示信息,最后求得的哈夫曼编码显示在左上角。

23. 图的深度优先搜索

右侧下窗口显示图的逻辑结构，初始状态用绿色圆圈表示顶点，结点间的蓝色连线表示边或弧(连线上画有箭头)。演示过程中用红色覆盖已访问的顶点，并且对无向图，以在(表示边的)连线上叠加的箭头表示遍历过程中走过的路径。由此,遍历完成后,由带箭头的连线构成的是一个无向图的生成森林。右侧上窗口显示算法文本。左侧上窗口显示图的邻接表，请注意:由于表示图和网的邻接表的图形相同,因此图的邻接表中的权值域没有意义。演示过程中以链表中结点左侧的绿色小方块表示指针的移动。左侧下方的两个小窗口分别显示参数 v0(或 vi) 和 w 的变化情况以及遍历后得到的顶点序列。

24. 图的广度优先搜索

与深度优先不同的是,在演示屏的左侧下方增加一个表示队列的窗口,其左端为队头,右端为队尾。

25. 弗洛伊德算法

整个演示屏分为 5 个窗口。其初始状态:上方两个窗口分别是:左侧显示有向图的邻接表,右侧显示算法文本;下方的 3 个窗口分别是:左侧为有向图,中间显示的是图中各条弧上的权值,右侧是邻接矩阵。在算法演示过程中,左上显示当前求得的最短路径,右下则显示其相应长度,算法中 3 个参数 i,j 和 k 所指结点,在右下的有向图中,分别以红色、紫色和蓝色标定。

26. 迪杰斯特拉算法

在演示屏上,右侧为算法文本窗口,左侧则分为 3 个窗口:其中左上显示有向图,在演示过程中,蓝色的顶点为已求得最短路径、并入集合 S 的终点,绿色的顶点则为尚未求得最短路径的终点,红色则用于标定求得的最短路径;右上显示有向图的带权邻接矩阵;下方窗口则显示运算过程中 D 数组和 P 数组的变化状况,并和左上的有向图相对应,在此,也用红色标定已求得的最短路径,相应的终点和最短路径长度用蓝色显示。

27. 求有向图的强连通分量

和其他递归程序相同,在此演示屏的右窗口中算法文本的颜色,也随递归的层次而变。在演示屏的中间显示深度优先遍历过程中顶点的搜索路径和 v0,w 的值。在演示屏的左侧,自上而下分别显示算法执行过程中的 visited 数组和 finished 数组以及有向图。所求得的各个强连通分量,将以不同颜色的顶点组表示。

28. 有向图的拓扑排序

演示屏分为 5 个窗口。右侧显示算法文本。左上窗口显示有向图(带入度域)的邻接表,邻接表的左侧显示的是顶点的入度域,其中以黑色字体表示该顶点入度的初值，蓝色字体表示在算法执行过程中已经修改过的值。左下有 3 个窗口,依次显示有向图、当前入度为 0 的顶点栈 S 以及顶点的输出序列。在有向图的显示中,顶点和弧的初始状态均为红色，从栈中退出的顶点(j)用蓝色表示,以紫红色指示它的邻接点(k),它们之间的弧(j→k)则用蓝色显示,绿色表示已经输出的顶点。当拓扑排序不成功时,在演示屏的中央将会弹出一个窗口,显示提示信息"网中存在自环!",此时用户可在右下显示的有向图中的红色子图中找到这个环。

29. 有向图的关键路径

整个屏幕分为7个窗口。右侧显示算法文本。左上显示带入度域的邻接表。左中有4个窗口,依次显示有向图、当前入度为0的顶点栈S、顶点的输出栈T以及各顶点的最早和最迟发出时间(ve 和 vl),其中栈T的入栈顺序和栈S的出栈顺序相同,从栈顶到栈底的顶点顺序即为顶点的逆拓扑序列。左下窗口显示弧的各种信息,如弧<j,k>、权值 dut 以及各弧的最早和最迟开始时间(ee 和 el)等。在演示过程中,在有向图里用蓝色弧显示求得的关键活动。

30. 普里姆算法

演示屏中有4个窗口:右上是算法文本;左上是邻接矩阵和 closedge 数组中每个分量的 lowcost 域的值(在窗口的最左侧);左下是无向网,并以红色标定生成树上的边;演示过程中,已加入生成树的顶点和未加入生成树的顶点,将显示在右下窗口中。

31. 克鲁斯卡尔算法

演示屏的右侧显示算法文本,左侧则分为3个窗口:其中左下为无向网,以蓝色标定已落在生成树上的边;右下的3个区分别显示各个参数的值和弧的信息(其中绿色的值表示已加入生成树的边上的权值)以及利用堆排序选最小权值边的过程。上窗口则演示在生成树构造过程中,MFSet 类型的操作 fix 和 mix 的执行过程。

32. 求关节点和重连通分量

演示屏分为3个窗口:右侧显示算法文本,以不同颜色的字体表示递归的不同层次;在左上窗口中,自上而下分别显示 vaxdata,visited,low,squlow(求得 low 值的顺序)和 artpoint(关节点)的信息;左下窗口显示无向图,在演示过程中,以绿色箭头表示 DFS 过程中的搜索过程。演示结束,以红色标定关节点。

33. 边界标识法

演示屏的初始状态为大小为 64 K 的模拟存储器,演示过程中,以绿色覆盖占用块。各个存储块的头部左侧所示为该块的起始地址,头部结构或其他信息见教科书。用户可根据操作提示行信息的提示进行操作。弹出窗口为输入窗口,由用户输入请求分配的空间大小或释放块的首地址。

34. 伙伴系统

整个屏幕分为3个窗口,左侧下窗口显示操作提示或其他信息。左侧上窗口为可利用空间链表的逻辑结构,右窗口为存储结构,其中绿色覆盖部分为占用块。注意:每个存储块中的数字为2的幂。弹出窗口为输入窗口,由用户输入请求分配的空间大小或释放块的首地址。

35. 紧缩无用单元

右侧显示存储空间,空白表示空闲块,其他颜色覆盖表示占用块,占用块中的数字表示指针值,在紧缩过程中指针值相应改变。左侧显示存储映象。弹出窗口为输入窗口,由用户输入请求分配的空间大小和分配或释放块的块名。

36. 二叉排序树和二叉平衡树

整个屏幕分为两个窗口。右侧窗口显示算法文本。左侧窗口演示插入或删除结点过程中树的变化状况。弹出窗口为编辑窗口，由用户输入待插或待删的关键字。

37. B-树和 $B^+$ 树

整个屏幕分为上、下两个窗口，上窗口演示插入或删除结点过程中，B-树或 $B^+$ 树结构的变化状况；下窗口内显示如插入位置、结点分裂等信息。弹出窗口为编辑窗口，由用户输入随机建立的树中所含关键字的个数或待插或待删的关键字。

38. 内部排序

在绝大多数情况下，演示屏由 3 至 4 个窗口组成，分别显示：算法文本、排序过程和各个参数值的变化情况以及排序过程中关键字之间进行的比较次数和记录移动的次数。在每一种排序方法演示结束后，均以图形曲线显示它的性能。在演示基数排序的算法时，左上窗口显示链表的状态，左下窗口显示各个队列的头指针和尾指针的值。

39. 外部排序

除置换-选择排序外，其他算法均以两个窗口分别显示算法文本和排序过程。置换-选择排序的内存工作区的容量约定为 16 个记录，多路平衡归并的 $k$ 值不超过 8 。演示置换-选择排序的算法时，演示屏中上、下两个窗口分别显示败者树的操作过程和各种提示信息。

## 七、用户自行输入数据指南

多数算法在执行之前都需要为算法中的参数设定值。一般情况下，在用户未进行输入之前，系统有一个默定值。对于算法操作的对象——数据结构，可由用户自行输入；也可由系统随机产生，并在获得用户的确认之前，可反复随机产生，直至用户满意，以“回车”键确认为止。

多数情况下的用户输入均在弹出窗口内进行，在当前页屏幕下面的提示栏中将会出现足够的提示信息，以指示用户需要进行何种操作。补充说明如下。

1. 链表的数据元素为任意的单个字符。

2. 迷宫的输入方法：首先输入迷宫的大小($3\leqslant n\leqslant 8$)，然后可利用“空格键”来设置迷宫的障碍或通道。图中红色＃字光斑指示当前位置，按下“空格键”则在光斑处形成通道或者障碍，围墙由系统自动填补。＃字光斑移动的方向由上下左右键控制。建议用户先利用 R 键随机生成一个迷宫，然后移动光斑调整成所需。

3. 输入背包和物体的体积时，首先以“空格键”确定要输入的对象，输入的数字以“回车键”确认，移动“左/右移动键”可选择编辑对象。背包的总体积不得超过 20 ，单个物体的体积不得超过 10 。

4. “表达式求值”和“建表达式树”时输入的表达式，均限于算术表达式。表达式中可以包含多层嵌套的括弧，其运算符可为 ＋、－、＊、/；“求值”的表达式中的操作数为 0 至 99 的常数；“建树”的表达式中的操作数为单个字母的字符。

5. 广义表的数据输入方式：自左向右顺序输入广义表的字符串，并以＜Enter＞键为结束标志。输入过程中，在左括号下出现的下划线指示用户尚未输入相应匹配的右括弧。

6. 二叉树的生成是按教材中的算法 6.3 进行的，即先建立根结点，然后依次递归建立左子树和右子树。用户自行输入时，屏幕上将以先序遍历的次序提示用户输入结点的数据元素。结点的数据元素可以是除“空格”外的任何字符，空格键则表示该二叉树或子树为空树。等待输入的结点以蓝色填充的圆圈表示。

7. 生成哈夫曼树时，需输入叶子结点的个数 $n(1\leqslant n\leqslant 12)$ 和各个叶子结点上的权值 $w_i$。需要注意的是：由于演示屏上哈夫曼树的深度不得超过 5，则当叶子结点的个数较大时，应设置适当的权值。

8. 图的输入数据为：顶点的数目 $n(1\leqslant n\leqslant 8)$ 和弧的信息，对于网尚需输入各弧的权值，并在生成遍历所需图之前，尚需确认是否是有向图。弧的信息由起始点的序号和终点的序号组成，输入时，先用“移动键”来选择，再用“空格键”来确认弧的始点或终点。弧的权值只能靠人工输入，在输入窗口中将显示等待输入权值的弧的信息，权值的默认值为 1。

9. 除基数排序外，其他内部排序的关键字均为单个字符，进行基数排序的记录的关键字由 2 至 3 位数字构成，记录数不超过 10。

10. 外部排序的算法中，进行多路归并的文件中的记录数目最多不得超过 9，归并的路数最多为 8；进行置换-选择排序的输入文件中的记录数目最多可为 99。